21世纪高等继续教育精品教材·公共课系列

微积分教程（第3版）

WEIJIFEN JIAOCHENG

张家琦　万重英　陈洪育◎编著

中国人民大学出版社
·北京·

图书在版编目(CIP)数据

微积分教程/张家琦，万重英，陈洪育主编．—3版．—北京：中国人民大学出版社，2019.11
21世纪高等继续教育精品教材．公共课系列
ISBN 978-7-300-27259-7

Ⅰ.①微… Ⅱ.①张… ②万…③陈… Ⅲ.①微积分-成人高等教育-教材 Ⅳ.①O172

中国版本图书馆CIP数据核字（2019）第168488号

21世纪高等继续教育精品教材·公共课系列
微积分教程（第3版）
张家琦　万重英　陈洪育　编著
Weijifen Jiaocheng

出版发行	中国人民大学出版社		
社　　址	北京中关村大街31号	**邮政编码**	100080
电　　话	010－62511242（总编室）		010－62511770（质管部）
	010－82501766（邮购部）		010－62514148（门市部）
	010－62515195（发行公司）		010－62515275（盗版举报）
网　　址	http://www.crup.com.cn		
经　　销	新华书店		
印　　刷	北京宏伟双华印刷有限公司	**版　　次**	2006年12月第1版
规　　格	185mm×260mm　16开本		2019年11月第3版
印　　张	12.5	**印　　次**	2019年11月第1次印刷
字　　数	256 000	**定　　价**	32.00元

21 世纪高等继续教育精品教材

编审委员会

总 序

21世纪，科学技术发展日新月异，发明创造层出不穷，知识更新日趋频繁，全民学习、终身学习已经成为适应经济与社会发展的基本途径。近年来，我国高等教育取得了跨越式的发展，毛入学率由1998年的8%迅速增长到2008年的23.3%，已经进入大众化的发展阶段，其中高等继续教育发挥了重要的作用。同时，高等继续教育作为“传统学校教育向终身教育发展的一种新型教育制度”，对实现“形成全民学习、终身学习的学习型社会”“构建终身教育体系”的宏伟目标，发挥着其他教育形式不可替代的作用。

目前，我国高等继续教育的发展规模已占全国高等教育的一半左右，随着我国产业结构的调整、传统产业部门的改造以及新兴产业部门的建立，各种岗位上数以千万计的劳动者，需要通过边工作边学习来调整自己的知识结构、提高自己的知识水平，以适应现代经济与社会发展的要求。可见，我国高等继续教育的发展，既肩负着重大的历史使命又面临着难得的发展机遇。

我国的高等继续教育要抓住机遇发展，完成自己的历史使命，从根本上说就是要全面提高教育教学质量，这涉及多方面的工作，但抓好教材建设是提高教学质量的基础和中心环节。众所周知，高等继续教育的培养对象主要是已经走上各种生产或工作岗位的从业人员，这就决定了高等继续教育的目标是培养能适应新世纪社会发展要求的动手能力强、具有创新能力的应用型人才。因此，高等继续教育教材的编写“要本着学用结合的原则，重视从业人员的知识更新，提高广大从业人员的思想文化素质和职业技能”，体现出高等继续教育的针对性、实用性和职业性特色。

为适应我国高等继续教育发展的新形式、培养应用型人才、满足广大学员的学习需要，中国人民大学出版社邀请了国内知名专家学者对我国高等继续教育的教学改革与教材建设进行专题研讨，成立了教材编审委员会，联合中国人民大学、中国政法大学、东北财经大学、武汉大学、山西财经大学、东北师范大学、华中科技大学、黑龙江大学等30多所高校，共同编撰了“21世纪高等继续教育精品教材”，计划在近两三年内陆续推出百余种高等继续教育精品系列教材。教材编审委员会对该系列教材的作者进行了严格的遴选，编写教材的专家、教授都有着丰富的继续教育教学经验和较高的专业学术水平。教材的编写严格依据教育部颁布的“全国成人高等教育公共课和经济学、法学、工学主要课程的教学基本要求”；教材内容的选择克服了追求“大而全”的现象，做到了少而精，有针对性，突出了能力的训练和培养；教材体例的安排突出了学习使用的弹性和灵活性，体现“以学为主”的教育理念；教材充分利用现代化的教育手段，形成文字教材和多媒体教材相结合的立体化教材，加强了教师对学生学习过程的指导和帮助，形象生动、灵活方便，易于保存，可反复学习，更能适应学员在职、业余自学，或配合教师讲授时使用，会起到很好的教学效果。

这套“21世纪高等继续教育精品教材”在策划、编写和出版过程中，得到教育部高教司、中国成人教育协会、北京高校成人高教研究会的大力支持和帮助，谨表深切谢意。我们相信，随着我国高等继续教育的发展和教学改革的不断深入，特别是随着教育部“高等学校教学质量和教学改革工程”的实施，这套高等继续教育精品教材必将为促进我国高校教学质量的提高作出贡献。

杨干忠

第三版前言

这次修改变动较大。根据教育部颁布的“全国成人高等教育公共课的教学基本要求”，删掉了以下内容:列函数式;函数图形的描绘法;经济应用——边际分析与弹性分析;广义积分;多元函数;常微分方程初步。同时删掉了一些较复杂的计算例题,并对第二版编写及排印中的疏漏进行了修正。

本书是成人高等教育基础数学教材,每章乃至每节都标明讨论的主要问题,说明问题从何而来,又往何处去,力求叙述简明通俗,思路详尽,便于读者自学。我们还根据从具体到抽象的原则,在给出抽象性较强的教学概念、定理之前,尽可能地给出比较直观的说明,希望能减少初读者的一些困难。

本书出版后,承读者提出宝贵意见,对我们这次修订帮助很大,谨在此表示谢忱。

作者

2019 年 10 月于北京

前 言

高等继续教育事业近年来得到迅速发展，为了满足当前高等继续教育高等数学课程教学上的需要，我们参照高等院校对经济类与管理类本科学生学习的要求，同时考虑到高等继续教育教学的特点，编写了本书。

本书是在我们编著的、北京市教育委员会推荐成人高等院校教材《微积分》的基础上进行了大量的修订而成，基本指导思想是便于自学，因此编写时力求深入浅出，条理清楚，概念明确，重点突出。

本书可作为高等继续教育经济类与管理类学生学习微积分课程的教材，也可作为高等院校网络教育高等数学(B)课程的教材或自学参考书。对于参加全国高等教育自学考试经济类与管理类专业的读者，本书也不失为一本有指导价值的读物。

本书的优点具体体现在：

1. 适当调整了教材体系，在注意数学学科的系统性、逻辑性的同时，又充分考虑经济类与管理类专业的专业课程所需要的数学必备知识。

2. 在教材内容的取舍上，减少了数学理论过深的原理与定理的证明，对基本概念、定理和基本公式的正确理解与运用，以及自学时容易产生的错误，增加了详细的阐述。

3. 针对成人学习的特点与需求，在本书的配套学习指导书《微积分教程学习指导》中，对全部的解答题作了详细的解答，以便使读者做到心中有数，把握学习的主动权。

本书的编写，融入了诸多专家、教授，包括长期在中国人民大学继续教育学院授课的一线教师的心血，凝结着“从以知识立意向以能力立意转化”的现代教育思想的精华。在教材的编写过程中，中国人民大学朱光贵教授、北京交通大学任国臣教授、北京建筑工程学院曹承宾教授、清华大学周辛庚教授、北京航空航天大学旋俊雄教授提出了许多宝贵的建议，李晓辉、马雪京、相学群、邱际毅教师对书中的例题及解答作了认真的校对，在此一并致谢！

书中存在的问题，欢迎广大读者、专家和同行批评指正。

作者

目　录

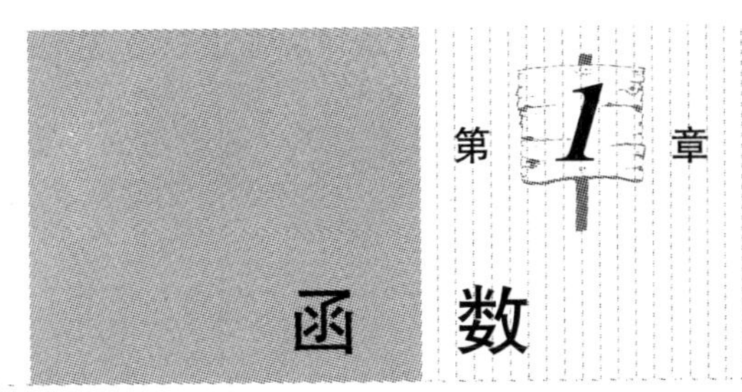

第1章 函数

初等数学研究的对象主要是常量，而高等数学的研究对象是变量，即高等数学是研究变量及其相互关系的一门科学. 变量之间的相互依赖关系即所谓函数关系，是微积分研究的对象，它是高等数学中最重要的基本概念之一，也是学好微积分的基础.

在中学的数学课程中，我们学习过函数，已熟悉了很多函数关系，对函数的概念有了初步的了解. 本章是在初等数学的基础上，对函数进行复习和补充，以进一步加深对函数概念的理解和认识.

1.1 函数的概念

在分析某一科学技术问题或某一经济问题时，会遇到两种不同的量. 一种称为常量，它是指在某个过程中数值保持不变的量；另一种称为变量，即在某个过程中数值变化的量.

通常用字母 a，b，c 等表示常量，用字母 x，y，z，t，u，w 等表示变量.

在同一过程或同一问题中，往往存在着几个变量，它们又往往不是孤立的，而是相互联系、相互依赖、遵循着一定的规律变化的. 所以我们在研究问题的时候，就要研究各个变量在变化过程中的相互依赖关系及其内部规律. 我们仅就两个变量的情况加以讨论. 先看以下几个例子.

例 1 设圆的半径为 r，面积为 s. 半径变化时，面积也随之变化. 在初等数学中已知它们之间有关系：

$$s=\pi r^2$$

当半径 r 取某个正数时，面积 s 就可按上面的公式求出一个确定的数值.

例 2 设某种商品的价格是每个 5 元，则卖出 x 个商品的收入 R 与 x 之间有关系：

$$R=5x$$

当 x 取某个正数时，收入 R 就可按上式求出一个确定的数值.

上面两个例子虽然所包含的具体意义及变量之间关系的表现形式各不相同，但却有一个共同点，即在变化过程中，两个变量相互依赖，而且当其中的一个变量取某个值时，另一个变量按照一定的规律总有一个确定的值与之对应. 两个变量之间的这种对应关系，就是函数概念的实质.

对于函数的概念，一般有以下的定义.

定义

设在某个变化过程中有两个变量 x 和 y，变量 y 随变量 x 而变化，如果变量 x 在实数集合 D 中取某一数值时，变量 y 依照某一规律 f 总有一个确定的数值与之对应，则称变量 y 为变量 x 的函数，记为

$$y=f(x)$$

其中 x 叫**自变量**，y 叫**因变量**或**函数**.

在函数记号 $y=f(x)$ 中，f 是英文“function”(即“函数”) 的第一个字母，它代表 y 与 x 之间的对应关系. $f(x)$ 是一个完整的记号，切不可误认为是 f 乘以 x. $f(x)$ 又是一个抽象的记号，它可以代表 x 的任何函数. 至于它究竟代表什么样的函数关系，那就要看具体情况而定了. 例如在上面的例 1 中，$f(x)$ 就代表 πx^2；在上面的例 2 中，$f(x)$ 就代表 $5x$.

如果同时考虑几个不同的函数时，应分别用不同的符号如 $\varphi(x)$，$g(x)$，$f(x)$ 等来表示它们，而不能用同一个符号来表示这些不同的函数.

在上述函数的定义中，很重要的一点是：自变量 x 在 D 上取每一数值时，函数 y 都有一个确定的数值与之对应，此时我们称函数是有定义的.（如果对应于 D 中的 x 的每个值，y 的值不止一个，在这样的情况下，我们称函数是多值的. 一般微积分中说到“函数”一词均指单值函数，多值函数不在我们讨论的范围. 多值函数通常都拆成几个单值函数分别研究.）

定义域 使函数 f 有定义的自变量的取值范围 D，称为函数的定义域，记为 $D(f)$.

值域 函数 y 的取值范围，称为函数的值域，记为 $Z(f)$.

正确理解函数定义应当注意以下几点：

(1) 定义域和对应规则是确定两个变量是否构成函数关系的两个要素，缺一不可. 因此，如果两个函数的定义域和对应规则完全相同，那么它们就是相同的函数；如果定义域和对应规则有一个不同，它们就是不同的函数.

(2) 在函数的定义中，并没有要求当自变量变化时函数一定要变，而是要求 x 取定一个值时，y 有一个确定的对应值. 例如 $f(x)=3$ 也表示一个函数，此函数的定义域是 $(-\infty, +\infty)$，x 无论取什么实数值时，对应的函数值都等于 3.

(3) 函数 $y=f(x)$ 中的"f"表示函数关系中的对应规则，而 $f(x)$ 就是指这个规则作用在 x 上. 如 $y=f(x)=2x^2+5$，这里 $f(x)$ 表示把 x 代入表达式$2(\quad)^2+5$ 的括号中进行运算，变量 x 与 y 之间的对应规则就是由这些运算确定的，即"f"表示这样的对应规则：与 x 对应的函数值，是由括号内的 x 值平方后乘以 2 再加上 5 而得到的.

当自变量 x 取某一个定值 a 时，函数 $y=f(x)$ 的对应值记为 $f(a)$，有时也记为 $y|_{x=a}$.

例如，对于函数 $f(x)=2x^2+5$ 来说：

$$f(0)=2\cdot 0^2+5=5$$

$$f(-1)=2\cdot(-1)^2+5=7$$

$$f(a)=2a^2+5$$

$$f\left(\frac{1}{x}\right)=2\left(\frac{1}{x}\right)^2+5=\frac{2}{x^2}+5$$

$$f(x-1)=2(x-1)^2+5=2x^2-4x+7$$

下面举例求函数的定义域.

例 3 求下列函数的定义域.

(1) $y=\dfrac{1}{x^2-2x}$ (2) $y=\dfrac{1}{\lg(2-x)}$

(3) $y=\sqrt{\sin x}+\sqrt{16-x^2}$

解 (1) $y=\dfrac{1}{x^2-2x}$，因为分式的分母不能为 0，所以当分母不为 0 时，函数有定义，即有

$$x^2-2x=x(x-2)\neq 0$$

也就是 $x\neq 0$ 且 $x\neq 2$ 时，函数是有定义的.

所以，函数的定义域为 $(-\infty, 0)\cup(0, 2)\cup(2, +\infty)$，用不等式表示：$-\infty<x<0$，或 $0<x<2$，或 $2<x<+\infty$.

(2) $y=\dfrac{1}{\lg(2-x)}$，应有 $\lg(2-x)\neq 0$，又因为只有正数才有对数，且 1 的对数为 0，所以应有 $2-x>0$ 且 $2-x\neq 1$，即 $x<2$ 且 $x\neq 1$.

因此，函数的定义域为 $(-\infty, 1)\cup(1, 2)$，用不等式表示：$-\infty<x<1$，或$1<x<2$.

(3) $y=\sqrt{\sin x}+\sqrt{16-x^2}$，因为函数式有两项，所以其定义域是使两项都有定义的 x 的取值范围.

对第一项 $\sqrt{\sin x}$，因为负数没有平方根，所以应有 $\sin x\geqslant 0$. 首先知道在 $[0, \pi]$ 上，$\sin x\geqslant 0$，而 $\sin x$ 是以 2π 为周期的周期函数，所以在 $[2k\pi, (2k+1)\pi]$ $(k=0, \pm 1, \pm 2, \cdots)$

上，有 $\sin x\geqslant 0$.

对第二项 $\sqrt{16-x^2}$，同理应有 $16-x^2\geqslant 0$，即 $x^2\leqslant 16$，即 $-4\leqslant x\leqslant 4$.

函数的定义域是上述两个定义域的公共部分，所以定义域为 $[-4,-\pi]\cup[0,\pi]$，用不等式表示：$-4\leqslant x\leqslant -\pi$，或 $0\leqslant x\leqslant \pi$.

例 4 求函数 $y=\lg\dfrac{x}{x-2}+\arcsin\dfrac{3x-1}{5}$ 的定义域.

解 设 $y_1=\lg\dfrac{x}{x-2}$，$y_2=\arcsin\dfrac{3x-1}{5}$. 对于 y_1，要求

$$\frac{x}{x-2}>0$$

解得 $x>0$ 且 $x-2>0$

或 $x<0$ 且 $x-2<0$

因此 y_1 的定义域为 $x>2$ 或 $x<0$.

对于 y_2，由反正弦函数的定义知，应有

$$\left|\frac{3x-1}{5}\right|\leqslant 1,\quad 即\quad -1\leqslant\frac{3x-1}{5}\leqslant 1$$

$$\therefore\quad -5\leqslant 3x-1\leqslant 5$$

解得 $$-\frac{4}{3}\leqslant x\leqslant 2$$

因此 y_2 的定义域为 $\left[-\dfrac{4}{3},\ 2\right]$.

由于 $y=y_1+y_2$，所以函数 y 的定义域是上述两个定义域的公共部分，即 $-\dfrac{4}{3}\leqslant x<0$.

例 5 已知函数 $f(x)$ 的定义域是 $[0,1]$，求函数 $f(x+a)(a>0)$ 的定义域.

解 由于 $f(x)$ 的定义域是 $[0,1]$，因此求 $f(x+a)$ 的定义域的问题就变成了求 x 的取值范围，使得 $0\leqslant x+a\leqslant 1$，即 $-a\leqslant x\leqslant 1-a$. 所以 $f(x+a)(a>0)$ 的定义域为 $[-a,1-a]$.

例 6 设某工厂生产某种产品，每月最多生产 1 000 件，其生产总成本 C 是产量 x 的函数：$C=10+0.2x$(万元)，求它的定义域.

解 当函数由一个表达式表示而又未特别指出其定义域时，其定义域就是使表达式有意义的一切实数. 而对于实际问题的函数，不能直接从公式求它的定义域，而要从对实际问题的分析中求它的定义域.

此题如果直接从公式上看，定义域为 $(-\infty,+\infty)$.

但从对实际问题的分析可以看出，产量 x 不能为负值，且最大的月产量为1 000件，所以函数的定义域应为 $[0,1\,000]$，且 x 为整数.

求函数的定义域时，应注意以下几点：

(1) 分式的分母不能为0；

(2) 偶次根的根底式应为非负数；

(3) 对数的真数应为正数；

(4) 正切、余切符号下的式子的值分别不能等于$k\pi+\frac{\pi}{2}$，$k\pi(k=0,\ \pm1,\ \pm2,\ \cdots)$；

(5) 反正弦、反余弦符号下的式子的绝对值不能大于1；

(6) 如果函数式由若干项组成，其定义域应是各项定义域的公共部分（即交集）.

一个函数可以写成公式形式，这就是函数的公式表示法，以上的几个例题都是这样的．一个函数也可以画成图形或列成表格，即用图形法和表格法来表示．在微积分的讨论中，我们主要是用公式法．有时为了直观起见，也要考察函数的图形.

最后要指出：有时还要考察这样的函数，对于其定义域内自变量x的不同值，不能用一个统一的公式表示，而要用两个或两个以上的公式来表示．这类函数称为"分段函数".

例如，$y=|x|$就是一个分段函数，因为它可以表示成

$$y=|x|=\begin{cases}-x, & x<0\\ x, & x\geqslant 0\end{cases}$$

当$x<0$时，公式为$y=-x$；当$x\geqslant 0$时，公式为$y=x$（如图1－1所示）．函数的定义域是$(-\infty,\ +\infty)$.

又如，$y=f(x)=\begin{cases}x+1, & x<-1\\ 0, & -1\leqslant x\leqslant 0\\ x, & x>0\end{cases}$

也是一个分段函数（如图1－2所示），函数的定义域也是$(-\infty,\ +\infty)$.

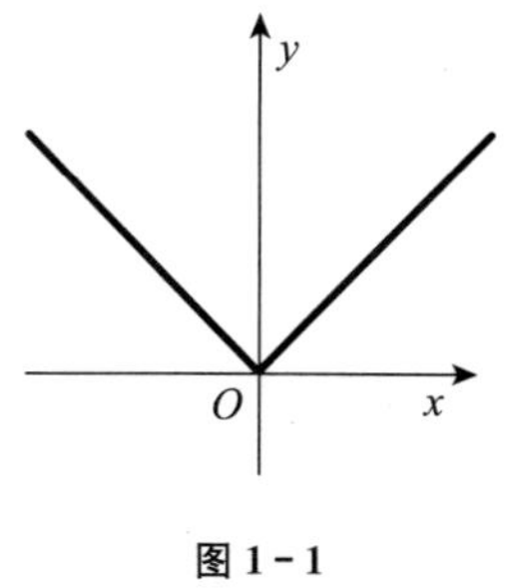

图1－1

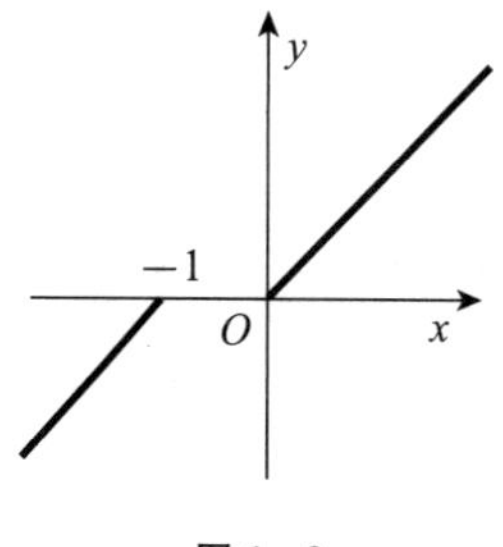

图1－2

关于分段函数要注意以下几点：

(1) 分段函数是用几个公式合起来表示一个函数，而不是表示几个函数；

(2) 因为函数式子是分段表示的，所以各段的定义域必须明确标出；

(3) 对分段函数求函数值时，不同点的函数值应代入相应范围的公式中去求；

(4) 分段函数的定义域是各段定义域的并集.

例 7 已知函数

$$f(x)=\begin{cases}\dfrac{1}{x-1}, & x<0\\ x, & 0<x<1\\ 2, & 1\leqslant x\leqslant 2\end{cases}$$

求 $f(-2)$，$f\left(\frac{1}{2}\right)$，$f(2)$ 及函数的定义域.

解 $f(-2)=\left.\dfrac{1}{x-1}\right|_{x=-2}=\dfrac{1}{-2-1}=-\dfrac{1}{3}$

$f\left(\dfrac{1}{2}\right)=x\Big|_{x=\frac{1}{2}}=\dfrac{1}{2}$

$f(2)=2$

因为在 $x=0$ 时函数无定义，所以它的定义域为 $(-\infty, 0)\cup(0, 2)$，用不等式表示：$-\infty<x<0$ 或 $0<x\leqslant 2$.

1.2 函数的几何特性

在分析讨论某一个函数的时候，我们往往要讨论这个函数的一些几何特性，这些性质是：奇偶性、周期性、单调增减性和有界性.

1.2.1 函数的奇偶性

定义

如果 $f(x)$ 的定义域关于原点对称，且满足关系式：$f(-x)=f(x)$，则称$f(x)$ 为偶函数.

如果 $f(x)$ 的定义域关于原点对称，且满足关系式：$f(-x)=-f(x)$，则称 $f(x)$ 为奇函数.

例如，x^2，$\cos x$ 都是偶函数，x^3，$\sin x$，$\dfrac{1}{x}$都是奇函数.

偶函数的图形是对称于 y 轴的（如图 1－3 所示）. 因为 $f(-x)=f(x)$，所以如果点 $P(x, f(x))$是曲线 $y=f(x)$ 上的一个点，则与它对称于 y 轴的点 $P'(-x, f(x))$ 也是曲

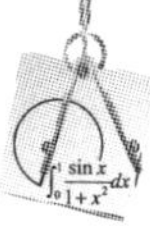

线上的一个点.

奇函数的图形是对称于坐标原点的（如图 1-4 所示）. 因为 $f(-x)=-f(x)$，所以如果点 $Q(x, f(x))$ 是曲线 $y=f(x)$ 上的一个点，则与它对称于原点的点 $Q'(-x, f(-x))$ 也是曲线上的一个点.

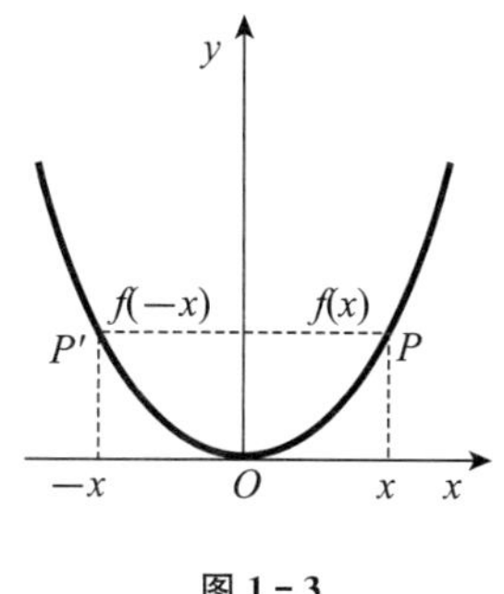

图 1-3

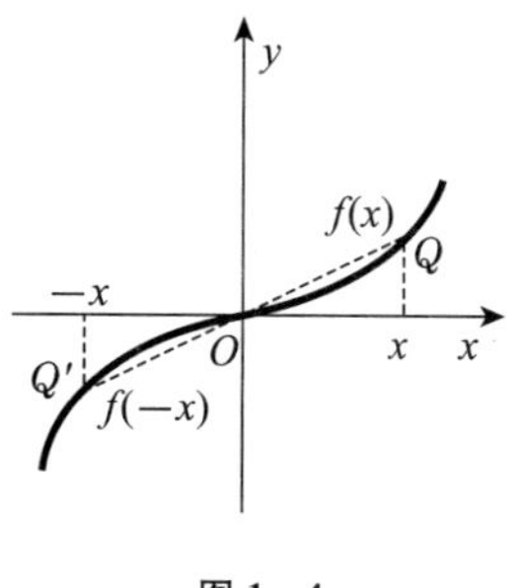

图 1-4

例 1 判定 $y=x^4-2x^2$ 的奇偶性.

解 设 $f(x)=x^4-2x^2$，其定义域为 $(-\infty,+\infty)$

$\because$ $f(-x)=(-x)^4-2(-x)^2=x^4-2x^2=f(x)$

$\therefore$ $y=x^4-2x^2$ 是偶函数.

例 2 判定 $y=x\cos x$ 的奇偶性.

解 设 $f(x)=x\cos x$，其定义域为 $(-\infty, +\infty)$

$\because$ $f(-x)=(-x)\cos(-x)$

$=-x\cos x=-f(x)$

$\therefore$ $y=x\cos x$ 是奇函数.

如果我们知道了函数 $y=f(x)$ 的奇偶性，则在描绘 $f(x)$ 的图形时，只需在 $[0, +\infty)$ 内讨论就够了，因为它在 $(-\infty, 0]$ 内的情况，完全可以由对称性推出来.

不过要注意：很多函数是没有奇偶性的，切不可认为任何函数都具有奇偶性. 例如 $y=x^2+\sin x$ 就没有奇偶性，它既不是奇函数，也不是偶函数.

1.2.2 函数的周期性

对于函数 $y=f(x)$，如果存在一个不等于 0 的常数 l，使得关系式 $f(x+l)=f(x)$ 对于 $(-\infty,+\infty)$ 中任何 x 的值都成立，则称 $f(x)$ 是以 l 为周期的周期函数. 此时 l 的整数倍也是 $f(x)$ 的周期. 通常称满足这个等式的最小正数 l 为函数的周期.

例如，$\sin x$ 和 $\cos x$ 都是以 2π 为周期的周期函数.

例 3 求函数 $y=\sin 3x$ 的周期.

解 方法一 因为 $y=\sin 3x=\sin(3x+2\pi)=\sin 3\left(x+\frac{2}{3}\pi\right)$

即有 $f\left(x+\frac{2}{3}\pi\right)=f(x)$

所以由定义知它的周期为 $l=\frac{2\pi}{3}$.

方法二 设函数 $y=\sin 3x$ 的周期为 l，则有

$$\sin 3(x+l)=\sin(3x+3l)=\sin 3x$$

故应有 $3l=2\pi$

所以函数的周期 $l=\frac{2\pi}{3}$

注意 通常我们所说周期函数的周期是指最小正周期，但是并非每一个周期函数都有最小周期. 例如 $f(x)=C$(C 为常数)，因为任何实数 $a\neq 0$ 都是它的周期，所以 $f(x)$ 没有最小周期.

1.2.3 函数的单调增减性

定义

设函数 $y=f(x)$ 在区间 (a,b) 内有定义，如果对于 (a,b) 内的任意两点 x_1 和 x_2，当 $x_1<x_2$ 时，有 $f(x_1)\leqslant f(x_2)$，则称函数 $f(x)$ 在 (a,b) 内是单调增加的；如果当 $x_1<x_2$ 时，有 $f(x_1)<f(x_2)$，则称 $f(x)$ 在 (a,b) 内是严格单调增加的.

如果对于 (a,b) 内的任意两点 x_1 和 x_2，当 $x_1<x_2$ 时，有 $f(x_1)\geqslant f(x_2)$，则称函数 $f(x)$ 在 (a,b) 内是单调减少的；如果当 $x_1<x_2$ 时，有 $f(x_1)>f(x_2)$，则称 $f(x)$ 在 (a,b) 内是严格单调减少的.

由定义可知，在 (a, b) 内严格单调增加的函数 $f(x)$，其图形是沿 x 轴的正向逐渐上升的（如图 1－5 所示）；严格单调减少的函数 $f(x)$，其图形是沿 x 轴的正向逐渐下降的（如图 1－6 所示）.

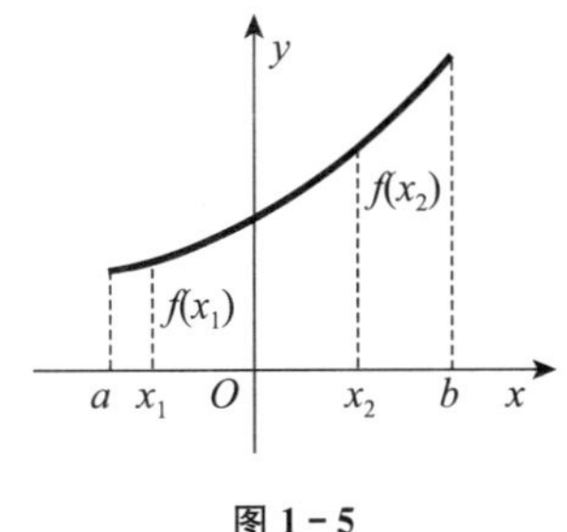

图 1-5

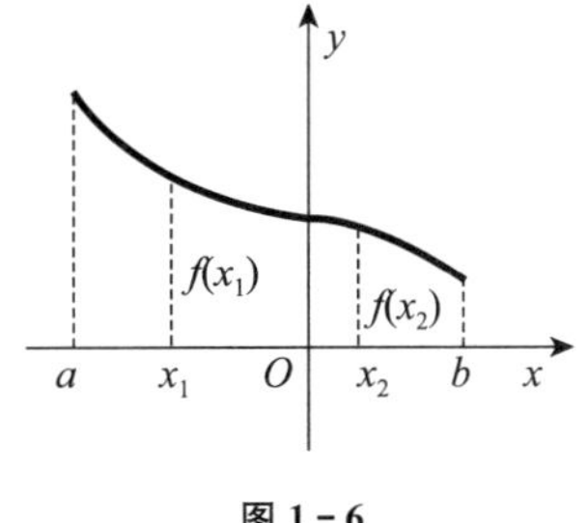

图 1-6

注意 单调性是对一个区间而不是对一个点来讲的.

例 4 判定函数 $y=2^x$ 的单调增减性.

解 函数在 $(-\infty, +\infty)$ 内有定义，设 x_1 和 x_2 是 $(-\infty, +\infty)$ 内的任意两点，且 $x_1<x_2$，则有

$$f(x_1)-f(x_2)=2^{x_1}-2^{x_2}$$
$$=2^{x_1}(1-2^{x_2-x_1})$$

因为对于任意的 x，有 $2^x>0$， $\therefore\ 2^{x_1}>0$

又因为对于任意的正数 x，有 $2^x>1$， $\therefore\ 2^{x_2-x_1}>1$

$\therefore\ f(x_1)-f(x_2)<0$

即 $f(x_1)<f(x_2)$

所以 $y=2^x$ 在 $(-\infty, +\infty)$ 内是严格单调增加的.

例 5 求函数 $y=x^2+2$ 的单调增减区间.

解 函数在 $(-\infty, +\infty)$ 内有定义，设 x_1 和 x_2 是 $(-\infty, +\infty)$ 内的任意两点，则有

$$f(x_1)-f(x_2)=(x_1^2+2)-(x_2^2+2)$$
$$=x_1^2-x_2^2=(x_1+x_2)(x_1-x_2)$$

当 x_1，x_2 都是负数，且 $x_1<x_2$ 时，有

$(x_1+x_2)<0, (x_1-x_2)<0$

$(x_1+x_2)(x_1-x_2)>0$

$\therefore\ f(x_1)-f(x_2)>0$

即 $f(x_1)>f(x_2)$

所以 $y=x^2+2$ 在 $(-\infty, 0)$ 内是严格单调减少的.

当 x_1，x_2 都是正数，且 $x_1<x_2$ 时，有

$(x_1+x_2)>0, (x_1-x_2)<0$

$(x_1+x_2)(x_1-x_2)<0$

$\therefore\ f(x_1)-f(x_2)<0$

即 $f(x_1)<f(x_2)$

所以 $y=x^2+2$ 在 $(0,+\infty)$ 内是严格单调增加的.

注意 这个函数在定义域 $(-\infty,+\infty)$ 内不是单调的. 因为当 $x_1<x_2$ 且异号时，$x_1^2-x_2^2$ 的符号可正可负.

函数的单调增减性是函数的一个很重要的几何特性. 以上讲的是直接用定义来判定函数的单调增减性，在判定时可能要用到一些初等数学的公式，有些读者对此可能会感到有困难. 这里我们只要求把定义弄清楚就行了，在下面学完导数后，我们还要讲用导数来判定函数单调增减性的方法，它比直接用定义判定要容易一些.

1.2.4 函数的有界性

设函数 $y=f(x)$ 在区间 (a,b) 内有定义，如果存在一个正数 M，使得对于 (a,b) 内的任意一点 x，总有 $|f(x)|\leqslant M$，则称函数 $f(x)$ 在 (a,b) 内是有界的；否则，称 $f(x)$ 在 (a,b) 内是无界的.

如图 1-7 所示，函数 $y=f(x)$ 在 (a,b) 内有界的几何意义是：曲线 $y=f(x)$ 在区间 (a,b) 内被限制在 $y=-M$ 和 $y=M$ 两条水平直线之间的范围内.

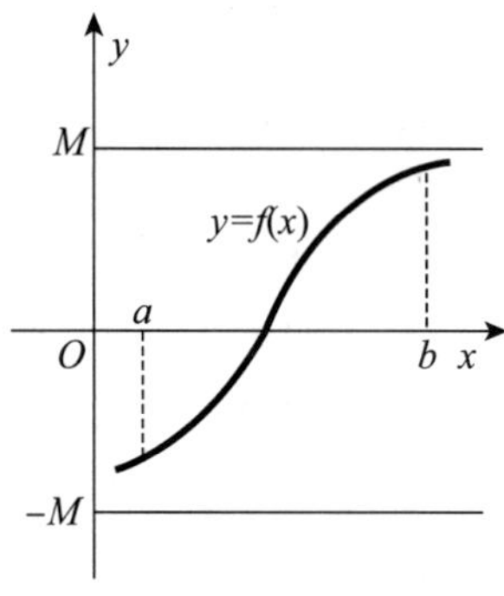

图 1-7

例如函数 $y=\sin x$，因为对任何实数 x，都有 $|\sin x|\leqslant 1$，所以 $y=\sin x$ 在 $(-\infty,+\infty)$ 内是有界的，它的图形在两条水平直线 $y=1$ 和 $y=-1$ 之间.

对于函数的有界性，要注意以下两点：

(1) 如果一个函数 $y=f(x)$ 在 (a,b) 内有界，它的界并不是唯一的. 例如 $y=\sin x$ 在 $(-\infty,+\infty)$ 内是有界的，有 $|\sin x|\leqslant 1$，但是我们也可以取 $M=2$ 作为它的界，即 $|\sin x|\leqslant 2$. 大于 1 的任何正数都可以作为 $y=\sin x$ 的界.

(2) 函数 $y=f(x)$ 有界与否，是与所在区间紧密联系在一起的. 例如 $y=\frac{1}{x}$ 在区间 $(1,2)$ 内是有界的，但在区间 $(0,1)$ 内则无界；函数 $y=x^3+1$ 在 $(-\infty,+\infty)$ 内无界，而在任何有限区间内都是有界的.

如果函数 $f(x)$ 在其定义域内有界，则它在定义域内的任意一部分区间上必有界.

关于函数的有界性，还有一种单方向有界的概念.

设函数 $y=f(x)$ 在区间 (a,b) 内有定义，如果存在一个数 B，使得对于 (a,b) 内的任意一点 x，总有 $f(x)\leqslant B$，则称函数 $f(x)$ 在 (a,b) 内是有上界的；如果存在一个数 A，使得对于 (a,b) 内的任意一点 x，总有 $f(x)\geqslant A$，则称函数 $f(x)$ 在 (a,b) 内是有下界的.

如果一个函数在区间 (a,b) 内是有界的，则它必定既有上界也有下界，反之，如果一个函数在区间 (a,b) 内仅有上界（或下界），则它在此区间内不一定有界.

由于函数 y 也是一个变量（因变量），因此我们也可以将函数有界说成是变量有界. 这种说法在以后是要多次用到的.

1.3 反函数的概念

这一节中讲述反函数的概念，主要讲反函数的定义和求法.

以前讲过函数的概念，例如一个函数 $y=f(x)$，其中 x 是自变量，y 是因变量，我们主要着眼于考察变量 y 随着变量 x 而变化的情况. 但有时需要反过来考虑问题，即将变量 y 看成自变量，而将变量 x 看成因变量，从而考察变量 x 随着变量 y 而变化的情况.

例如，圆的周长 y 是半径 x 的函数

$$y=2\pi x \tag{1}$$

当我们知道了半径 x 的值之后，就可以求出周长 y 的值. 但有时需要反过来考虑：已知一个圆的周长为 y，试求它的半径 x 应等于多少，这就有公式

$$x=\frac{y}{2\pi} \tag{2}$$

在这种情况下，周长 y 成了自变量，半径 x 成了因变量. 我们称函数(2)是函数(1)的反函数. 反过来，也可称函数(1)是函数(2)的反函数.

一般地，有如下的定义.

定义

设已知函数为

$$y=f(x) \tag{1}$$

如果由此解出的

$$x=\varphi(y) \tag{2}$$

是一个函数，则称它为 $f(x)$ 的反函数，记为 $x=f^{-1}(y)$，并称 $f(x)$ 为直接函数.

由于习惯上往往用字母 x 表示自变量，而用字母 y 表示函数，为了与习惯一致，通常将(2)式中的自变量 y 改写成 x，而将函数 x 改写成 y，于是(1)式的反函数就变为

$$y=\varphi(x) \tag{3}$$

记作：$y=f^{-1}(x)$.

当然我们也可以说 $y=f(x)$ 是 $y=f^{-1}(x)$ 的反函数，也就是说它们互为反函数.

注意：函数 $x=\varphi(y)$ 与 $y=\varphi(x)$ 是同一个函数，因为表示函数关系的符号 φ 是相同的，虽然表示自变量和因变量的字母变了，但这没有关系，就如同我们将圆周长与半径的函数关系写成

$$y=2\pi x$$

或写成

$$C=2\pi r$$

是一样的. 所以当 $x=\varphi(y)$ 是 $y=f(x)$ 的反函数时，$y=\varphi(x)$ 也是 $y=f(x)$ 的反函数.

例如，设直接函数为

$$y=\lg(x+1)$$

定义域为 $(-1,+\infty)$

值域为 $(-\infty,+\infty)$

由此可解出

$$x=10^y-1$$

显然，当 y 在 $(-\infty,+\infty)$ 内取任意一值时，x 在 $(-1,+\infty)$ 内有唯一确定的值与之对应，因此它是一个函数，就称它是函数 $y=\lg(x+1)$ 的反函数，并改写成

$$y=10^x-1$$

定义域为 $(-\infty,+\infty)$

值域为 $(-1,+\infty)$

由这个例子可知：如果直接函数 $y=f(x)$ 的定义域 $D(f)=X$，值域为 $Z(f)=Y$，则其反函数 $x=\varphi(y)$ 的定义域为 $D(\varphi)=Y$，值域为 $Z(\varphi)=X$.

又例如，设直接函数为

$$y=x^2$$

定义域为 $(-\infty,+\infty)$

值域为 $[0,+\infty)$

由此可解出

$$x=\pm\sqrt{y}$$

但当给定一个 y 的值时，有两个 x 的值（$\sqrt{y}$和$-\sqrt{y}$）与之对应，即 x 不是唯一的. 因此由函数的定义（对于自变量的每个取值函数有唯一确定的值与之对应），此函数不存在反函数.

如果把直接函数 $y=x^2$ 的定义域改成 $[0,+\infty)$，则只能解出（因 x 不能为负值）

$$x=\sqrt{y}$$

这时当给定一个 y 的值时，x 就有唯一确定的值与之对应，因此它是一个函数，即为 $y=x^2$ 的反函数，改写成 $y=\sqrt{x}$. 如果把直接函数的定义域改成 $(-\infty,0]$，这时它也存在反函数 $y=-\sqrt{x}$.

于是自然产生这样的问题：在什么条件下直接函数 $y=f(x)$ 有反函数存在？

以下的反函数存在定理可以回答这个问题.

定理

如果函数

$$y=f(x) \qquad (D(f)=X,\ Z(f)=Y)$$

是严格单调增加（或减少）的，则它必定存在反函数：

$$x=\varphi(y) \qquad (D(\varphi)=Y,\ Z(\varphi)=X)$$

并且也是严格单调增加（或减少）的.

这个定理我们不给出证明. 它很容易从图 1－8 上来加以理解. 图中直接函数为 $y=f(x)$，当在定义域 $[a,\ b]$ 上任给一个值 x 时，由曲线 $y=f(x)$ 上可以找到唯一确定的值 y 与之对应，且 $y\in[c,\ d]$，“$\in$”读作“属于”. 这就是说，直接函数$y=f(x)$ 的定义域为 $[a,\ b]$，值域为 $[c,\ d]$. 由于 $y=f(x)$ 是严格单调增加的，所以当 $x_1<x_2$ 时就有 $y_1<y_2$.

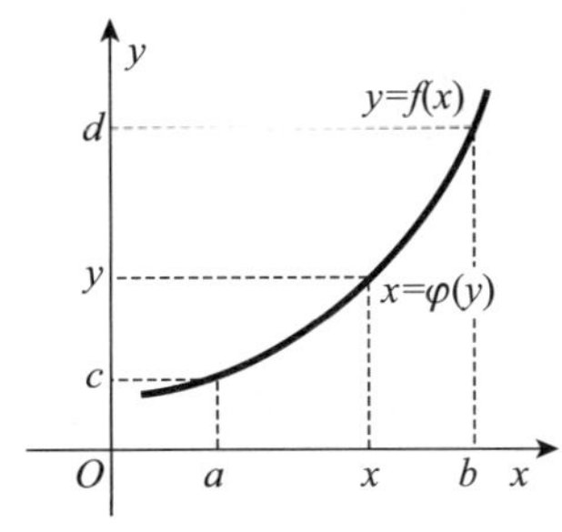

图 1－8

反之，对于 $[c, d]$ 上的任何值 y，在曲线 $x=\varphi(y)$ 上可以找到唯一确定的值 x 与之对应（此处 $x=\varphi(y)$ 与 $y=f(x)$ 是同一条曲线），且 $x\in[a, b]$；即对任意的 $y\in[c, d]$，曲线 $x=\varphi(y)$ 上有唯一确定的 $x\in[a, b]$ 与之对应，即 x 是 y 的函数. 显然当 $y_1<y_2$ 时有 $x_1<x_2$，即 $x=\varphi(y)$ 也是严格单调增加的.

这就是上述定理的全部含义.

下面给出求反函数的步骤：

第一步：从直接函数 $y=f(x)$ 中解出

$$x=\varphi(y)$$

看它是否能成为函数；

第二步：如果 $x=\varphi(y)$ 是函数，将字母 x 换成 y，将字母 y 换成 x，得

$$y=\varphi(x)$$

即为所求 $y=f(x)$ 的反函数.

例 1 求 $y=2x-1$ 的反函数，并画出其图形.

解 先由 $y=f(x)=2x-1$ 解出

$$x=\frac{y+1}{2}$$

因为当 y 在 $(-\infty, +\infty)$ 内取任意一值时，有唯一确定的 x 值与之对应，所以它是一个函数.

再将 x 换成 y，将 y 换成 x，于是得到 $f(x)$ 的反函数为

$$y=f^{-1}(x)=\frac{x+1}{2}$$

其图形为图 1-9 中的虚线.

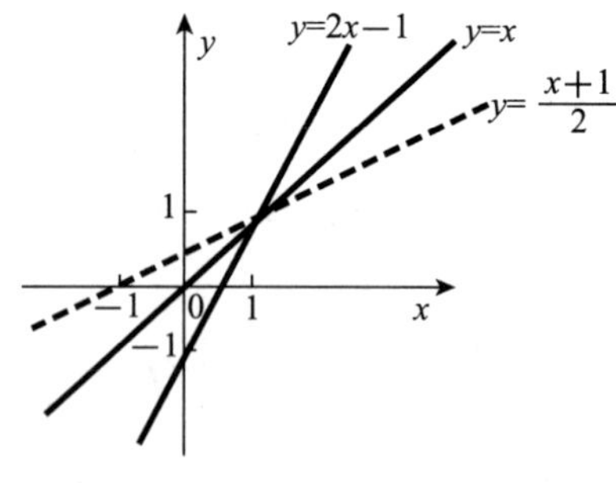

图 1-9

这里函数 $y=2x-1$ 与 $x=\dfrac{y+1}{2}$ 是不同的函数，但却是同一条曲线；而 $x=\dfrac{y+1}{2}$ 与 $y=\dfrac{x+1}{2}$ 是相同的函数，但却不是相同的曲线，这是因为它们互换了字母 x 和 y 的结果，故其图形就互换了 x 轴和 y 轴. 所以它们的图形是关于直线 $y=x$ 对称的.

一般地，有以下的结论.

结论 反函数 $y=f^{-1}(x)$ 的图形与直接函数 $y=f(x)$ 的图形，必定对称于直线 $y=x$.

根据这个结论，当我们知道了直接函数 $y=f(x)$ 的图形之后，就很容易利用对称性画出其反函数 $y=f^{-1}(x)$ 的图形.

例 2 求 $y=x^3-1$ 的反函数.

解 由 $y=f(x)=x^3-1$ 有

$$x^3=y+1$$

可解出

$$x=\sqrt[3]{y+1}$$

当 y 在 $(-\infty, +\infty)$ 内取任意一值时，有唯一确定的 x 值与之对应，所以它是一个函数.

改变变量的字母，得到 $f(x)$ 的反函数为

$$y=f^{-1}(x)=\sqrt[3]{x+1}$$

1.4 基本初等函数及其图形

在这一节中，我们将微积分常用的基本初等函数及其图形列举如下. 通过学习，读者应熟悉各种基本初等函数的图形、定义域及简单性质，这对学习以后各章的内容都是很有用处的.

1.4.1 常数

$$y=C$$

它的定义域是 $(-\infty, +\infty)$，图形是一条平行于 x 轴的直线（如图 1-10 所示）. 显然这是个偶函数.

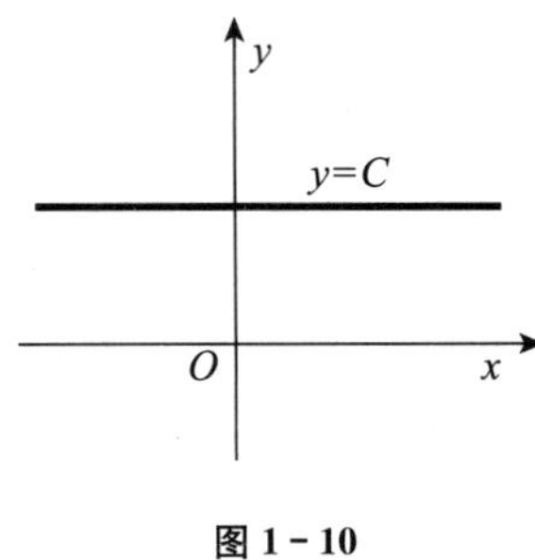

图 1-10

1.4.2 幂函数

$$y=x^{\mu} \quad (\mu \text{ 为实数})$$

它的定义域随μ值的不同而不同，但不管μ的值是多少，它在$(0, +\infty)$内总是有定义的.

当$\mu>0$时，不论μ为何值，它的图形（如图1-11所示）都通过原点$(0, 0)$和点$(1, 1)$，在$(0, +\infty)$内严格单调增加且无界.

当$\mu<0$时，它的图形如图1-12所示，在$(0, +\infty)$内严格单调减少且无界，都通过点$(1, 1)$. 曲线以x轴和y轴为渐近线.

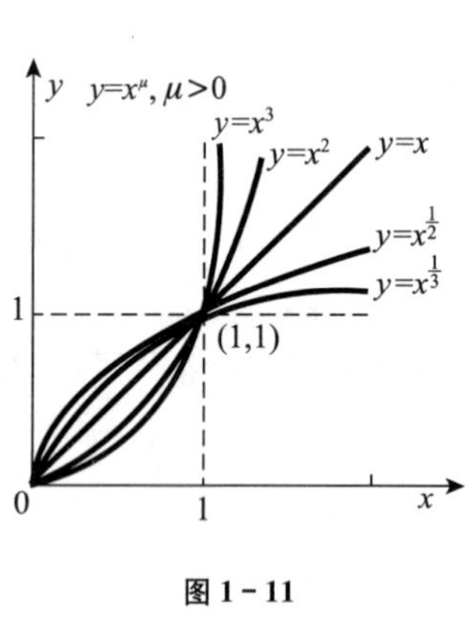

图1-11

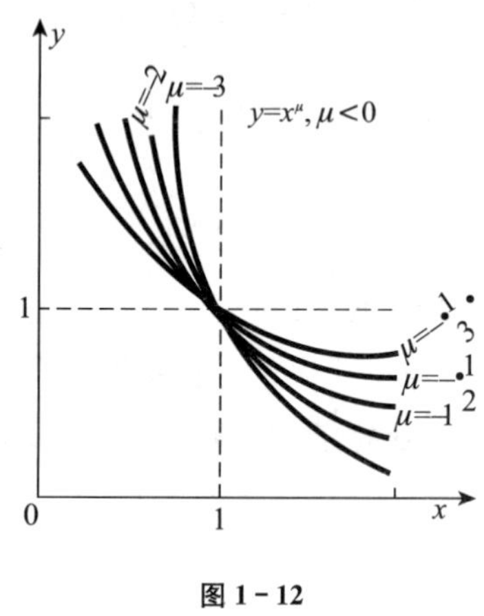

图1-12

1.4.3 指数函数

$$y=a^x \quad (a>0, a\neq 1)$$

它的定义域是$(-\infty, +\infty)$，由于不论x为何值，总有$a^x>0$，且有$a^0=1$，所以它的图形总是在x轴的上方，且通过点$(0, 1)$，如图1-13所示.

当$a>1$时，函数严格单调增加且无界，曲线以x轴的负半轴为渐近线；

当$0<a<1$时，函数严格单调减少且无界，曲线以x轴的正半轴为渐近线.

以无理数$e=2.718\ 281\ 8\cdots$为底$(a=e)$的指数函数

$$y=e^x$$

是微积分中常用的指数函数.

应当注意指数函数与幂函数的区别：在幂函数$y=x^\mu$中，变量x在底的位置，指数μ是常数；在指数函数$y=a^x$中，变量x在指数位置，底的位置是常数a.

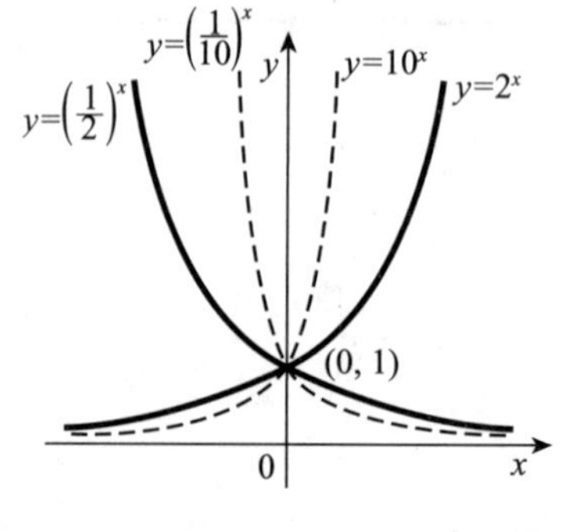

图1-13

1.4.4 对数函数

$$y=\log_a x \quad (a>0,a\neq 1)$$

它的定义域为 $(0,+\infty)$，不论 a 为何值，它的图形都通过点 $(1,0)$，如图 1-14 所示.

当 $a>1$ 时，函数严格单调增加且无界，曲线以 y 轴负半轴为渐近线；

当 $0<a<1$ 时，函数严格单调减少且无界，曲线以 y 轴正半轴为渐近线.

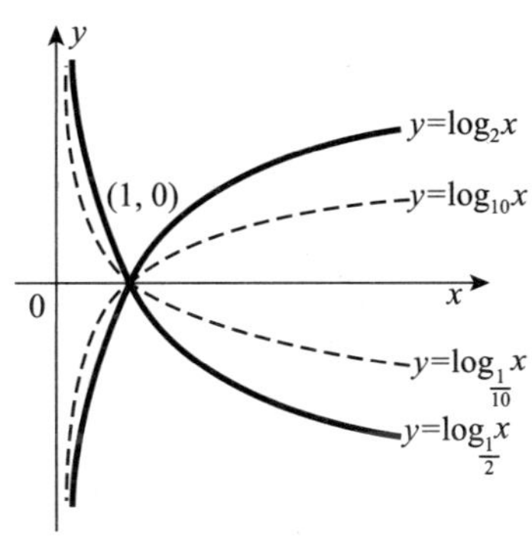

图 1-14

由于对数函数 $y=\log_a x$ 与指数函数 $y=a^x$ 互为反函数，所以它们的图形对称于直线 $y=x$. 即已知指数函数的图形后，就可以利用对称性（对称于直线 $y=x$）画出对数函数的图形.

以无理数 e 为底的对数函数 $y=\log_e x$，叫做自然对数函数，简记作

$$y=\ln x$$

它是微积分中常用到的基本初等函数.

1.4.5 三角函数

三角函数有以下六个：

$$y=\sin x,\qquad y=\cos x$$

$$y=\tan x,\qquad y=\cot x$$

$$y=\sec x,\qquad y=\csc x$$

在微积分中，三角函数的自变量 x 一律以"弧度"为单位. 例如 $x=1$，就表示 x 等于 1 个弧度 $(57°17'44.8'')$.

函数 $y=\sin x$ 的定义域为 $(-\infty,+\infty)$，是奇函数，且是周期等于 2π 的周期函数，其图形如图 1-15 所示.

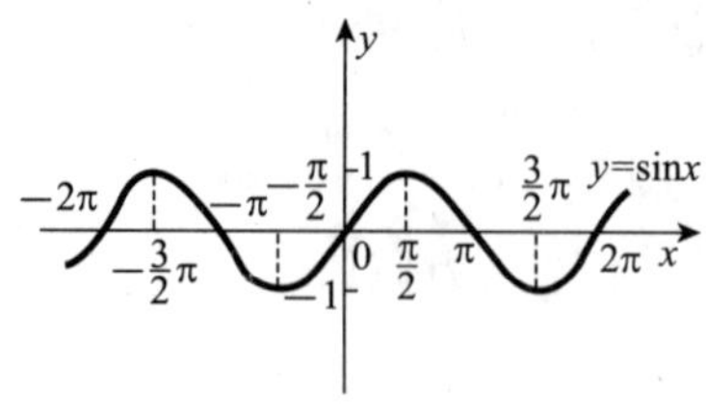

图 1－15

函数 $y=\cos x$ 的定义域为 $(-\infty, +\infty)$，是偶函数，且是周期等于 2π 的周期函数，其图形如图 1－16 所示.

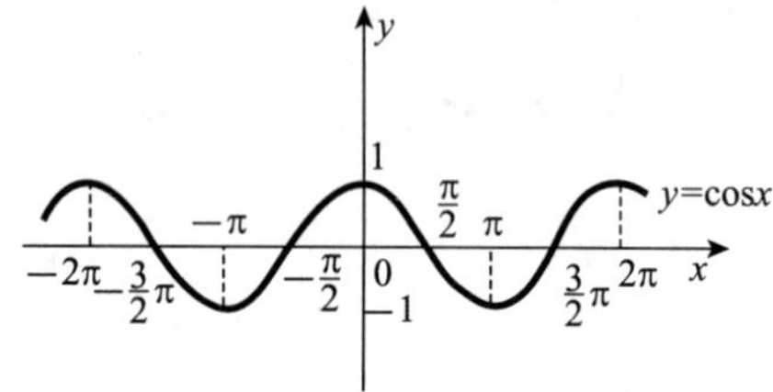

图 1－16

因为 $|\sin x|\leqslant 1$，$|\cos x|\leqslant 1$，所以它们都是有界函数.

函数 $y=\tan x$ 的定义域是除去点 $x=(2k+1)\dfrac{\pi}{2}$ $(k=0, \pm 1, \pm 2, \cdots)$ 后的其他实数. 它是奇函数，且是周期为 π 的周期函数，其图形如图 1－17 所示.

函数 $y=\cot x$ 的定义域是除去点 $x=k\pi$ $(k=0, \pm 1, \pm 2, \cdots)$ 后的其他实数. 它也是奇函数，且是周期为 π 的周期函数，其图形如图 1－18 所示.

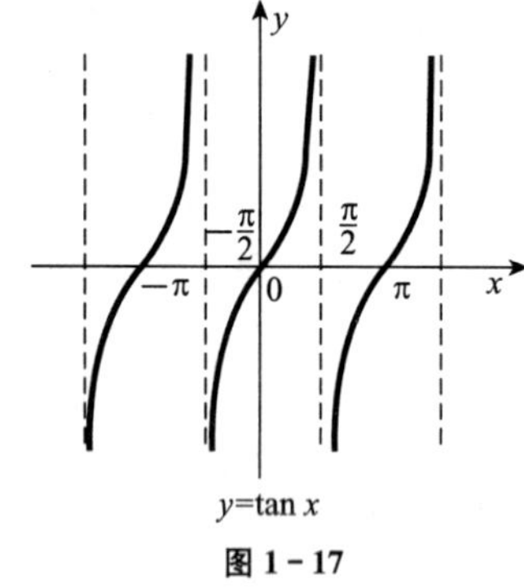

图 1－17

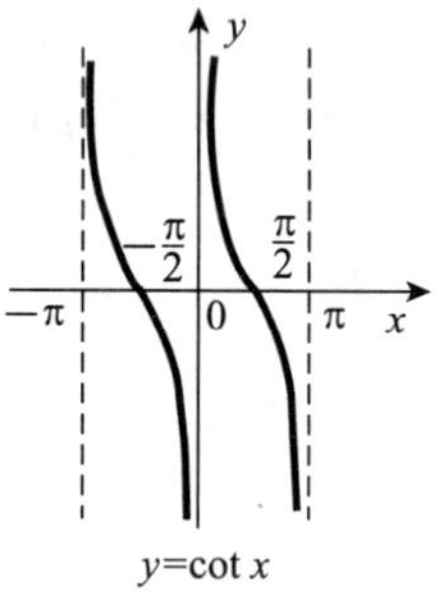

y=cot x

图 1－18

$y=\tan x$，$y=\cot x$ 都是无界函数.

1.4.6 反三角函数

常用的反三角函数有以下四个：

$$y=\arcsin x, \qquad y=\arccos x$$
$$y=\arctan x, \qquad y=\operatorname{arccot} x$$

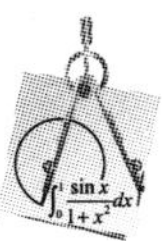

它们是作为相应三角函数的反函数定义出来的. 由于 $y=\sin x$，$y=\cos x$ 在定义域内不是单调函数，它们的反函数不存在，所以对于 $y=\sin x$，只考虑 $x\in\left[-\frac{\pi}{2},\frac{\pi}{2}\right]$，对于 $y=\cos x$，只考虑 $x\in[0,\pi]$，以使其反函数存在. 此时我们称反正弦和反余弦取主值，即 $-\frac{\pi}{2}\leqslant\arcsin x\leqslant\frac{\pi}{2}$，$0\leqslant\arccos x\leqslant\pi$，它们的图形分别为图 1-19 和图 1-20 中的实线部分.

$y=\arcsin x$ 和 $y=\arccos x$ 的定义域都是 $[-1,1]$.

同理，对于反正切函数 $y=\arctan x$，也取主值 $\left(-\frac{\pi}{2},\frac{\pi}{2}\right)$，即 $-\frac{\pi}{2}<\arctan x<\frac{\pi}{2}$，它的定义域为 $(-\infty,+\infty)$，其图形如图 1-21 中的实线部分所示.

注意 $y=\arcsin x$，$y=\arccos x$，$y=\arctan x$，$y=\operatorname{arccot} x$ 都是单值函数，而 $y=\operatorname{Arcsin} x$，$y=\operatorname{Arccos} x$，$y=\operatorname{Arctan} x$，$y=\operatorname{Arccot} x$ 都是多值函数. 因为对于反三角函数，我们总是取它们的主值，所以应写成：$\arcsin x$，$\arccos x$，…，而不要写成：$\operatorname{Arcsin} x$，$\operatorname{Arccos} x$，…

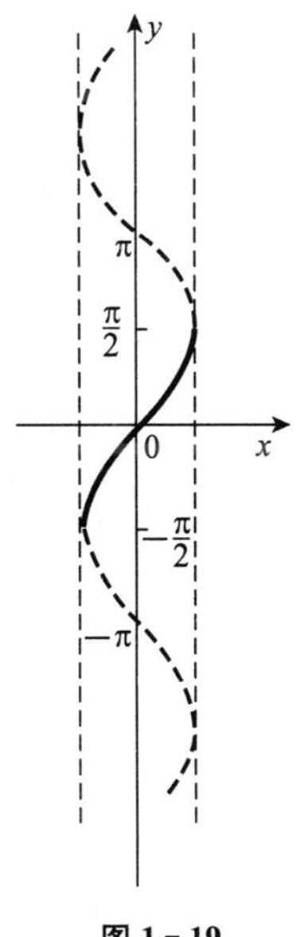

图 1-19

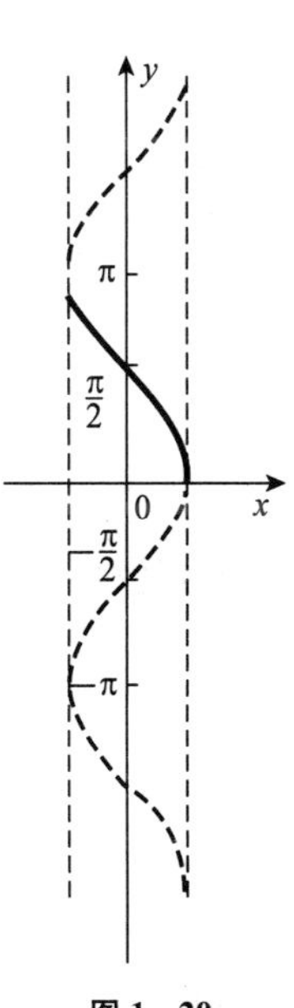

图 1-20

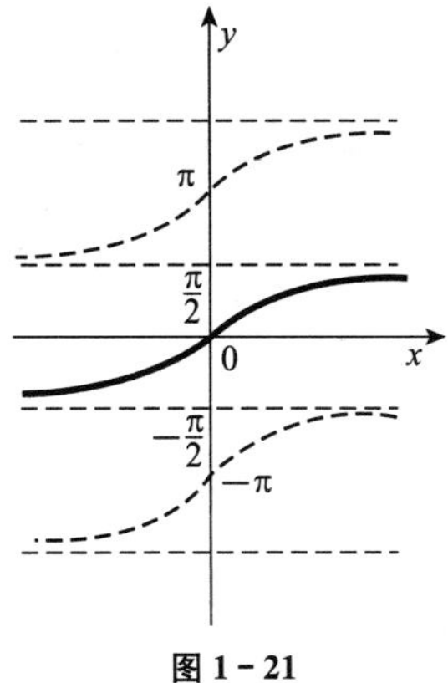

图 1-21

1.5 复合函数与初等函数

微积分讨论的主要对象是初等函数. 但在介绍初等函数的概念之前，先要讲复合函数的概念.

1.5.1 复合函数

设因变量 y 是变量 u 的函数

$$y=f(u)$$

如果变量 u 又是变量 x 的函数

$$u=\varphi(x)$$

则变量 y 当然也是变量 x 的函数.

例如，$y=\sqrt{u}$

而 $u=2x+5$

则有 $y=\sqrt{2x+5}$

即 y 是 x 的函数.

这就是复合函数的概念. 一般地，有以下定义.

定义

设 y 是 u 的函数：

$$y=f(u)$$

而 u 又是 x 的函数：

$$u=\varphi(x)$$

又设 X 表示函数 $u=\varphi(x)$ 的定义域的一个子集，如果对于在 X 上的每一个取值 x 所对应的 u 值，函数 $y=f(u)$ 有定义，则 y 通过 $u=\varphi(x)$ 而成为 x 的函数，记为

$$y=f[\varphi(x)]$$

这个函数叫做由函数 $y=f(u)$ 及 $u=\varphi(x)$ 复合而成的复合函数，它的定义域为 X，u 叫做中间变量.

所以复合函数实际上就是将中间变量代入后所构成的函数.

例 1 设 $y=f(u)=\lg u$，定义域为 $(0,+\infty)$

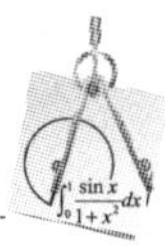

而　　$u=\varphi(x)=\sin x$，定义域为 $(-\infty, +\infty)$

则　　$y=f[\varphi(x)]=\lg\sin x$

是一个复合函数，这个复合函数的定义域为 $X=[2k\pi, (2k+1)\pi]$（k 为一切整数），而不是 $(-\infty, +\infty)$. 即 X 是函数 $u=\sin x$ 的定义域 $(-\infty, +\infty)$ 的一部分，在 X 上取每一个 x 值时所对应的 u 值，使函数 $y=f(u)$ 有定义.

实际上复合函数的定义域很容易直接由复合函数表达式 $y=\lg\sin x$ 求出.

这里要注意：不是任何两个函数都可以复合成一个复合函数的. 例如 $y=\arcsin u$ 及 $u=x^2+3$ 就不能复合成一个复合函数，因为对于 $u=x^2+3$ 的定义域 $(-\infty, +\infty)$ 内的任何 x 值所对应的 u 值（都大于或等于 3），$y=\arcsin u$ 都没有定义. 也就是说 $y=\arcsin(x^2+3)$ 对于任何 x 值都没有定义，因为 $y=\arcsin u$ 的定义域为 $[-1, 1]$，而对于任何 x 值，x^2+3 都大于或等于 3.

复合函数不仅可以有一个中间变量，还可以有更多的中间变量，如 u，v，w，t 等.

在第 3 章求函数的导数时，我们往往要反过来考虑问题：即一个函数是由哪几个基本初等函数（或简单函数）复合而成的？为此我们看下面的例题.

例 2　函数 $y=\mathrm{e}^{\arctan\sqrt{x^2+1}}$ 是由哪几个基本初等函数复合而成的？

解　设 $u=\arctan\sqrt{x^2+1}$，则 $y=\mathrm{e}^u$（基本初等函数）

设 $v=\sqrt{x^2+1}$，则 $u=\arctan v$（基本初等函数）

设 $w=x^2+1$，则 $v=\sqrt{w}=w^{\frac{1}{2}}$（基本初等函数）

所以 $y=\mathrm{e}^{\arctan\sqrt{x^2+1}}$ 可以看成是由四个函数 $y=\mathrm{e}^u$，$u=\arctan v$，$v=w^{\frac{1}{2}}$，$w=x^2+1$ 复合而成的复合函数.

例 3　函数 $y=\sin^2(\cos 3x)$ 是由哪几个基本初等函数（或简单函数）复合而成的？

解　设 $u=\sin(\cos 3x)$，则 $y=u^2$（基本初等函数）

设 $v=\cos 3x$，则 $u=\sin v$（基本初等函数）

设 $w=3x$，则 $v=\cos w$（基本初等函数）

所以 $y=\sin^2(\cos 3x)$ 可以看成是由四个函数 $y=u^2$，$u=\sin v$，$v=\cos w$，$w=3x$ 复合而成的复合函数.

例 4　函数 $y=\ln\tan\dfrac{1}{x}$ 是由哪几个基本初等函数（或简单函数）复合而成的？

解　设 $u=\tan\dfrac{1}{x}$，则 $y=\ln u$（基本初等函数）

设 $v=\dfrac{1}{x}$，则 $u=\tan v$（基本初等函数）

所以 $y=\ln\tan\frac{1}{x}$ 可以看成是由三个函数 $y=\ln u$，$u=\tan v$，$v=\frac{1}{x}$ 复合而成的复合函数.

正确分析一个复合函数怎样由基本初等函数复合而成，在微积分的学习中是很重要的.

1.5.2 初等函数

所谓初等函数是指由基本初等函数经过有限次的四则运算（加、减、乘、除）和复合所构成的并且能够用一个数学式子表示的函数.

例如，$y=\lg(1+\sqrt{1+x^2})$，$y=\sqrt{\cot\frac{x}{2}}$，$y=\cos(2x+1)$，$y=\sin^2(\ln x)$ 等都是初等函数.

微积分主要讨论初等函数求导数和求积分的问题.

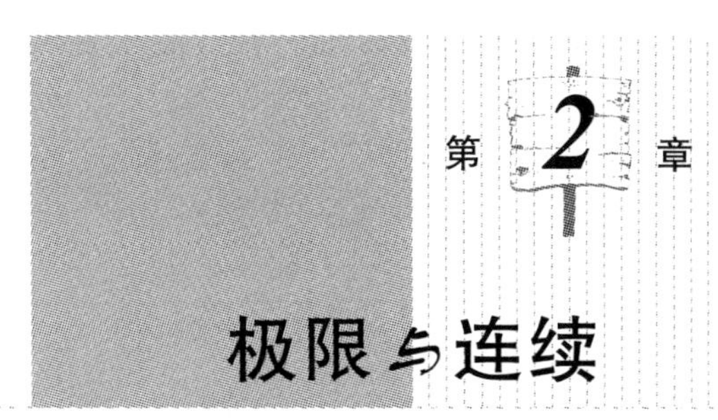

第2章 极限与连续

极限与连续的概念是微积分的两个重要概念，研究连续函数在变化过程中的极限是微积分的基础，微积分中的主要概念和计算都是在极限的概念和计算的基础上建立起来的. 这一章主要介绍数列与函数极限的概念、求极限的方法及函数的连续性.

2.1 数列的极限

2.1.1 数列的概念

在中学数学中，曾经讲过数列的概念. 所谓数列，简单地说，就是按照某种规律排起来的一列有顺序的数. 即一组数按照一定的顺序排成

$$y_1, y_2, \cdots, y_n, \cdots$$

就是一个数列.

数列也可以看成是一种函数

$$y=y(t)$$

其定义域为全体自然数. 将 t 用 1, 2, …, n, …代入，即可得到一列有顺序的数

$$y(1), y(2), \cdots, y(n), \cdots$$

所以数列又可称为整标函数. 一般可将它们简记为

$$y_1, y_2, \cdots, y_n, \cdots$$

下面我们将数列缩写成 $\{y_n\}$.

数列中的每一个数，称为数列中的一项，第 n 项 y_n 称为数列的一般项（或通项）.

现举几个数列的例子.

例 1 $\left\{\frac{1}{2^n}\right\}$：$\frac{1}{2}$，$\frac{1}{4}$，$\frac{1}{8}$，…，$\frac{1}{2^n}$，…

例 2 $\left\{1+\frac{1}{n}\right\}$：$\frac{2}{1}$，$\frac{3}{2}$，$\frac{4}{3}$，…，$\frac{n+1}{n}$，…

例 3 $\left\{1-\frac{1}{n}\right\}$：$\frac{0}{1}$，$\frac{1}{2}$，$\frac{2}{3}$，…，$\frac{n-1}{n}$，…

例 4 $\left\{1+(-1)^n\frac{1}{n}\right\}$：0，$\frac{3}{2}$，$\frac{2}{3}$，$\frac{5}{4}$，$\frac{4}{5}$，…

例 5 $\{2^n\}$：2，4，8，…，2^n，…

例 6 $\{(-1)^{n+1}\}$：1，-1，1，-1，…

数列的几何表示法.

为了直观起见，有时要用图形来表示数列. 一般有以下两种表示方法：

1. 数轴表示法

作一条数轴，将数列中的每一个数，用数轴上的一个点来表示. 如上面的例 1 中的数列画在数轴上，如图 2－1 所示.

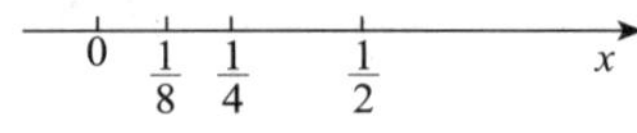

图 2－1

2. 直角坐标表示法

作一直角坐标系，横轴作为 n 轴，纵轴作为 y_n 轴，于是数列中的每一个数 y_n，均可用直角坐标系中的一个点 (n, y_n) 来表示. 如上面例 2、例 3、例 4 中的数列画在直角坐标上分别如图 2－2、图 2－3 和图 2－4 所示.

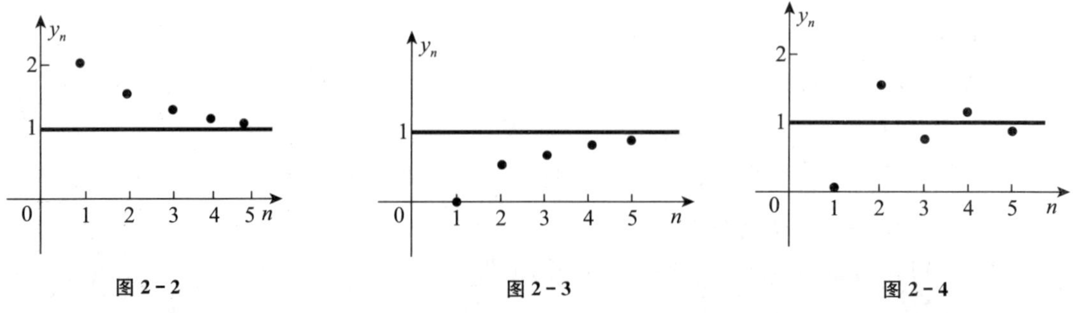

图 2－2　　图 2－3　　图 2－4

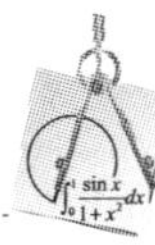

在上面的两种表示方法中，直角坐标表示法使我们能够更清楚地看出数列变化的情况和规律.

对于一个数列，我们主要感兴趣的是：研究当 n 无限变大时（记为 $n\to\infty$），它的变化趋势. 这就是数列的极限的概念.

2.1.2 数列的极限

我们先对上面所举的 6 个例子作一分析，看看当 n 无限变大时数列的变化趋势.

在例 1 中，当 $n\to\infty$时，数列无限地趋于 0；

在例 2 中，当 $n\to\infty$时，数列无限地趋于 1；

在例 3 中，当 $n\to\infty$时，数列无限地趋于 1；

在例 4 中，当 $n\to\infty$时，数列无限地趋于 1；

在例 5 中，当 $n\to\infty$时，数列无限地增大；

在例 6 中，当 $n\to\infty$时，数列不能趋于某个数.

在例 1 中，我们说数列的极限是 0；在例 2、例 3 和例 4 中，我们说数列的极限是 1；在例 5 和例 6 中，我们说数列没有极限.

也就是说：当 n 无限变大时，如果数列无限地趋于某个常数 A（可以是从上面无限地趋于 A，如例 2；也可以是从下面无限地趋于 A，如例 3；还可以是从两个方向无限地趋于 A，如例 4），我们就称数列的极限是 A.

于是关于数列的极限，我们有以下的定义.

定义

对于数列 $\{y_n\}$，如果当 $n\to\infty$时，y_n 无限地趋于一个常数 A，则称当 n 趋于无穷大时，数列 $\{y_n\}$ 以常数 A 为极限，或称数列收敛于 A，记作

$$\lim_{n\to\infty} y_n = A$$

或 $\quad y_n\to A \quad$（当 $n\to\infty$时）

否则，称数列 $\{y_n\}$ 没有极限. 如果数列没有极限，就称数列是发散的.

由数列极限的定义，我们可以看到，上面的例 5 和例 6 中的数列没有极限，其中例 5 中，当 $n\to\infty$时，数列无限地增大；例 6 中，当 $n\to\infty$时，数列振荡无极限.

为了更好地理解并熟悉数列极限的定义，我们看以下例题.

例 7 写出数列 $\left\{\sin\frac{n\pi}{2}\right\}$ 的前五项，并说明此数列的极限是否存在.

解

$n=1$ 时，$y_1=\sin\frac{\pi}{2}=1$

$n=2$ 时，$y_2=\sin\frac{2\pi}{2}=0$

$n=3$ 时，$y_3=\sin\frac{3\pi}{2}=-1$

$n=4$ 时，$y_4=\sin\frac{4\pi}{2}=0$

$n=5$ 时，$y_5=\sin\frac{5\pi}{2}=1$

当 $n\to\infty$ 时，数列的极限不存在(振荡无极限).

例 8 写出下列各数列的通项，通过直接观察，指出收敛数列的极限值.

(1) $1, \frac{1}{3}, \frac{1}{5}, \frac{1}{7}, \frac{1}{9}, \cdots$

(2) $1, -\frac{1}{2}, \frac{1}{3}, -\frac{1}{4}, \frac{1}{5}, -\frac{1}{6}, \cdots$

(3) $\frac{\sqrt{2}}{1}, \frac{\sqrt{5}}{2}, \frac{\sqrt{10}}{3}, \frac{\sqrt{17}}{4}, \cdots$

(4) $2, 6, 12, 20, 30, 42, 56, 72, \cdots$

(5) $0, \frac{1}{2}, 0, \frac{1}{4}, 0, \frac{1}{8}, 0, \frac{1}{16}, \cdots$

解

(1) 通项 $y_n=\frac{1}{2n-1}$，可以看出，当 $n\to\infty$ 时，$y_n\to 0$；

(2) 通项 $y_n=(-1)^{n-1}\frac{1}{n}$，可以看出，当 $n\to\infty$ 时，$y_n\to 0$；

(3) 通项 $y_n=\frac{\sqrt{n^2+1}}{n}$，可以看出，当 $n\to\infty$ 时，$y_n\to 1$；

(4) 通项 $y_n=n(n+1)$，可以看出，当 $n\to\infty$ 时，$y_n\to\infty$，数列发散；

(5) 通项 $y_n=\begin{cases}0, & n \text{ 为奇数时} \\ \frac{1}{2^{\frac{n}{2}}}, & n \text{ 为偶数时}\end{cases}$，可以看出，当 $n\to\infty$ 时，$y_n\to 0$.

最后我们讲一个关于收敛数列有界性的定理.

定理

如果数列 $\{y_n\}$ 收敛，则它必定有界.

这个定理很容易通过以上收敛数列的例子来理解，我们就不证明了.

但要注意：这个定理反过来不成立. 也就是说：有界数列不一定收敛（见例7）.

不过以后我们会看到：如果数列单调增加且有上界（或单调减少且有下界），则必定收敛，即有极限.

2.2 函数的极限

在上一节中我们讲了数列的极限，现在我们再来讲函数的极限. 函数的极限是数列极限概念的推广. 首先将整标函数推广到自变量连续取值的函数 $f(x)$，其次将 $n\to\infty$ 推广到 $x\to\infty$ 和 $x\to x_0$ 两种情况.

2.2.1 当 $x\to\infty$ 时函数 $f(x)$ 的极限

1. 当 $x\to+\infty$ 时函数 $f(x)$ 的极限

例如，函数 $y=f(x)=10^{-x}$，当 x 沿 x 轴的正方向无限变大时，即当 $x\to+\infty$ 时，$f(x)$ 无限趋近于 0，我们就说：当 $x\to+\infty$ 时，函数 $f(x)$ 的极限是 0(读者可复习一下指数函数的图形).

仿照数列极限的定义，我们不难得到当 $x\to+\infty$ 时，函数 $f(x)$ 的极限的如下定义：

定义

对于函数 $y=f(x)$，如果当 $x\to+\infty$ 时，$f(x)$ 无限地趋于一个常数 A，则称当 $x\to+\infty$ 时，函数 $f(x)$ 的极限是 A，记作

$$\lim_{x\to+\infty} f(x)=A$$

或 $\quad f(x)\to A\quad$（当 $x\to+\infty$ 时）

这个定义与数列极限的定义基本上一样，只不过在数列极限的定义中，$n\to\infty$ 一定表示 $n\to+\infty$，且 n 是正整数；而在这个定义中，则要明确写出 $x\to+\infty$，且其中的 x 不一定是整数.

又如，函数 $f(x)=2+\mathrm{e}^{-x}$，当 $x\to+\infty$ 时，$f(x)$ 无限地趋于常数 2，因此我们说：当 $x\to+\infty$ 时，函数 $f(x)=2+\mathrm{e}^{-x}$ 的极限是 2，即有

$$\lim_{x\to+\infty}(2+\mathrm{e}^{-x})=2$$

以上两个函数，当 $x\to+\infty$ 时，其极限都存在. 但当 $x\to+\infty$ 时，函数 $f(x)=1+x$ 的

极限就不存在（无限地变大），函数 $f(x)=\sin x$ 的极限也不存在（振荡无极限）.

2. 当 $x\to-\infty$ 时函数 $f(x)$ 的极限

例如，函数 $f(x)=1+10^x$，当 x 沿 x 轴的负方向无限变大时，即当 $x\to-\infty$ 时，$f(x)$ 无限地趋于常数 1. 我们就称：当 $x\to-\infty$ 时，函数 $f(x)=1+10^x$ 的极限是 1.

于是我们自然地给出以下定义.

定义

对于函数 $y=f(x)$，如果当 $x\to-\infty$ 时，$f(x)$ 无限地趋于一个常数 A，则称当 $x\to-\infty$ 时，函数 $f(x)$ 的极限是 A，记作

$$\lim_{x\to-\infty} f(x)=A$$

或 $$f(x)\to A \quad (\text{当 } x\to-\infty \text{ 时})$$

又如，函数 $f(x)=2+\dfrac{1}{\sqrt{-x}}$，当 $x\to-\infty$ 时，$f(x)$ 无限地趋于常数 2，因此我们说：当 $x\to-\infty$ 时，函数 $f(x)=2+\dfrac{1}{\sqrt{-x}}$ 的极限是 2，即有

$$\lim_{x\to-\infty}\left(2+\frac{1}{\sqrt{-x}}\right)=2$$

但以上两个函数，当 $x\to+\infty$ 时，它们的极限都不存在（当 $x\to+\infty$ 时，$f(x)=1+10^x$ 无限地变大，而 $f(x)=2+\dfrac{1}{\sqrt{-x}}$ 没有定义）.

从上面几个例子我们看到：对于有的函数，当 $x\to+\infty$ 时，函数有极限，而当 $x\to-\infty$ 时，极限不存在；对于有的函数，当 $x\to-\infty$ 时，函数有极限，而当 $x\to+\infty$ 时，极限不存在.

下面我们将会看到：还有另一类函数，当 $x\to+\infty$ 时，它有极限 A，当 $x\to-\infty$ 时，它也有极限 A，此时，我们就称当 $x\to\infty$ 时，函数的极限是 A.

3. 当 $x\to\infty$ 时函数 $f(x)$ 的极限

我们可以将上面两个定义合并起来，得到下面的定义.

定义

对于函数 $y=f(x)$，如果当 $x\to-\infty$ 时，$f(x)$ 无限地趋于一个常数 A，当 $x\to+\infty$ 时，$f(x)$ 也无限地趋于同一个常数 A，则称当 $x\to\infty$ 时，函数 $f(x)$ 的极限是 A，记作

$$\lim_{x\to\infty} f(x)=A$$

或 $$f(x)\to A \quad (\text{当 } x\to\infty \text{ 时})$$

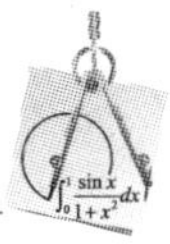

对于这个定义，读者必须注意：$x\to\infty$时，$f(x)$ 的极限是 A，这表示当$x\to+\infty$以及$x\to-\infty$时，函数 $f(x)$ 有相同的极限 A. 而不是像数列的极限那样，只表示当 $x\to+\infty$时，$f(x)$ 的极限是 A，因为在数列的极限中，$n\to\infty$就是$n\to+\infty$，而在函数的极限中，$x\to\infty$不仅表示 $x\to+\infty$，还表示 $x\to-\infty$.

例如，函数 $f(x)=1+\dfrac{1}{x}$，当 $x\to-\infty$时，$f(x)$ 无限地趋于常数 1；当$x\to+\infty$时，$f(x)$也无限地趋于同一个常数 1，因此称当 $x\to\infty$时，$f(x)=1+\dfrac{1}{x}$的极限是 1，记作

$$\lim_{x\to\infty}\left(1+\frac{1}{x}\right)=1$$

其几何意义如图 2－5 所示.

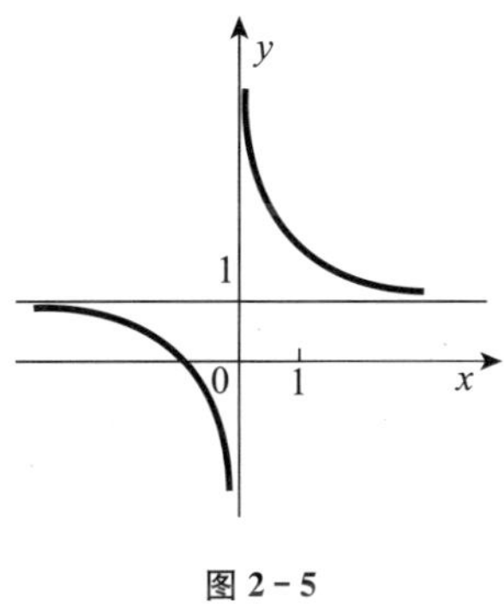

图 2－5

但是对函数 $y=\arctan x$ 来讲，因为

$$\lim_{x\to-\infty}\arctan x=-\frac{\pi}{2}$$

$$\lim_{x\to+\infty}\arctan x=\frac{\pi}{2}$$

即虽然当 $x\to-\infty$时，$f(x)$ 的极限存在，当 $x\to+\infty$时，$f(x)$ 的极限也存在，但这两个极限不相同，我们只能说，当 $x\to\infty$时，$f(x)=\arctan x$ 的极限不存在.

2.2.2 当 $x\to x_0$ 时函数 $f(x)$的极限

对于函数 $f(x)$，有时还要考察当 x 趋于某个常数 x_0 时 $f(x)$ 的极限. 也分三种情况讨论.

1. 当 $x\to x_0$ 时 $f(x)$ 的左极限

例如，对于函数 $f(x)=\dfrac{x^2-1}{x-1}$，我们考察当 x 从 1 的左边无限地趋于 1 时（记为 $x\to1^-$），函数 $f(x)$ 的极限.

当 $x=1$ 时，函数 $f(x)$ 没有定义，但当 x 从 1 的左边无限地趋于 1 时（即 x 总取比 1 小的值，且无限地趋于 1)，函数 $f(x)$ 无限地趋于常数 2(参看表 2－1).

表 2-1

x	0	0.2	0.4	0.6	0.8	0.9	0.99	0.999	…
y	1	1.2	1.4	1.6	1.8	1.9	1.99	1.999	…

我们就称当 $x\to 1$ 时，$f(x)$ 的左极限是 2. 一般地，有以下定义.

对于函数 $y=f(x)$，如果当 x 从 x_0 的左边无限地趋于 x_0 时（总有 $x<x_0$），函数 $f(x)$无限地趋于一个常数 A，则称当 $x\to x_0$ 时，函数 $f(x)$ 的左极限是 A，记作

$$\lim_{x\to x_0^-} f(x)=A$$

或 $f(x_0-0)=A$

例如，函数

$$f(x)=\begin{cases} x+1, & x<0 \\ 0, & x=0 \\ x-1, & x>0 \end{cases}$$

当 x 从 0 的左边无限地趋于 0 时，$f(x)$ 无限地趋于常数 1，则称：当 $x\to 0$ 时，$f(x)$ 的左极限是 1，即有

$$\lim_{x\to 0^-} f(x)=\lim_{x\to 0^-}(x+1)=1$$

类似地，可以引进右极限的概念.

2. 当 $x\to x_0$ 时 $f(x)$ 的右极限

还是考察函数 $f(x)=\dfrac{x^2-1}{x-1}$，当 x 从 1 的右边无限地趋于 1 时（即 x 总取比 1 大的值，且无限地趋于 1，记为 $x\to 1^+$），易见函数 $f(x)$ 无限地趋于常数 2（参看表 2-2).

表 2-2

x	…	1.001	1.01	1.1	1.2	1.4	1.6	1.8	2
y	…	2.001	2.01	2.1	2.2	2.4	2.6	2.8	3

我们就称当 $x\to 1$ 时，$f(x)$ 的右极限是 2，于是有以下定义.

对于函数 $y=f(x)$，如果当 x 从 x_0 的右边无限地趋于 x_0 时（总有$x>x_0$），函数 $f(x)$ 无限地趋于一个常数 A，则称当 $x\to x_0$ 时，函数 $f(x)$ 的右极限是 A，记作

$$\lim_{x\to x_0^+} f(x)=A$$

或 $f(x_0+0)=A$

又如，函数

$$f(x)=\begin{cases}x+1, & x<0\\0, & x=0\\x-1, & x>0\end{cases}$$

当 x 从 0 的右边无限地趋于 0 时，$f(x)$ 无限地趋于常数 -1，因此有

$$\lim_{x\to0^+}f(x)=\lim_{x\to0^+}(x-1)=-1$$

这就是说，对于函数

$$f(x)=\begin{cases}x+1, & x<0\\0, & x=0\\x-1, & x>0\end{cases}$$

当 $x\to0$ 时，$f(x)$ 的左极限是 1，而右极限是 -1(如图 2－6 所示)，即

$$\lim_{x\to0^-}f(x)\neq\lim_{x\to0^+}f(x)$$

但是对于函数 $f(x)=\dfrac{x^2-1}{x-1}$，当 $x\to1$ 时，$f(x)$ 的左极限是 2，右极限也是 2(如图2－7 所示).

可见：在某一个点 x_0 处，函数 $f(x)$ 的左极限和右极限可能不相同，但也有相同的情况. 如果相同，极限都是 A，我们就称当 $x\to x_0$ 时，函数$f(x)$ 的极限是 A. 于是引出了当 $x\to x_0$时 $f(x)$ 的极限的概念.

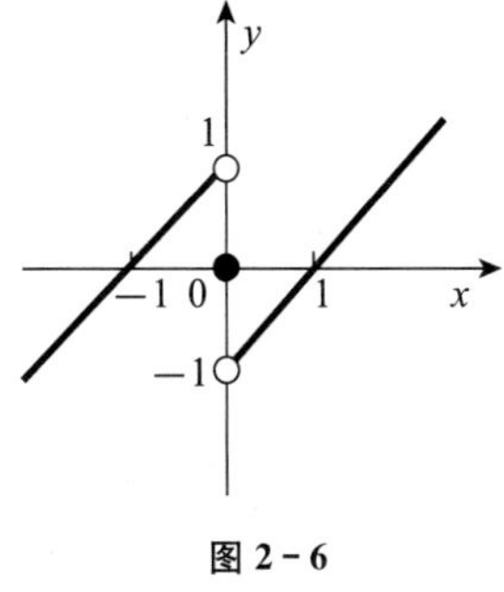

图 2－6

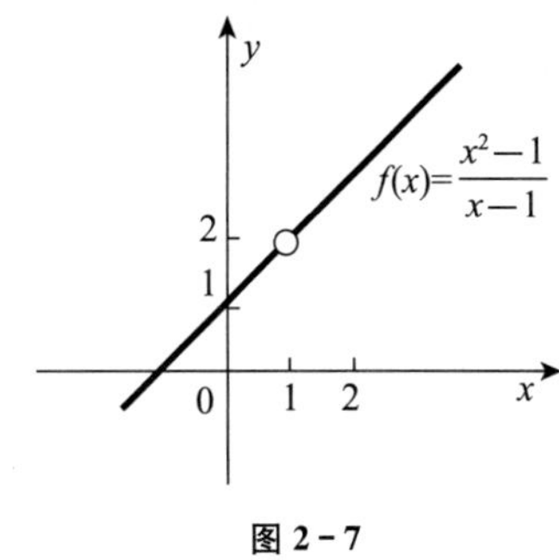

图 2－7

3. 当 $x\to x_0$ 时 $f(x)$ 的极限

关于当 $x\to x_0$ 时 $f(x)$ 的极限，我们有以下定义.

定义

对于函数 $y=f(x)$，如果当 $x\to x_0$ 时（但 $x\neq x_0$），函数 $f(x)$ 的左极限是 A，右极限也是 A，则称当 $x\to x_0$ 时，函数 $f(x)$ 的极限是 A，记作

$$\lim_{x\to x_0}f(x)=A$$

或　　$f(x)\to A$　（当 $x\to x_0$ 时）

例如，对于函数 $y=2x+1$，当 $x\to1$ 时，$f(x)$ 的左极限是 3，右极限也是 3，即有

$$\lim_{x\to1^-}(2x+1)=\lim_{x\to1^+}(2x+1)=3$$

所以有

$$\lim_{x\to1}(2x+1)=3$$

通过以上分析我们看到，对于函数 $f(x)=\dfrac{x^2-1}{x-1}$ 来说，$\lim\limits_{x\to1}f(x)=2$，但 $f(1)$ 没有定义，对于函数 $f(x)=2x+1$ 来说，$\lim\limits_{x\to1}f(x)=3$，而 $f(1)=3$ 有定义. 这就说明：我们考察 $f(x)$ 在 $x\to x_0$ 时的极限，是不管 $f(x_0)$ 是否有定义的，即 $f(x_0)$ 有定义可以，$f(x_0)$ 没有定义也可以. 这点是学习极限的概念时必须特别注意的.

当 $x\to x_0$ 时 $f(x)$ 的极限是一个很重要的概念. 以后我们会看到，关于函数的导数的概念就是从这个概念引出来的，它是导数概念的基础.

显然，函数的左极限 $\lim\limits_{x\to x_0^-}f(x)$，右极限 $\lim\limits_{x\to x_0^+}f(x)$，与函数的极限 $\lim\limits_{x\to x_0}f(x)$ 之间有以下关系：

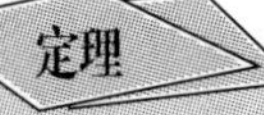

定理

当 $x\to x_0$ 时，函数 $f(x)$ 的极限等于 A 的充分必要条件是：

$$\lim_{x\to x_0^-}f(x)=\lim_{x\to x_0^+}f(x)=A$$

这就是说：如果当 $x\to x_0$ 时，函数 $f(x)$ 的极限等于 A，则必定有左、右极限都等于 A；反之，如果左、右极限都等于 A，则必有 $\lim\limits_{x\to x_0}f(x)=A$.

这个结论很容易直接由它们的定义得到.

以上讲的是当 $x\to x_0$ 时 $f(x)$ 的极限存在的情况. 对于某些函数在某些点 x_0 处，当 $x\to x_0$ 时，$f(x)$ 的极限也可能不存在.

例 1 判断函数 $f(x)=\begin{cases}x+1, & x<0\\ 0, & x=0\\ x-1, & x>0\end{cases}$ 在 $x\to0$ 时的极限是否存在.

解

$$\lim_{x\to0^-}f(x)=\lim_{x\to0^-}(x+1)=1$$

$$\lim_{x\to0^+}f(x)=\lim_{x\to0^+}(x-1)=-1$$

即

$$\lim_{x\to0^-}f(x)\neq\lim_{x\to0^+}f(x)$$

所以当 $x\to0$ 时，$f(x)$ 的极限不存在.

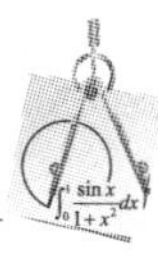

例 2 判断函数 $f(x)=2+10^{-\frac{1}{x-1}}$ 在 $x\to 1$ 时的极限是否存在.

解 ∵ $\lim\limits_{x\to 1^-}f(x)=\lim\limits_{x\to 1^-}(2+10^{-\frac{1}{x-1}})=+\infty$

$\lim\limits_{x\to 1^+}f(x)=\lim\limits_{x\to 1^+}(2+10^{-\frac{1}{x-1}})=2$

这是因为当 $x\to 1^-$ 时，$(x-1)\to 0^-$，所以 $-\dfrac{1}{x-1}$ 的值为正数且可以无限地增大，$10^{-\frac{1}{x-1}}$ 的值就可以无限地增大，一般称它的极限不存在，但为了方便起见，我们也可以说“函数的极限是无穷大的”(参看下一节)，并记作

$$\lim_{x\to 1^-}f(x)=+\infty$$

可见，当 $x\to 1$ 时，$f(x)$ 的左极限不存在，所以当 $x\to 1$ 时 $f(x)$ 的极限不存在.

关于极限不存在的情况，在下一节中我们还要进一步讨论.

2.3 无穷大量与无穷小量

前两节我们介绍了数列的极限和函数的极限. 在此基础上，这一节我们介绍两个重要的概念：无穷大量和无穷小量，它们分别是极限的两种特殊情况.

2.3.1 无穷大量

在前面的极限概念中，我们讲过极限不存在的情况之一，是函数值的绝对值无限增大的情况. 例如：

$$\lim_{n\to\infty}(n+1)=+\infty$$

$$\lim_{x\to+\infty}(1+x)=+\infty$$

$$\lim_{x\to 1^-}(2+10^{-\frac{1}{x-1}})=+\infty$$

$$\lim_{x\to 1^-}\frac{1}{x-1}=-\infty$$

从以上例子可见：有些函数在某个变化过程中，函数值的绝对值可以无限地增大. 于是我们引进了无穷大量的概念.

定义

对于函数 $y=f(x)$，如果自变量 x 在某个变化过程中，函数值的绝对值越来越大且可以无限地增大，则称在该变化过程中，$f(x)$ 为无穷大量.

这里所说的"自变量 x 在某个变化过程中"是指当 $x\to x_0^-$，或 $x\to x_0^+$，或 $x\to x_0$，或 $x\to-\infty$，或 $x\to+\infty$，或 $x\to\infty$中的一个. 为了简单起见，我们并没有专门再提出数列，而把它归入函数之中，并且有时将数列与函数统称为变量.

例如，当 $x\to 0$ 时，$\frac{1}{x}$，$\frac{1}{x^2}$都是无穷大量；

当 $x\to 0^+$时，$\frac{1}{x}$，$\cot x$，$\lg x$ 都是无穷大量；

当 $x\to+\infty$时，$x+1, x^2, \ln x, 10^x$ 都是无穷大量.

以下举例说明，如何判定函数在某个变化过程中是无穷大量.

例 1 判定当 $x\to 3$ 时，$f(x)=\frac{1}{(x-3)^2}$是无穷大量.

解 因为当 $x\to 3^-$ 时，$f(x)$值的绝对值越来越大且可以无限地增大；当$x\to 3^+$ 时，$f(x)$值的绝对值也越来越大且可以无限地增大，所以当 $x\to 3$ 时，$f(x)=\frac{1}{(x-3)^2}$是无穷大量，即有

$$\lim_{x\to 3}\frac{1}{(x-3)^2}=+\infty$$

例 2 判定当 $x\to 1$ 时，$f(x)=\frac{1}{x-1}$是无穷大量.

解 ∵ $$\lim_{x\to 1^-}f(x)=\lim_{x\to 1^-}\frac{1}{x-1}=-\infty$$

$$\lim_{x\to 1^+}f(x)=\lim_{x\to 1^+}\frac{1}{x-1}=+\infty$$

即当 $x\to 1$ 时，$f(x)$ 值的绝对值越来越大且可以无限增大，所以当 $x\to 1$ 时，$f(x)=\frac{1}{x-1}$是无穷大量，即有

$$\lim_{x\to 1}\frac{1}{x-1}=\infty$$

例 3 函数 $f(x)=10^{-x}$在什么变化过程中是无穷大量？

解 因为

$$\lim_{x\to-\infty}f(x)=\lim_{x\to-\infty}10^{-x}=+\infty$$

所以称当 $x\to-\infty$时，函数 10^{-x}是无穷大量.

例 4 判定当 $x\to+\infty$时，$f(x)=x\sin x$ 是否为无穷大量.

解 当 $x\to+\infty$时，x 为无穷大量，但 $\sin x$ 为有界变量（其值在区间$[-1, 1]$上变化），所以 $x\sin x$ 的值不是越来越大的，不符合无穷大量的定义，故当 $x\to+\infty$时，$x\sin x$ 不是无穷大量（只能称为无界），它的极限也不存在（振荡无极限）.

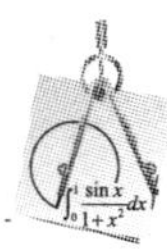

注意：（1）我们说某个函数是无穷大量时，一定要指出它在某个变化过程中是无穷大量.

（2）不可将一个很大很大的数和无穷大量混为一谈. 一个很大很大的数，例如10的一亿次方，不是无穷大量. 无穷大量是其绝对值越来越大且可以无限增大的变量，任何常数都不是无穷大量.

（3）变量之值的绝对值越来越大且可以无限增大时，才能称为无穷大量. 无界的变量不一定是无穷大量.

2.3.2 无穷小量

与无穷大量相反，有一类函数在某个变化过程中，其绝对值是可以无限变小的，也就是说，它的极限值等于0. 这样，我们就引进了另一个重要概念——无穷小量.

定义

对于函数 $y=f(x)$，如果自变量 x 在某个变化过程中，函数 $f(x)$ 的极限为0，则称在该变化过程中，$f(x)$ 为无穷小量. 一般记作

$$\lim f(x)=0$$

即在一般情况下，极限号下的变化过程可以省略. 但如果指出了具体的变化过程（如 $x\to x_0^-$，…），则应注明变化过程.

例如，当 $x\to 0$ 时，$\sin x$，$\tan x$，$(1-\cos x)$ 都是无穷小量；

当 $x\to 1$ 时，$\ln x$，$\sin(x-1)$，x^2-1 都是无穷小量；

当 $x\to+\infty$ 时，$\frac{1}{x}$，$\frac{1}{x-1}$，$\frac{1}{x^2}$ 都是无穷小量.

例 5 判定当 $x\to 1$ 时，$f(x)=(x-1)^2$ 是无穷小量.

解 因为

$$\lim_{x\to 1} f(x)=\lim_{x\to 1}(x-1)^2=0$$

所以当 $x\to 1$ 时，$(x-1)^2$ 是无穷小量.

例 6 判定当 $x\to+\infty$ 时，$f(x)=10^{-x}$ 为无穷小量.

解 因为

$$\lim_{x\to+\infty} f(x)=\lim_{x\to+\infty} 10^{-x}=0$$

所以当 $x\to+\infty$ 时，10^{-x} 为无穷小量（但是，当 $x\to-\infty$ 时，10^{-x} 为无穷大量）.

例 7 函数 $f(x)=\frac{1}{(x-1)^2}$ 在什么变化过程中是无穷小量？又在什么变化过程中是无

穷大量?

解 因为

$$\lim_{x\to\infty}f(x)=\lim_{x\to\infty}\frac{1}{(x-1)^2}=0$$

所以当 $x\to\infty$ 时，$\frac{1}{(x-1)^2}$是无穷小量. 又因为

$$\lim_{x\to 1}f(x)=\lim_{x\to 1}\frac{1}{(x-1)^2}=+\infty$$

所以当 $x\to 1$ 时，$\frac{1}{(x-1)^2}$是无穷大量.

无穷小量的概念是微积分中的一个十分重要的概念，读者必须很好地理解和掌握. 下面几点还要特别引起注意：

(1) 不要把一个很小很小的数认为是无穷小量. 例如 10 的一亿次方分之一，它只是一个很小的数，是一个常数，其极限不为 0，所以不是无穷小量.

(2) 无穷小量是一个变量，是在某个变化过程中以 0 为极限的变量. 即在某个变化过程中,变量的绝对值可以无限地变小，且以 0 为极限. 常数中只有 0 这个数可以看成无穷小量.

(3) 不要笼统地说某个变量是无穷小量,必须说明在什么变化过程中它是无穷小量. 因为同一个变量可能在某个变化过程中是无穷小量，而在另一个变化过程中它却是无穷大量(如例 6 和例 7).

在微积分中，常用希腊字母 α, β, γ 来表示无穷小量.

有了无穷小量的概念之后，我们可以找到函数的极限与无穷小量之间的一个关系.

定理

函数 $f(x)$ 以 A 为极限的充分必要条件是: $f(x)$ 可以表示为 A 与一个无穷小量之和.

这就是说,如果 $\lim f(x)=A$, 则

$$f(x)=A+\alpha \qquad (\text{其中 } \alpha \text{ 是无穷小量})$$

如果 $f(x)=A+\alpha$, 则

$$\lim f(x)=A$$

例如，$\lim\limits_{x\to+\infty}\frac{x+1}{x}=1$，则有

$$\frac{x+1}{x}=1+\frac{1}{x}$$

其中当 $x\to+\infty$ 时，$\frac{1}{x}$ 是无穷小量.

2.3.3 无穷小量的基本性质

明确了无穷小量的概念之后，让我们来看看无穷小量的几个基本性质，它们在求极限时要用到. 我们只列出这些性质，而不加以证明. 在下面讲的性质中，如果同时有几个无穷小量，则都是对应同一变化过程而言的，例如都是当 $x\to x_0$ 时的无穷小量，或都是当 $x\to+\infty$ 时的无穷小量.

性质 1 有限个无穷小量的代数和仍是无穷小量.

性质 2 有界函数（变量）与无穷小量的乘积是无穷小量；特别地，常量与无穷小量的乘积是无穷小量.

性质 3 有限个无穷小量的乘积是无穷小量.

例 8 判定当 $x\to1$ 时，$f(x)=\frac{x-1}{2+x^2}$ 是无穷小量.

解 当 $x\to1$ 时，$(x-1)$ 是无穷小量，而 $\frac{1}{2+x^2}$ 是有界变量，由性质 2 知，它们的乘积是无穷小量，故有

$$\lim_{x\to1}\frac{x-1}{2+x^2}=0$$

例 9 判定当 $x\to0$ 时，$f(x)=x\cdot\sin\frac{1}{x}$ 是无穷小量.

解 当 $x\to0$ 时，x 是无穷小量，而 $\sin\frac{1}{x}$ 是有界变量 $\left(\because\left|\sin\frac{1}{x}\right|\leqslant1\right)$，由性质 2 知，它们的乘积是无穷小量，故有

$$\lim_{x\to0}x\cdot\sin\frac{1}{x}=0$$

2.3.4 无穷小量与无穷大量的关系

无穷小量与无穷大量之间有一种简单的关系，即它们互为倒置. 于是有以下的定理.

在同一变化过程中，如果 $f(x)$ 为无穷大量，则 $\frac{1}{f(x)}$ 为无穷小量；反之，如果 $f(x)$ 为无穷小量，且 $f(x)\neq0$，则 $\frac{1}{f(x)}$ 为无穷大量.

例如，当 $x\to1$ 时，$f(x)=\frac{1}{(x-1)^2}$是无穷大量，而当 $x\to1$ 时，$\frac{1}{f(x)}=(x-1)^2$是无穷小量.

当 $x\to+\infty$时，$f(x)=10^{-x}$是无穷小量，而当 $x\to+\infty$时，$\frac{1}{f(x)}=10^x$ 是无穷大量.

无穷小量与无穷大量间的这个关系很重要，在计算极限时要用(见下一节的例4).

2.4 极限的运算法则

这一节主要介绍极限的运算法则，以及用运算法则求极限的方法. 这是求极限的一个基本方法.

2.4.1 极限的运算法则

现在我们讲极限的运算法则，主要按照函数的极限来讲，至于数列的极限，其运算方法是完全类同的，就不赘述了.

在以下的讨论中我们总假定函数 $u(x)$和 $v(x)$的极限存在，并只写 $\lim u(x)$或$\lim v(x)$，而不标明 $x\to x_0$ 或 $x\to\infty$.

关于极限的运算法则，有以下定理.

定理

如果 $\lim u(x)=A$，$\lim v(x)=B$，则

(1) $\lim[u(x)\pm v(x)]=\lim u(x)\pm\lim v(x)=A\pm B$

(2) $\lim[u(x)\cdot v(x)]=\lim u(x)\cdot\lim v(x)=A\cdot B$

(3) 当 $\lim v(x)\neq0$ 时

$$\lim\frac{u(x)}{v(x)}=\frac{\lim u(x)}{\lim v(x)}=\frac{A}{B}$$

上述运算法则，不难推广到有限多个函数的代数和及乘积的情况，并有以下推论.

推论 设 $\lim u_1(x)$，$\lim u_2(x)$，…，$\lim u_n(x)$和 $\lim u(x)$ 存在，C 为常数，n 为正整数，则

(1) $\lim[u_1(x)\pm u_2(x)\pm\cdots\pm u_n(x)]=\lim u_1(x)\pm\lim u_2(x)\pm\cdots\pm\lim u_n(x)$

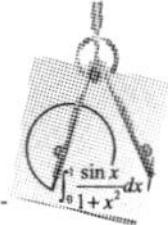

(2) $\lim[C \cdot u(x)] = C \cdot \lim u(x)$

(3) $\lim[u(x)]^n = [\lim u(x)]^n$

用极限的运算法则求极限时，必须注意：这些法则要求每个参与运算的函数的极限存在，且求商的极限时，还要求分母的极限不为 0.

2.4.2 用运算法则求极限

下面我们举几个例子，应用极限运算法则来计算函数的极限.

例 1 求$\lim\limits_{x\to 1}(3x^2+2x-1)$.

解

$$\begin{aligned}\lim_{x\to 1}(3x^2+2x-1) &= \lim_{x\to 1}(3x^2)+\lim_{x\to 1}2x-\lim_{x\to 1}1\\ &=3\lim_{x\to 1}x^2+2\lim_{x\to 1}x-1\\ &=3\,(\lim_{x\to 1}x)^2+2\times 1-1\\ &=3\times 1^2+2\times 1-1=4\end{aligned}$$

例 2 求$\lim\limits_{x\to 2}(x+1)(x^2-3)$.

解

$$\begin{aligned}\lim_{x\to 2}(x+1)(x^2-3) &= \lim_{x\to 2}(x+1)\cdot\lim_{x\to 2}(x^2-3)\\ &=(\lim_{x\to 2}x+1)(\lim_{x\to 2}x^2-3)\\ &=(2+1)(4-3)=3\end{aligned}$$

例 3 求$\lim\limits_{x\to 2}\dfrac{x^2-2}{x+1}$.

解

$$\begin{aligned}\lim_{x\to 2}\frac{x^2-2}{x+1} &= \frac{\lim\limits_{x\to 2}(x^2-2)}{\lim\limits_{x\to 2}(x+1)}=\frac{\lim\limits_{x\to 2}x^2-2}{\lim\limits_{x\to 2}x+1}\\ &=\frac{(\lim\limits_{x\to 2}x)^2-2}{2+1}=\frac{4-2}{2+1}=\frac{2}{3}\end{aligned}$$

从以上例题可以看到：求有理整式函数（多项式）和有理分式函数（分母不为 0）的极限时，只要把自变量 x 的极限值代入函数式就可以了.

例 4 求$\lim\limits_{x\to 1}\dfrac{4x-3}{x^2-3x+2}$.

解 本例中，分子的极限不为 0，但分母的极限为 0，不能直接用定理来计算. 但是因为

$$\begin{aligned}\lim_{x\to 1}\frac{x^2-3x+2}{4x-3} &= \frac{\lim\limits_{x\to 1}(x^2-3x+2)}{\lim\limits_{x\to 1}4x-3}\\ &=\frac{0}{4-3}=0\end{aligned}$$

所以

$$\lim_{x\to 1}\frac{4x-3}{x^2-3x+2}=\infty$$

例 5 求$\lim\limits_{x\to 2}\dfrac{4-x^2}{x-2}$.

解 本例中，分子和分母的极限均为 0，不能直接用定理来求极限. 但分子和分母有公因子 $(x-2)$，当 $x\to 2$ 时，$x-2\neq 0$，所以可以消去公因子 $(x-2)$，于是有

$$\lim_{x\to 2}\frac{4-x^2}{x-2}=\lim_{x\to 2}\frac{-(x-2)(x+2)}{x-2}$$

$$=\lim_{x\to 2}\frac{-(x+2)}{1}=-(\lim_{x\to 2}x+2)=-4$$

注意 由于$\lim\limits_{x\to 2}(x-2)=0$，所以不能写成：

$$\lim_{x\to 2}\frac{4-x^2}{x-2}=\frac{\lim\limits_{x\to 2}(4-x^2)}{\lim\limits_{x\to 2}(x-2)}$$

例 6 求$\lim\limits_{x\to 1}\dfrac{x^2+2x-3}{2x^3+4x-6}$.

解 本例中，分子和分母的极限均为 0，不能直接用定理来计算. 由于它们有公因子 $(x-1)$，因此有

$$\lim_{x\to 1}\frac{x^2+2x-3}{2x^3+4x-6}=\lim_{x\to 1}\frac{(x-1)(x+3)}{(x-1)(2x^2+2x+6)}$$

$$=\lim_{x\to 1}\frac{x+3}{2x^2+2x+6}$$

$$=\frac{\lim\limits_{x\to 1}(x+3)}{\lim\limits_{x\to 1}(2x^2+2x+6)}$$

$$=\frac{1+3}{2+2+6}=\frac{2}{5}$$

例 5 和例 6 是求这样一类函数的极限，这类函数是两个函数之商，且其分子和分母的极限都是 0，此时不能直接用定理来计算，而要将分子、分母分解因式，从而消去极限为 0 但不等于 0 的公因子 $(x-x_0)$，然后再求极限.

例 7 求$\lim\limits_{x\to\infty}\dfrac{2x^3-4x^2+1}{x^3+5x-3}$.

解 本例中，分子和分母的极限都不存在，不能直接用定理来求极限. 我们可将分子和分母同除以 x^3，然后用定理求极限，有

$$\lim_{x\to\infty}\frac{2x^3-4x^2+1}{x^3+5x-3}=\lim_{x\to\infty}\frac{2-\dfrac{4}{x}+\dfrac{1}{x^3}}{1+\dfrac{5}{x^2}-\dfrac{3}{x^3}}$$

$$=\frac{\lim\limits_{x\to\infty}\left(2-\dfrac{4}{x}+\dfrac{1}{x^3}\right)}{\lim\limits_{x\to\infty}\left(1+\dfrac{5}{x^2}-\dfrac{3}{x^3}\right)}$$

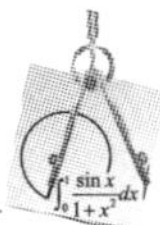

$$=\frac{2-0+0}{1+0-0}=2$$

（因为$\lim\limits_{x\to\infty}\frac{a}{x}=0,\lim\limits_{x\to\infty}\frac{b}{x^2}=0,\lim\limits_{x\to\infty}\frac{c}{x^3}=0$，其中 a,b,c 为常数）

例 8 求$\lim\limits_{x\to\infty}\frac{2x^2-1}{3x^4+x^2-2}$.

解 本例中，分子和分母的极限均不存在，且分母的最高次幂高于分子的最高次幂，将分子和分母同除以 x^4，再用定理求极限，于是有

$$\lim_{x\to\infty}\frac{2x^2-1}{3x^4+x^2-2}=\lim_{x\to\infty}\frac{\frac{2}{x^2}-\frac{1}{x^4}}{3+\frac{1}{x^2}-\frac{2}{x^4}}$$

$$=\frac{\lim\limits_{x\to\infty}\left(\frac{2}{x^2}-\frac{1}{x^4}\right)}{\lim\limits_{x\to\infty}\left(3+\frac{1}{x^2}-\frac{2}{x^4}\right)}$$

$$=\frac{0}{3}=0$$

例 9 求$\lim\limits_{x\to\infty}\frac{x^3-2x+1}{2x^2-4x+2}$.

解 本例中，分子和分母的极限均不存在，且分子的最高次幂高于分母的最高次幂，将分子和分母同除以 x^3，再求极限，于是有

$$\lim_{x\to\infty}\frac{x^3-2x+1}{2x^2-4x+2}=\lim_{x\to\infty}\frac{1-\frac{2}{x^2}+\frac{1}{x^3}}{\frac{2}{x}-\frac{4}{x^2}+\frac{2}{x^3}}$$

由于分子的极限为 1，分母的极限为 0，所以这个分式的倒数的极限为

$$\lim_{x\to\infty}\frac{\frac{2}{x}-\frac{4}{x^2}+\frac{2}{x^3}}{1-\frac{2}{x^2}+\frac{1}{x^3}}=\frac{0}{1}=0$$

所以

$$\lim_{x\to\infty}\frac{x^3-2x+1}{2x^2-4x+2}=\infty$$

由例 7、例 8 和例 9，我们不难得出结论：

如果

$$f(x)=a_0x^n+a_1x^{n-1}+\cdots+a_{n-1}x+a_n \qquad (a_0\neq 0)$$

$$g(x)=b_0x^m+b_1x^{m-1}+\cdots+b_{m-1}x+b_m \qquad (b_0\neq 0)$$

则
$$\lim_{x\to\infty}\frac{f(x)}{g(x)}=\begin{cases}\frac{a_0}{b_0}, & \text{当 } m=n \text{ 时}\\ 0, & \text{当 } m>n \text{ 时}\\ \infty, & \text{当 } m<n \text{ 时}\end{cases}$$

例 10 求$\lim\limits_{x\to\infty}\frac{\sin x}{x}$.

解 本例中，分子和分母的极限均不存在（分子是振荡无极限，分母趋于无穷大），不能用定理来计算，但如果将$\frac{\sin x}{x}$看成 $\sin x$ 乘以$\frac{1}{x}$，由于当 $x\to\infty$时，$\sin x$ 是有界函数，而$\frac{1}{x}$是无穷小量，故由无穷小量的性质2得

$$\lim_{x\to\infty}\frac{\sin x}{x}=\lim_{x\to\infty}(\sin x)\cdot\frac{1}{x}=0$$

注意 由于当 $x\to\infty$时，$\sin x$ 的极限不存在，所以不能写成：

$$\lim_{x\to\infty}\frac{\sin x}{x}=(\lim_{x\to\infty}\sin x)\left(\lim_{x\to\infty}\frac{1}{x}\right)$$

因为运用定理时，要求 $u(x)$和 $v(x)$ 的极限都存在.

例 11 设 $f(x)=\begin{cases}3x, & x<1\\ 2, & x=1\\ 3x^2, & x>1\end{cases}$，求 $\lim\limits_{x\to1}f(x)$，$\lim\limits_{x\to2}f(x)$.

解 $\lim\limits_{x\to1^-}f(x)=\lim\limits_{x\to1^-}3x=3\lim\limits_{x\to1^-}x=3$

$\lim\limits_{x\to1^+}f(x)=\lim\limits_{x\to1^+}3x^2=3\lim\limits_{x\to1^+}x^2=3$

$\therefore$ $\lim\limits_{x\to1}f(x)=3$

又 $\lim\limits_{x\to2}f(x)=\lim\limits_{x\to2}3x^2$ （$\because x>1$ 时，$f(x)=3x^2$）

$=3(\lim\limits_{x\to2}x)^2=12$

这是一个求分段函数的极限的例子. 求分界点处的极限时，左、右极限应分别对不同的表达式去求；若不是分界点，求法就简单了，只要找到该点的定义式求极限即可.

2.5 两个重要极限

这一节介绍两个重要极限，以及用两个重要极限的公式求极限的方法. 两个重要极限在论证求导数的公式时要用，而用两个重要极限的公式求极限则是求极限的又一个重要的方法. 我们先从极限存在的准则讲起.

2.5.1 极限存在的准则

准则 1 如果函数 $g(x)$，$f(x)$，$h(x)$在点 x_0 的某个邻域内有关系：

(1) $g(x)\leqslant f(x)\leqslant h(x)$，

(2) $\lim\limits_{x\to x_0}g(x)=A$，$\lim\limits_{x\to x_0}h(x)=A$，

则 $\lim\limits_{x\to x_0}f(x)$存在，且 $\lim\limits_{x\to x_0}f(x)=A$.

准则 1 一般称为夹逼定理. 这个定理从直观上看是很容易理解的. 因为当$x\to x_0$时，$g(x)$和$h(x)$都无限地趋于同一个常数A，那么夹在它们中间的$f(x)$也必然无限地趋于这个常数A.

准则 2 如果数列单调增加有上界，则该数列必定有极限. 即如果对于所有的自然数n，均存在一个数M，有

$$y_n\leqslant y_{n+1}, \quad 且 \quad y_n\leqslant M$$

则 $\lim\limits_{n\to\infty}y_n$ 必定存在.

这个准则从直观上看也是明显的. 因为数列是单调增加的，即随着n值增加，y_n的值只能增加（或者相等），不能减少，所以当$n\to\infty$时，y_n只能有这样两种情况：或者$y_n\to+\infty$，或者y_n无限趋于某个常数A. 又因为数列有上界M，即不论y_n如何增大，都不能超过这个数M. 所以y_n不能趋于无穷大，而只能趋于某个常数A，即数列$\{y_n\}$的极限必定存在.

对于准则 2，应当注意的是，数列的极限值A不一定就是它的上界M. 它们的关系是

$$A\leqslant M$$

例如数列为$\{y_n\}$：0，$\frac{1}{2}$，$\frac{2}{3}$，$\frac{3}{4}$，…，$\frac{n-1}{n}$，…，它是单调增加的，且$y_n<3$，即有上界，因此这个数列必定有极限. 而这个数列的极限等于 1，即

$$\lim_{n\to\infty}\frac{n-1}{n}=1$$

这里$A=1$，$M=3$.

准则 2 也可理解为：如果数列单调减少有下界，则该数列必定有极限.

2.5.2 两个重要极限

1. $\lim\limits_{x\to 0}\frac{\sin x}{x}=1$

它表明：当$x\to 0$时，函数$\frac{\sin x}{x}$的极限等于 1. 为了更好地理解这个极限公式，我们先看看当$x\to 0$时，x的值、$\sin x$的值及$\frac{\sin x}{x}$的值的变化情况，如表 2－3 所示：

表 2－3

x	±0.5	±0.1	±0.05	±0.01	±0.001
$\sin x$	±0.479 426	±0.099 833	±0.049 979	±0.009 999 8	±0.000 999 999
$\frac{\sin x}{x}$	0.958 85	0.998 33	0.999 58	0.999 98	0.999 999

由表可见，当 $x\to0$ 时，$\frac{\sin x}{x}\to1$.

显然该极限公式可以推广为：

$$\lim_{x\to0}\frac{\sin ax}{ax}=1 \quad (\text{其中 } a \text{ 为非 0 常数})$$

这个公式很重要，应用它可以计算含三角函数的$\frac{0}{0}$型的极限问题.

例 1 求 $\lim\limits_{x\to0}\frac{\sin3x}{x}$.

解 方法一 将 $3x$ 看成一个新的变量，即引进新变量 $y=3x$，则 $x=\frac{y}{3}$，于是当 $x\to0$ 时，$y\to0$，故有

$$\lim_{x\to0}\frac{\sin3x}{x}=\lim_{y\to0}\frac{\sin y}{\frac{y}{3}}=\lim_{y\to0}3\frac{\sin y}{y}$$

$$=3\lim_{y\to0}\frac{\sin y}{y}=3\times1=3$$

方法二 也可以直接计算：

$$\lim_{x\to0}\frac{\sin3x}{x}=\lim_{x\to0}\frac{3\sin3x}{3x}=3\lim_{x\to0}\frac{\sin3x}{3x}$$

$$=3\times1=3$$

例 2 求$\lim\limits_{x\to0}\frac{\tan x}{x}$.

解 $\because$ $\tan x=\frac{\sin x}{\cos x}$

$$\therefore \lim_{x\to0}\frac{\tan x}{x}=\lim_{x\to0}\frac{\frac{\sin x}{\cos x}}{x}$$

$$=\lim_{x\to0}\frac{1}{\cos x}\cdot\frac{\sin x}{x}$$

$$=\lim_{x\to0}\frac{1}{\cos x}\cdot\lim_{x\to0}\frac{\sin x}{x}$$

$$=\frac{1}{\lim\limits_{x\to0}\cos x}\cdot\lim_{x\to0}\frac{\sin x}{x}=1$$

由本例显然可得

$$\lim_{x\to0}\frac{\tan ax}{ax}=1 \quad (\text{其中 } a \text{ 为非 0 常数})$$

例 3 求 $\lim\limits_{x\to0}\frac{1-\cos x}{x^2}$.

解 方法一 $\because$ $1-\cos x=2\sin^2\frac{x}{2}$

$$\therefore \lim_{x\to 0}\frac{1-\cos x}{x^2}=\lim_{x\to 0}\frac{2\sin^2\frac{x}{2}}{x^2}$$

令 $y=\frac{x}{2}$，则 $x=2y$，且当 $x\to 0$ 时，$y\to 0$，故有

$$\begin{aligned}\lim_{x\to 0}\frac{1-\cos x}{x^2}&=\lim_{y\to 0}\frac{2\sin^2 y}{(2y)^2}\\&=\frac{1}{2}\lim_{y\to 0}\frac{\sin^2 y}{y^2}\\&=\frac{1}{2}\left(\lim_{y\to 0}\frac{\sin y}{y}\right)^2\\&=\frac{1}{2}\times 1^2=\frac{1}{2}\end{aligned}$$

方法二 $$\begin{aligned}\lim_{x\to 0}\frac{1-\cos x}{x^2}&=\lim_{x\to 0}\frac{(1-\cos x)(1+\cos x)}{x^2(1+\cos x)}\\&=\lim_{x\to 0}\frac{1-\cos^2 x}{x^2(1+\cos x)}\\&=\lim_{x\to 0}\frac{\sin^2 x}{x^2}\cdot\lim_{x\to 0}\frac{1}{1+\cos x}\\&=\left(\lim_{x\to 0}\frac{\sin x}{x}\right)^2\frac{1}{\lim\limits_{x\to 0}(1+\cos x)}=\frac{1}{2}\end{aligned}$$

例 4 求 $\lim\limits_{x\to 0}\frac{\tan 5x}{\sin 3x}$.

解 $$\begin{aligned}\lim_{x\to 0}\frac{\tan 5x}{\sin 3x}&=\lim_{x\to 0}\frac{\tan 5x}{5x}\cdot\frac{3x}{\sin 3x}\cdot\frac{5x}{3x}\\&=\lim_{x\to 0}\frac{\tan 5x}{5x}\cdot\lim_{x\to 0}\frac{3x}{\sin 3x}\cdot\lim_{x\to 0}\frac{5x}{3x}\\&=\lim_{x\to 0}\frac{5x}{3x}=\frac{5}{3}\end{aligned}$$

2. $\lim\limits_{n\to\infty}\left(1+\frac{1}{n}\right)^n=\mathrm{e}$

这是一个数列的极限，它说明：当 $n\to\infty$时，$\left(1+\frac{1}{n}\right)^n$的极限是无理数 e.

我们还是看表 2-4，从直观上看出这个数列各项的值的变化情况：

表 2-4

n	1	2	3	4	5	10	100	1 000	10 000	…
$\left(1+\frac{1}{n}\right)^n$	2	2.250	2.370	2.441	2.488	2.594	2.705	2.717	2.718	…

从表中我们看到：$\left(1+\frac{1}{n}\right)^n$ 的值是随着 n 值的增大而逐渐增大的，而且增加得越来

越慢.

该极限是数列的极限，它也可以推广为函数的极限. 可以证明，对于连续自变量 x，也有

$$\lim_{x\to\infty}\left(1+\frac{1}{x}\right)^{x}=\mathrm{e}$$

注意 上式表明当 $x\to+\infty$ 及 $x\to-\infty$ 时，函数有相同的极限 e.

如果引进新的变量 $t=\frac{1}{x}$，则当 $x\to\infty$ 时，$t\to 0$，于是得到

$$\lim_{t\to 0}(1+t)^{\frac{1}{t}}=\mathrm{e}$$

上述三种不同的表达式（第一种是数列的极限形式，后两种都是函数的极限形式），在求极限时都是有用的.

例 5 求 $\lim\limits_{n\to\infty}\left(1+\frac{2}{n}\right)^{n}$.

解 方法一 作变量代换：令 $\frac{1}{x}=\frac{2}{n}$，则 $n=2x$，且当 $n\to\infty$ 时，$x\to+\infty$，于是有

$$\begin{aligned}\lim_{n\to\infty}\left(1+\frac{2}{n}\right)^{n}&=\lim_{x\to+\infty}\left(1+\frac{1}{x}\right)^{2x}\\&=\lim_{x\to+\infty}\left[\left(1+\frac{1}{x}\right)^{x}\right]^{2}\\&=\left[\lim_{x\to+\infty}\left(1+\frac{1}{x}\right)^{x}\right]^{2}=\mathrm{e}^{2}\end{aligned}$$

方法二 令 $t=\frac{2}{n}$，则 $n=\frac{2}{t}$，且当 $n\to\infty$ 时，$t\to 0^{+}$，于是有

$$\begin{aligned}\lim_{n\to\infty}\left(1+\frac{2}{n}\right)^{n}&=\lim_{t\to 0^{+}}(1+t)^{\frac{2}{t}}=\lim_{t\to 0^{+}}\left[(1+t)^{\frac{1}{t}}\right]^{2}\\&=\left[\lim_{t\to 0^{+}}(1+t)^{\frac{1}{t}}\right]^{2}=\mathrm{e}^{2}\end{aligned}$$

例 6 求 $\lim\limits_{x\to\infty}\left(\frac{2x+3}{2x+1}\right)^{x+\frac{3}{2}}$.

解 为了便于套用重要极限公式，必须将括号内变形成 1 与无穷小量之和的形式，因此有

$$\begin{aligned}\lim_{x\to\infty}\left(\frac{2x+3}{2x+1}\right)^{x+\frac{3}{2}}&=\lim_{x\to\infty}\left(\frac{2x+1+2}{2x+1}\right)^{x+\frac{3}{2}}\\&=\lim_{x\to\infty}\left(1+\frac{2}{2x+1}\right)^{x+\frac{3}{2}}\end{aligned}$$

令 $\frac{2}{2x+1}=t$，则 $x=\frac{1}{t}-\frac{1}{2}$，且当 $x\to\infty$ 时，$t\to 0$，所以

$$\begin{aligned}\lim_{x\to\infty}\left(\frac{2x+3}{2x+1}\right)^{x+\frac{3}{2}}&=\lim_{t\to 0}(1+t)^{\frac{1}{t}-\frac{1}{2}+\frac{3}{2}}\\&=\lim_{t\to 0}(1+t)^{\frac{1}{t}+1}\end{aligned}$$

$$=\lim_{t\to 0}(1+t)^{\frac{1}{t}}\cdot\lim_{t\to 0}(1+t)$$
$$=e\cdot 1=e$$

例 7 已知 $\lim\limits_{x\to+\infty}\left(1+\dfrac{k}{x}\right)^{x}=e^{\frac{1}{2}}$，求 k 的值.

解 令 $t=\dfrac{k}{x}$，则 $x=\dfrac{k}{t}$，且当 $x\to+\infty$时，$t\to 0^{+}$，于是有

$$\lim_{x\to+\infty}\left(1+\frac{k}{x}\right)^{x}=\lim_{t\to 0^{+}}(1+t)^{\frac{k}{t}}=\lim_{t\to 0^{+}}(1+t)^{\frac{1}{t}\cdot k}$$
$$=\left[\lim_{t\to 0^{+}}(1+t)^{\frac{1}{t}}\right]^{k}=e^{k}=e^{\frac{1}{2}}$$

$\therefore\quad k=\dfrac{1}{2}$

用重要极限求极限时，总是先要把所给的函数变形成能套用公式的形式，即括号内是两项的代数和，一项必须是 1，另一项可以看成$\dfrac{1}{n}$，$\dfrac{1}{x}$或t，而指数部分相应的为n，x 或$\dfrac{1}{t}$，通常第三个公式用起来较方便.

2.6 无穷小量的比较

在无穷小量的基本性质中曾讲过：两个无穷小量的和、差、积仍是无穷小量. 那么两个无穷小量的商是不是无穷小量呢？答案是：不一定！即两个无穷小量的商可以是无穷小量，也可以是某个常数，还可以是无穷大量.

因为在同一变化过程中的几个无穷小量，虽然它们都是以 0 为极限的变量，但它们趋近于 0 的速度不一定相同. 例如当 $x\to\infty$时，$\dfrac{1}{x}$，$\dfrac{2}{x}$，$\dfrac{1}{x^2}$ 都是无穷小量，但它们趋近于 0 的速度却不一样. 这从表 2－5 中可以看出.

表 2－5

x	10	100	1 000	10 000	…	∞
$\dfrac{1}{x}$	0.1	0.01	0.001	0.000 1	…	0
$\dfrac{2}{x}$	0.2	0.02	0.002	0.000 2	…	0
$\dfrac{1}{x^2}$	0.01	0.000 1	0.000 001	0.000 000 01	…	0

显然$\frac{1}{x^2}$比起$\frac{1}{x}$和$\frac{2}{x}$趋近于0的速度要快得多. 如果记$\alpha=\frac{1}{x^2}$，$\beta=\frac{1}{x}$，$\gamma=\frac{2}{x}$，则$\frac{\alpha}{\beta}$是无穷小量，$\frac{\gamma}{\beta}=2$，$\frac{\beta}{\alpha}$是无穷大量. 实际上，是因为

$$\lim_{x\to\infty}\frac{\alpha}{\beta}=\lim_{x\to\infty}\frac{\frac{1}{x^2}}{\frac{1}{x}}=\lim_{x\to\infty}\frac{1}{x}=0$$

$$\lim_{x\to\infty}\frac{\gamma}{\beta}=\lim_{x\to\infty}\frac{\frac{2}{x}}{\frac{1}{x}}=\lim_{x\to\infty}2=2$$

$$\lim_{x\to\infty}\frac{\beta}{\alpha}=\lim_{x\to\infty}\frac{\frac{1}{x}}{\frac{1}{x^2}}=\lim_{x\to\infty}\frac{x}{1}=\infty$$

这就说明：两个无穷小量的商可能有各种不同的情况. 为了比较两个无穷小量，我们引进无穷小量的阶的概念.

定义

设α，β是同一变化过程中的无穷小量，即

$$\lim\alpha=0,\ \lim\beta=0$$

(1) 如果$\lim\frac{\beta}{\alpha}=0$，则称$\beta$是比$\alpha$较高阶的无穷小量，记作$\beta=o(\alpha)$；

(2) 如果$\lim\frac{\beta}{\alpha}=C\neq0$，则称$\beta$是与$\alpha$同阶的无穷小量；

(3) 如果$\lim\frac{\beta}{\alpha}=1$，则称$\beta$与$\alpha$是等价的无穷小量，记作$\alpha\sim\beta$；

(4) 如果$\lim\frac{\beta}{\alpha}=\infty$，则称$\beta$是比$\alpha$较低阶的无穷小量.

例如：因为$\lim\limits_{x\to0}\frac{x+x^2}{x}=1$，所以称$(x+x^2)$与$x$是等价的无穷小量（当$x\to0$时）.

因为$\lim\limits_{x\to0}\frac{3x+x^2}{x}=3$，所以称$(3x+x^2)$与$x$是同阶的无穷小量（当$x\to0$时）.

因为$\lim\limits_{x\to0}\frac{x^3}{x^2}=0$，所以称$x^3$是比$x^2$较高阶的无穷小量（当$x\to0$时）.

因为$\lim\limits_{x\to0}\frac{x^2}{x^3}=\infty$，所以称$x^2$是比$x^3$较低阶的无穷小量（当$x\to0$时）.

因为 $\lim\limits_{x\to\infty}\dfrac{\frac{1}{x^2}}{\frac{1}{x}}=0$，所以称$\dfrac{1}{x^2}$是比$\dfrac{1}{x}$较高阶的无穷小量（当 $x\to\infty$时）.

以后在第 3 章中所讲的函数的导数，实际上就是两个无穷小量之比的极限.

例 1 当 $x\to2$ 时，x^2-4 与 $x-2$ 都是无穷小量，试将它们作一比较.

解 因为

$$\lim_{x\to2}\frac{x^2-4}{x-2}=\lim_{x\to2}\frac{(x-2)(x+2)}{(x-2)}=\lim_{x\to2}(x+2)=4$$

所以它们是同阶的无穷小量.

例 2 当 $x\to0$ 时，$(1-\cos x)$与 x 都是无穷小量，试将它们作一比较.

解 因为

$$\begin{aligned}\lim_{x\to0}\frac{1-\cos x}{x}&=\lim_{x\to0}\frac{(1-\cos x)(1+\cos x)}{x(1+\cos x)}\\&=\lim_{x\to0}\frac{1-\cos^2 x}{x(1+\cos x)}=\lim_{x\to0}\frac{\sin^2 x}{x(1+\cos x)}\\&=\lim_{x\to0}\frac{\sin x}{x}\lim_{x\to0}\frac{\sin x}{1+\cos x}\\&=1\cdot0=0\end{aligned}$$

所以当 $x\to0$ 时，$(1-\cos x)$是比 x 较高阶的无穷小量，或称 x 是比（$1-\cos x$）较低阶的无穷小量.

关于等价无穷小量，有下面的定理.

定理

如果 α_1，α_2，β_1，β_2 都是同一变化过程中的无穷小量，且

$$\alpha_1\sim\beta_1,\ \alpha_2\sim\beta_2$$

则 $$\lim\frac{\alpha_1}{\alpha_2}=\lim\frac{\beta_1}{\beta_2}$$

这个定理说明，两个无穷小量之比的极限，可以用与它们等价的无穷小量之比的极限来代替. 以后我们可以用这个方法来求两个无穷小量之比的极限，此方法可叫做等价无穷小量代替法.

例 3 求 $\lim\limits_{x\to1}\dfrac{\sin(x^2-1)}{x-1}$.

解 因为当 $x\to1$ 时，$\sin(x^2-1)\sim(x^2-1)$，$(x-1)\sim(x-1)$，故可得

$$\begin{aligned}\lim_{x\to1}\frac{\sin(x^2-1)}{x-1}&=\lim_{x\to1}\frac{x^2-1}{x-1}\\&=\lim_{x\to1}\frac{(x-1)(x+1)}{x-1}\\&=\lim_{x\to1}(x+1)=2\end{aligned}$$

例 4 求 $\lim\limits_{x\to0}\dfrac{\sin(3x+x^2)}{\tan(x-x^3)}$

解 当 $x\to0$ 时，$\sin(3x+x^2)\sim(3x+x^2)\sim3x$，$\tan(x-x^3)\sim(x-x^3)\sim x$，故可得

$$\lim_{x\to0}\frac{\sin(3x+x^2)}{\tan(x-x^3)}=\lim_{x\to0}\frac{3x}{x}=3$$

用等价无穷小量代替法求极限是一个很好的方法，在讲完用连续性求极限的方法后还要进一步讨论.

2.7 函数的连续性

以上各节都在讲极限，极限的概念是微积分中的一个重要的概念，与它有联系的另一个重要的概念是函数的连续性.

自然界和社会生活中的许多函数都是连续不断地变化着的，这反映在数学上就是函数的连续性，因为微积分研究的主要对象是连续函数，所以这一节介绍函数的连续性和连续函数的概念.

我们先从函数的改变量讲起.

2.7.1 函数的改变量

设 u_0 和 u_1 分别是变量 u 的初值和终值，则终值与初值之差 u_1-u_0 就叫做变量 u 的改变量，记为 Δu，即有

$$\Delta u=u_1-u_0$$

改变量 Δu 可以是正的，也可以是负的. 当 $u_1>u_0$ 时，Δu 就是正的，表明从 u_0 变到 u_1 时，变量 u 是增加的；当 $u_1<u_0$ 时，Δu 就是负的，表明从 u_0 变到 u_1 时，变量 u 是减少的.

应当注意：Δu 是一个完整的记号，不能看成是符号 Δ 与变量 u 的乘积.

变量 u 可以是自变量 x，也可以是函数 y，如果是自变量 x，则称 $\Delta x=x_1-x_0$ 为自变量的改变量；如果是函数 y，则称 $\Delta y=y_1-y_0$ 为函数的改变量. 有时为了方便起见，自变量 x 与函数 y 的终值不写成 x_1 和 y_1，而直接将它们写成 $x_0+\Delta x$ 和 $y_0+\Delta y$.

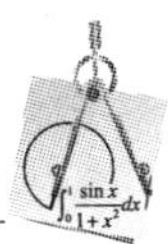

如果设函数 $y=f(x)$ 在点 x_0 的某个邻域内有定义，当自变量 x 在点 x_0 处有一改变量 Δx（即自变量从 x_0 变到 $x_0+\Delta x$）时，函数 y 的相应改变量则为

$$\Delta y=f(x_0+\Delta x)-f(x_0)$$

其几何意义如图 2-8 所示.

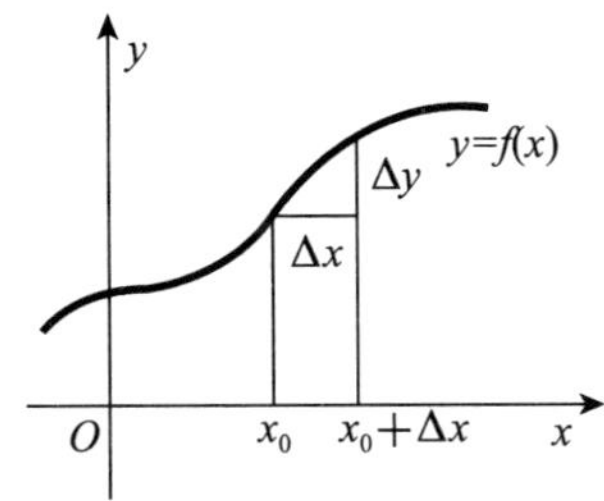

图 2-8

例 1 设正方形的边长 x 的初值为 x_0，如果边长产生了一个改变量 Δx，求正方形面积 y 的改变量 Δy.

解 由题意，正方形的边长为 x，面积为 y，有

$$y=x^2$$

当边长从 x_0 变到 $x_0+\Delta x$ 时，面积的改变量为

$$\begin{aligned}\Delta y&=(x_0+\Delta x)^2-x_0^2\\&=2x_0\cdot\Delta x+(\Delta x)^2\end{aligned}$$

在图 2-9 中，阴影部分的面积就是 Δy.

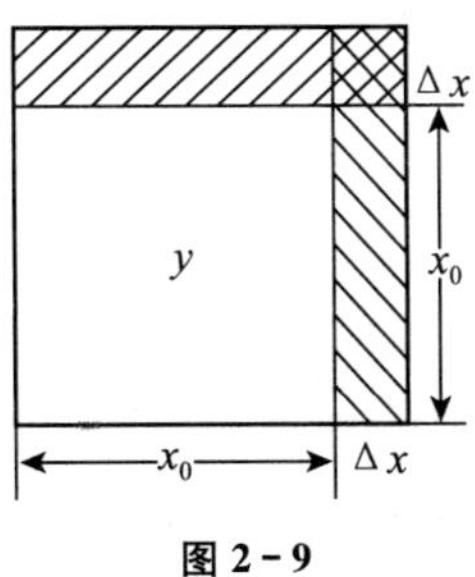

图 2-9

例如，边长由 2m 改变到 2.05m，则面积的改变量为

$$\Delta y=2\times2\times0.05+0.05^2=0.202\ 5(\mathrm{m}^2)$$

因为 Δy 为正数，所以面积增加了 0.202 5m^2.

如果边长由 2m 改变到 1.95m（即 $x_0=2\mathrm{m}$，$\Delta x=-0.05\mathrm{m}$），则面积的改变量为

$$\Delta y=2\times2\times(-0.05)+(-0.05)^2=-0.197\ 5(\mathrm{m}^2)$$

因为 Δy 为负数，所以面积减少了 0.197 5m^2.

2.7.2 函数的连续性

1. 函数在点 x_0 处连续

如果一个函数 $y=f(x)$ 的图形是一条连绵不断的曲线，那么显然可以说这个函数是连续的. 如图 2-10 所示的函数 $y=f(x)$ 就是连续的.

如果在某点 x_0 处曲线断开了（没有连上），自然可以说函数在这个点 x_0 处不连续. 如图 2-11 所示，曲线在 x_0 处断开了，我们说函数 $y=f(x)$ 在 x_0 处不连续.

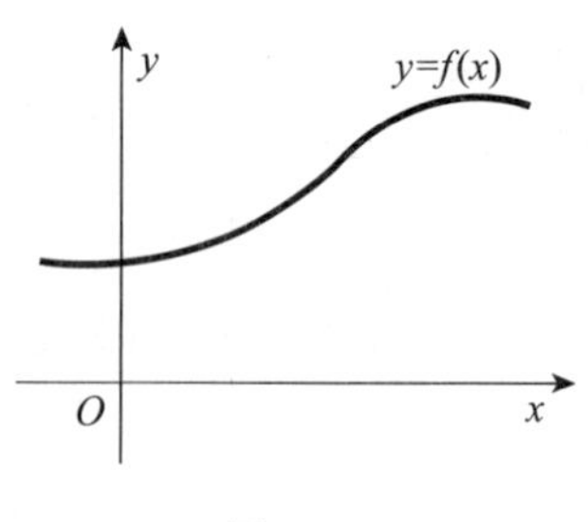

图 2-10

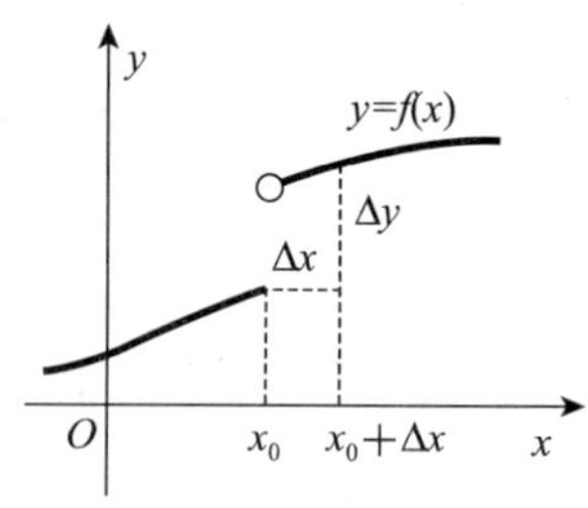

图 2-11

上面讲的是画出了函数的图形后如何看函数是连续的还是在某点不连续的方法. 如果我们没有画出函数的图形，如何描述函数在某点连续或不连续呢？为此让我们再看看图 2-11. 在 x_0 处，函数值为 $f(x_0)$，当自变量从 x_0 变到 $x_0+\Delta x$，而 $\Delta x>0$ 时，函数值有一个突然的改变，显然当 $\Delta x\to 0$ 时，Δy 不能趋近于 0，所以函数在 x_0 处不连续. 而在连续的点，则有当 $\Delta x\to 0$ 时，函数的改变量 Δy 也趋近于 0.

于是可以给出函数在某点连续的如下定义.

定义

设函数 $y=f(x)$ 在点 x_0 的某个邻域内有定义，如果当自变量的改变量 Δx（初值为 x_0）趋近于 0 时，相应的函数改变量 Δy 也趋近于 0，即

$$\lim_{\Delta x\to 0}\Delta y=0$$

或 $\lim\limits_{\Delta x\to 0}[f(x_0+\Delta x)-f(x_0)]=0$

则称函数 $y=f(x)$ 在点 x_0 处连续.

如果记 $x=x_0+\Delta x$，$f(x)=f(x_0+\Delta x)$，则 $\Delta x\to 0$ 就是 $x\to x_0$，因而上式可以改写成

$$\lim_{x\to x_0}[f(x)-f(x_0)]=0$$

即 $\lim\limits_{x\to x_0}f(x)=f(x_0)$

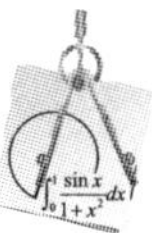

因此函数 $y=f(x)$ 在点 x_0 处连续也可作如下定义.

定义

设函数 $y=f(x)$ 在点 x_0 的某个邻域内有定义，如果当 $x\to x_0$ 时，函数 $f(x)$ 的极限值存在，且等于 x_0 处的函数值 $f(x_0)$，即

$$\lim_{x\to x_0}f(x)=f(x_0)$$

则称函数 $y=f(x)$ 在点 x_0 处连续.

因为有：$\lim\limits_{x\to x_0}x=x_0$，所以上式又可以写成

$$\lim_{x\to x_0}f(x)=f(x_0)=f(\lim_{x\to x_0}x)$$

即如果函数在点 x_0 处连续，则在点 x_0 处可以交换极限号和函数号的顺序.

由于 $f(x)$ 在 x_0 处的极限存在，要求其左、右极限均存在且相等，所以 $f(x)$ 在 x_0 处连续时，要求

$$\lim_{x\to x_0^-}f(x)=\lim_{x\to x_0^+}f(x)=f(x_0)$$

即要求左、右极限都存在，且等于函数值 $f(x_0)$.

由此可见，如果需要求函数 $f(x)$ 在某点 x_0 处的极限值，又如果已知 $f(x)$ 在 x_0 处连续，则可以将 $f(x_0)$ 的值作为 $f(x)$ 在 x_0 处的极限值.

以上讲的是函数 $f(x)$ 在某点 x_0 处连续的概念.

2. 函数在区间 $[a, b]$ 上连续

关于函数 $f(x)$ 在某区间上连续的概念，有以下定义.

定义

如果函数 $f(x)$ 在区间 $[a,b]$ 上的每一点 x 处都连续，则称 $f(x)$ 在区间 $[a,b]$ 上连续，并称 $f(x)$ 为 $[a,b]$ 上的连续函数.

这里，$f(x)$ 在左端点 a 连续，是指满足关系：

$$\lim_{x\to a^+}f(x)=f(a)$$

并称 $f(x)$ 在 a 点右连续；

在右端点 b 连续，是指满足关系：

$$\lim_{x\to b^-}f(x)=f(b)$$

并称 $f(x)$ 在 b 点左连续.

下面举例证明函数在某点或某区间上连续.

例 2 证明函数 $f(x)=\begin{cases}x\sin\dfrac{1}{x}, & x\neq 0\\ 0, & x=0\end{cases}$ 在点 $x_0=0$ 处连续.

证 方法一 用函数在某点连续的第二个定义证明.

∵ $f(0)=0$（由定义式，当 $x=0$ 时，$f(0)=0$）

$$\lim_{x\to 0^-}f(x)=\lim_{x\to 0^+}f(x)=\lim_{x\to 0}f(x)$$

$$=\lim_{x\to 0}x\sin\frac{1}{x}=0$$ （有界变量 $\sin\dfrac{1}{x}$ 与无穷小量的乘积仍为无穷小量）

∴ $f(0)=\lim\limits_{x\to 0}f(x)$

所以 $f(x)$ 在点 $x_0=0$ 处连续.

方法二 用函数在某点连续的第一个定义证明.

当 x 从 $x_0=0$ 变到 $0+\Delta x$ 时，有

$$\Delta y=f(0+\Delta x)-f(0)$$

$$=\Delta x\sin\frac{1}{\Delta x}-0$$

$$=\Delta x\cdot\sin\frac{1}{\Delta x}$$

故

$$\lim_{\Delta x\to 0}\Delta y=\lim_{\Delta x\to 0}\Delta x\cdot\sin\frac{1}{\Delta x}=0$$ （有界变量与无穷小量的乘积仍为无穷小量）

所以 $f(x)$ 在点 $x_0=0$ 处连续.

例 3 设 $f(x)=\begin{cases}x+2, & x<0\\ a, & x\geqslant 0\end{cases}$，求 a 为何值时，可使 $f(x)$ 在点 $x_0=0$ 处连续，并画出其图形.

解 我们用函数在某点连续的第二个定义来讨论.

因为 $f(0)=a$（由定义式，当 $x=0$ 时，$f(0)=a$）

$$\lim_{x\to 0^-}f(x)=\lim_{x\to 0^-}(x+2)$$

$$=\lim_{x\to 0^-}x+2=2$$ （由定义式，当 $x<0$ 时，$f(x)=x+2$）

$$\lim_{x\to 0^+}f(x)=\lim_{x\to 0^+}a=a$$ （由定义式，当 $x\geqslant 0$ 时，$f(x)=a$）

所以要使 $f(x)$ 在点 $x_0=0$ 处连续，必须有

$$\lim_{x\to 0^-}f(x)=\lim_{x\to 0^+}f(x)=f(0)$$

即有 $2=a=a$

∴ $a=2$

所以当 $a=2$ 时，函数 $f(x)$ 在点 $x_0=0$ 处连续，其图形如图 2-12 所示.

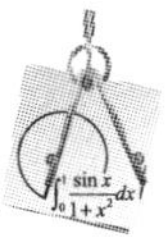

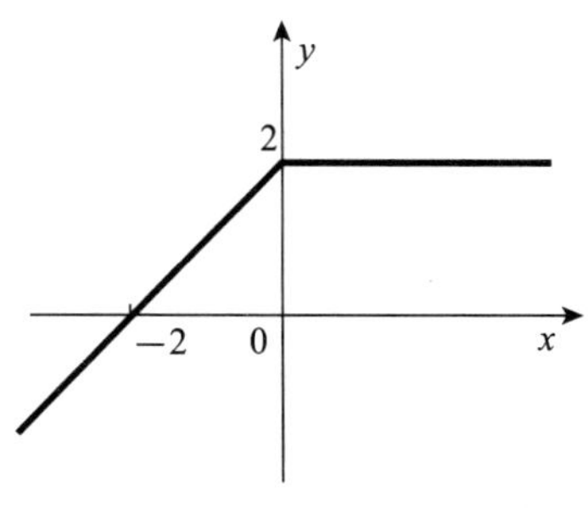

图 2－12

证明分段函数在分界点 x_0 处连续时，可以用

$$f(x_0)=\lim_{x\to x_0^-}f(x)=\lim_{x\to x_0^+}f(x)$$

或用

$$\lim_{\Delta x\to 0}\Delta y=0$$

来证明. 一般用前一式证明要方便些.

如果 $f(x)$ 在分界点 x_0 两边的表达式不同（如例 3），则求左、右极限时，$f(x)$ 应分别用定义式中不同的表达式代入.

例 4 证明函数 $y=x^2$ 在 $(-\infty,+\infty)$ 内连续.

证 设 x_0 是 $(-\infty,+\infty)$ 内的任意一点.

$$\because\quad \Delta y=(x_0+\Delta x)^2-x_0^2=2x_0\cdot\Delta x+(\Delta x)^2$$

$$\therefore\quad \lim_{\Delta x\to 0}\Delta y=\lim_{\Delta x\to 0}[2x_0\Delta x+(\Delta x)^2]=2x_0\lim_{\Delta x\to 0}\Delta x+(\lim_{\Delta x\to 0}\Delta x)^2=0+0=0$$

所以函数 $y=x^2$ 在点 x_0 处连续. 由于 x_0 是 $(-\infty,+\infty)$ 内的任意一点，所以 $y=x^2$ 在 $(-\infty,+\infty)$ 内连续.

可以证明：**基本初等函数在其定义域内连续，一般初等函数在其定义区间内连续.**

3. 利用连续性求函数极限

前面讲过：如果函数在某点连续，则可交换极限号和函数号的顺序. 因此如果已知函数连续，就可以用交换极限号和函数号顺序的方法求函数的极限.

例 5 求 $\lim\limits_{x\to 0}(\sqrt{x+1}+e^x)$.

解 $\lim\limits_{x\to 0}(\sqrt{x+1}+e^x)=\lim\limits_{x\to 0}\sqrt{x+1}+\lim\limits_{x\to 0}e^x$

因为初等函数 $\sqrt{x+1}$ 和 e^x 在其定义域内连续，所以在 $x=0$ 处连续. 于是可交换极限号和函数号的顺序，有

$$\lim_{x\to 0}(\sqrt{x+1}+e^x)=\sqrt{\lim_{x\to 0}(x+1)}+e^{\lim\limits_{x\to 0}x}$$

$$=\sqrt{1}+e^0=2$$

例 6 求 $\lim\limits_{x\to 0}\dfrac{\sqrt{x+1}-1}{\sin x}$.

解 当 $x\to 0$ 时，$\sin x$ 与 $\sqrt{x+1}-1$ 都是无穷小量，且 $\sin x\sim x$，$\sqrt{x+1}-1\sim\sqrt{x+1}-1$，故可得

$$\lim_{x\to 0}\frac{\sqrt{x+1}-1}{\sin x}=\lim_{x\to 0}\frac{\sqrt{x+1}-1}{x}$$

这是个$\dfrac{0}{0}$型的极限问题，将分子、分母同乘以（$\sqrt{x+1}-1$）的有理化因子（$\sqrt{x+1}+1$），得到

$$\begin{aligned}原式&=\lim_{x\to 0}\left(\frac{\sqrt{x+1}-1}{x}\right)\cdot\frac{(\sqrt{x+1}+1)}{(\sqrt{x+1}+1)}\\&=\lim_{x\to 0}\frac{(x+1)-1}{x(\sqrt{x+1}+1)}=\lim_{x\to 0}\frac{1}{\sqrt{x+1}+1}\\&=\frac{1}{\lim\limits_{x\to 0}(\sqrt{x+1})+1}=\frac{1}{\sqrt{\lim\limits_{x\to 0}(x+1)}+1}\\&=\frac{1}{2}\end{aligned}$$

本例说明：当 $x\to 0$ 时，$(\sqrt{x+1}-1)$与 $\sin x$ 是同阶的无穷小量.

例 7 求 $\lim\limits_{x\to 0}\dfrac{\arcsin 2x}{x}$.

解 令 $y=\arcsin 2x$，它是初等函数，在定义区间内连续，当然在 $x=0$ 处连续. 因此当 $x\to 0$ 时，$y\to 0$. 又因为 $2x=\sin y$，即 $x=\dfrac{1}{2}\sin y$，代入到原式中，有

$$\lim_{x\to 0}\frac{\arcsin 2x}{x}=\lim_{y\to 0}\frac{y}{\frac{1}{2}\sin y}=2\lim_{y\to 0}\frac{y}{\sin y}=2$$

本例说明：当 $x\to 0$ 时，$\arcsin 2x$ 与 x 是同阶的无穷小量，而 $\arcsin x\sim x$，$\arcsin ax\sim ax$.

例 8 求 $\lim\limits_{x\to 0}\dfrac{\arcsin(2x+x^2)}{\tan(x-x^2)}$.

解 因为当 $x\to 0$ 时，$\arcsin(2x+x^2)\sim 2x+x^2\sim 2x$，$\tan(x-x^2)\sim(x-x^2)\sim x$，故可得

$$\lim_{x\to 0}\frac{\arcsin(2x+x^2)}{\tan(x-x^2)}=\lim_{x\to 0}\frac{2x}{x}=2$$

例 9 求 $\lim\limits_{x\to 0}\dfrac{\ln(1+2x)}{x}$.

解
$$\begin{aligned}\lim_{x\to 0}\frac{\ln(1+2x)}{x}&=\lim_{x\to 0}2\cdot\frac{1}{2x}\ln(1+2x)\\&=2\lim_{x\to 0}\ln(1+2x)^{\frac{1}{2x}}\\&=2\ln\left[\lim_{x\to 0}(1+2x)^{\frac{1}{2x}}\right]\end{aligned}$$

$=2\ln e=2$

本例说明：当 $x\to 0$ 时，$\ln(1+2x)$ 与 x 是同阶的无穷小量，而 $\ln(1+x)\sim x$，$\ln(1+ax)\sim ax$.

注意 求复合函数 $y=f[\varphi(x)]$ 的极限 $\lim\limits_{x\to x_0}f[\varphi(x)]$ 时，如果 $u=\varphi(x)$ 在 x_0 处极限存在，又 $y=f(u)$ 在对应的 u_0 处连续，则可以变换极限号和函数符号的顺序，有

$$\lim_{x\to x_0}f[\varphi(x)]=f[\lim_{x\to x_0}\varphi(x)]$$

例 10 求 $\lim\limits_{x\to 0}\dfrac{\ln(1+3x+x^3)}{\sin(x+x^2)}$.

解 当 $x\to 0$ 时，$\ln(1+3x+x^3)\sim 3x+x^3\sim 3x$，$\sin(x+x^2)\sim(x+x^2)\sim x$，故可得

$$\lim_{x\to 0}\frac{\ln(1+3x+x^3)}{\sin(x+x^2)}=\lim_{x\to 0}\frac{3x}{x}=3$$

例 11 求 $\lim\limits_{x\to +\infty}(\sqrt{x+1}-\sqrt{x})$.

解 本例中，当 $x\to +\infty$ 时，$\sqrt{x+1}$ 和 $\sqrt{x}$ 都趋于无穷大，极限不存在，不能应用极限的基本性质. 可以将它看成 $\dfrac{\sqrt{x+1}-\sqrt{x}}{1}$，再用有理化因子 $(\sqrt{x+1}+\sqrt{x})$ 同乘以它的分子和分母，然后求极限，于是有

$$\begin{aligned}\lim_{x\to +\infty}(\sqrt{x+1}-\sqrt{x})&=\lim_{x\to +\infty}\frac{\sqrt{x+1}-\sqrt{x}}{1}\\&=\lim_{x\to +\infty}\frac{(\sqrt{x+1}-\sqrt{x})(\sqrt{x+1}+\sqrt{x})}{\sqrt{x+1}+\sqrt{x}}\\&=\lim_{x\to +\infty}\frac{(x+1)-x}{\sqrt{x+1}+\sqrt{x}}=\lim_{x\to +\infty}\frac{1}{\sqrt{x+1}+\sqrt{x}}\end{aligned}$$

$\because \lim\limits_{x\to +\infty}(\sqrt{x+1}+\sqrt{x})=\infty$

$\therefore \lim\limits_{x\to +\infty}(\sqrt{x+1}-\sqrt{x})=\lim\limits_{x\to +\infty}\dfrac{1}{\sqrt{x+1}+\sqrt{x}}=0$

例 12 证明：当 $x\to 0$ 时，$e^x-1\sim x$.

证 即要证：$\lim\limits_{x\to 0}\dfrac{e^x-1}{x}=1$.

令 $y=e^x-1$，在 $x=0$ 处连续，故当 $x\to 0$ 时，$y\to 0$，且 $x=\ln(1+y)$，代入后得

$$\begin{aligned}\lim_{x\to 0}\frac{e^x-1}{x}&=\lim_{y\to 0}\frac{y}{\ln(1+y)}\\&=\lim_{y\to 0}\frac{y}{y}\qquad [\because 当\ y\to 0\ 时，\ln(1+y)\sim y]\\&=1\end{aligned}$$

$\therefore$ 当 $x\to 0$ 时，$e^x-1\sim x$.

例 13 求 $\lim\limits_{x\to 0}\dfrac{2e^x-2\cos x}{\ln(1+3x)}$.

解 $\lim\limits_{x\to 0}\dfrac{2e^x-2\cos x}{\ln(1+3x)}=\lim\limits_{x\to 0}\dfrac{(2e^x-2)+(2-2\cos x)}{\ln(1+3x)}$

$$=\lim_{x\to 0}\frac{2(e^x-1)}{\ln(1+3x)}+\lim_{x\to 0}\frac{2(1-\cos x)}{\ln(1+3x)}$$

因为当 $x\to 0$ 时，$e^x-1\sim x$，$\ln(1+3x)\sim 3x$，故

$$\lim_{x\to 0}\frac{2e^x-2\cos x}{\ln(1+3x)}=\lim_{x\to 0}\frac{2x}{3x}+0=\frac{2}{3}$$

2.7.3 函数的间断点

定义

如果函数 $f(x)$在点 x_0 处不连续，则称点 x_0 为 $f(x)$的一个间断点.

由函数在某点连续的定义可知：如果 $f(x)$在点 x_0 处有下列三种情况之一，则点 x_0 是 $f(x)$的一个间断点：

(1) 在点 x_0 处，$f(x)$没有定义；

(2) 在点 x_0 处，$f(x)$的极限不存在；

(3) 虽然在点 x_0 处，$f(x)$有定义，且 $\lim\limits_{x\to x_0}f(x)$存在，但 $\lim\limits_{x\to x_0}f(x)\neq f(x_0)$.

以下举例说明函数间断点的几种类型.

例 14 考察 $y=f(x)=\dfrac{1}{x^2}$在点 $x=0$ 处的连续性.

解 因为 $f(x)=\dfrac{1}{x^2}$在点 $x=0$ 处没有定义，所以 $x=0$ 是 $f(x)=\dfrac{1}{x^2}$的一个间断点（如图 2-13 所示).

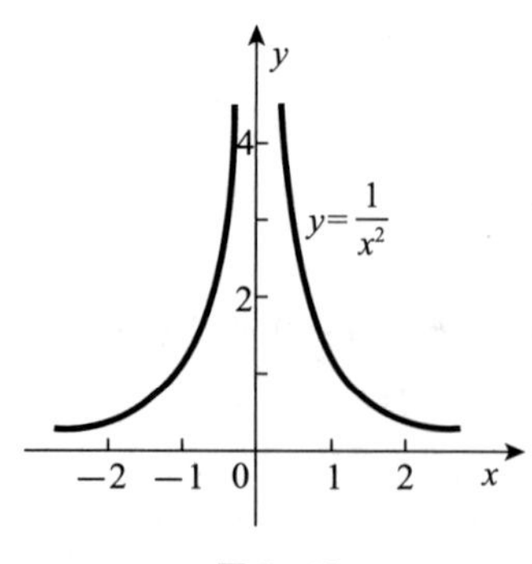

图 2-13

又因为 $\lim\limits_{x\to 0}f(x)=\lim\limits_{x\to 0}\dfrac{1}{x^2}=+\infty$，所以点 $x=0$ 称为函数 $f(x)$ 的**无穷间断点**.

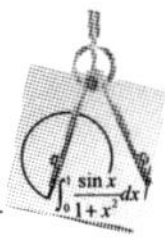

例 15 考察函数 $y=f(x)=\begin{cases} x-1, & x<0 \\ 0, & x=0 \\ x+1, & x>0 \end{cases}$ 在点 $x=0$ 处的连续性.

解 虽然在点 $x=0$ 处，函数 $f(x)$ 有定义，且 $f(0)=0$，但在 $x=0$ 处

$$\lim_{x\to 0^-} f(x)=\lim_{x\to 0^-}(x-1)=-1$$

$$\lim_{x\to 0^+} f(x)=\lim_{x\to 0^+}(x+1)=1$$

即 $f(x)$ 在点 $x=0$ 处的左、右极限不相等，所以 $f(x)$ 在点 $x=0$ 处的极限不存在，所以 $x=0$是函数 $f(x)$ 的一个间断点（如图 2-14 所示）.

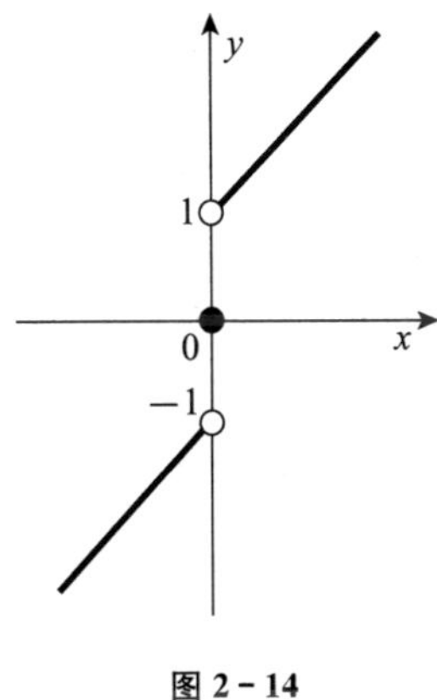

图 2-14

例 16 考察函数 $f(x)=\begin{cases} \dfrac{x^2-x}{x-1}, & x\neq 1 \\ \dfrac{1}{2}, & x=1 \end{cases}$ 在点 $x=1$ 处的连续性.

解 虽然在点 $x=1$ 处，函数有定义，$f(1)=\dfrac{1}{2}$，且在点 $x=1$ 处函数的极限存在：

$$\lim_{x\to 1} f(x)=\lim_{x\to 1}\frac{x^2-x}{x-1}$$

$$=\lim_{x\to 1}\frac{x(x-1)}{(x-1)}=\lim_{x\to 1}x=1$$

但因为

$$\lim_{x\to 1} f(x)\neq f(1)$$

所以 $x=1$ 是函数的一个间断点.

如果 x_0 是 $f(x)$ 的一个间断点，且在这个点处函数 $f(x)$ 的极限存在，则称 x_0 是 $f(x)$ 的**可去间断点**. 之所以称它为可去间断点，是因为如果改变定义（当函数值不等于极限值时）或补充定义（当 $f(x_0)$无定义时），就可以使 $f(x)$ 在此点连续. 例 16 中 $x=1$ 就是函数的一个可去间断点.

2.7.4 闭区间上连续函数的性质

在闭区间 $[a, b]$ 上连续的函数 $f(x)$，有以下几个基本性质定理. 这些性质定理以后都要用到，其直观的意义不难理解，但证明超出了本书的范围，故从略.

定理

(最大值和最小值定理)

如果函数 $f(x)$ 在闭区间 $[a,b]$ 上连续，则在这个区间上一定存在最大值 M 和最小值 m.

最大值 M 和最小值 m 的定义如下所述.

定义

设 $f(x_0)=M$ 是区间 $[a,b]$ 上某点 x_0 处的函数值，如果对于区间 $[a,b]$ 上的任一点 x，总有 $f(x)\leqslant M$，则称 M 为函数 $f(x)$ 在 $[a,b]$ 上的最大值. 同样可以定义最小值 m.

因为函数 $f(x)$ 在 $[a,b]$ 上连续，所以对于 $[a,b]$ 上所有的点极限都存在，且 $f(x)$ 都有定义，将所有这些函数值比较一下，其中最大的就是最大值 M，最小的就是最小值 m.

例如在图 2－15 中，函数 $f(x)$ 在 $[a, b]$ 上连续. 它在点 x_1 处取得最大值 M，在点 a 处取得最小值 m.

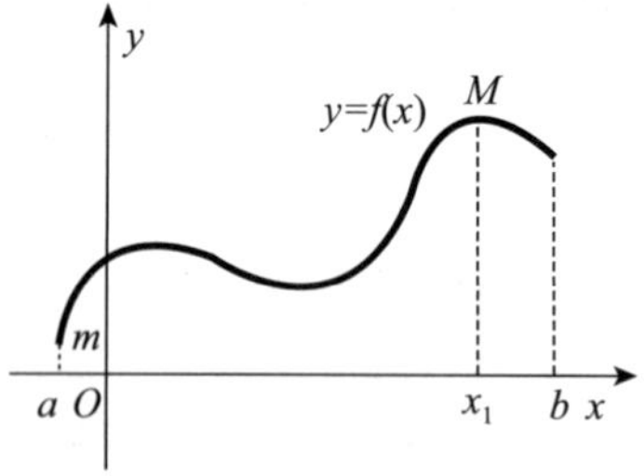

图 2－15

应当注意：定理中的两个条件——闭区间和函数连续是缺一不可的，而且它们只是充分条件而不是必要条件. 现举例说明如下.

(1) 函数 $y=x-1$ 在开区间 $(0, 2)$ 内是连续函数，但在 $(0, 2)$ 内它没有最大值，也没

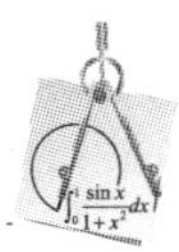

有最小值（如图 2－16 所示）．因为如果有最小值的话，最小值应当等于-1，它是$x=0$处的函数值，但$f(0)$没有定义．同理，因为在$x=2$处函数没有定义，所以也没有最大值．

（2）函数 $y=\begin{cases} x, & 0\leqslant x<1 \\ \dfrac{1}{2}, & x=1 \\ 2-x, & 1<x\leqslant 2 \end{cases}$ 在闭区间$[0,2]$上有一个间断点$x=1$(如图 2－17 所示)，它在$[0,2]$上没有最大值，但有最小值$m=0$．

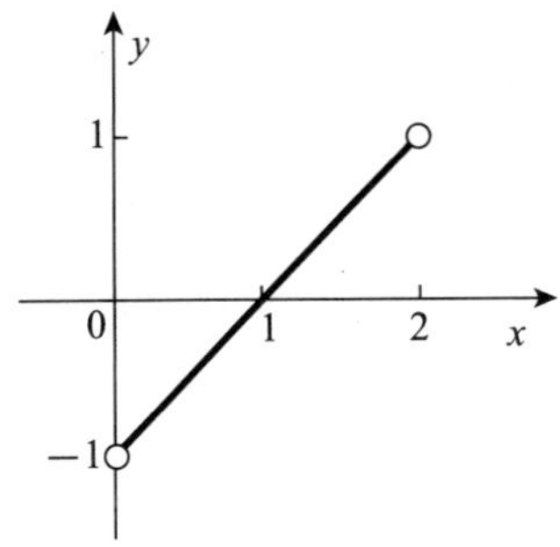

图 2－16

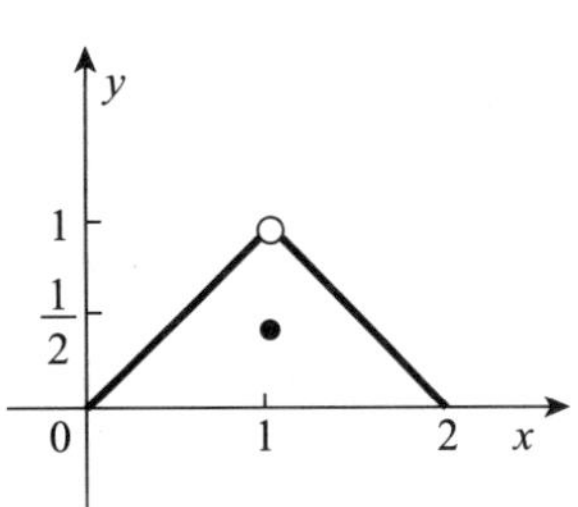

图 2－17

（3）函数 $y=\begin{cases} x-1, & 0\leqslant x\leqslant 2 \quad (\text{但 } x\neq 1) \\ \dfrac{2}{3}, & x=1 \end{cases}$ 在闭区间$[0,2]$上有间断点$x=1$(如图 2－18所示)，但它在$[0,2]$上既有最大值$M=f(2)=1$，也有最小值$m=f(0)=-1$．

（4）函数 $y=\begin{cases} x^2, & -1<x\leqslant 2 \\ 6-x, & 2<x<3 \end{cases}$ 在开区间$(-1,3)$内连续（如图 2－19 所示），但它在$(-1,3)$内既有最大值$M=f(2)=4$，又有最小值$m=f(0)=0$．

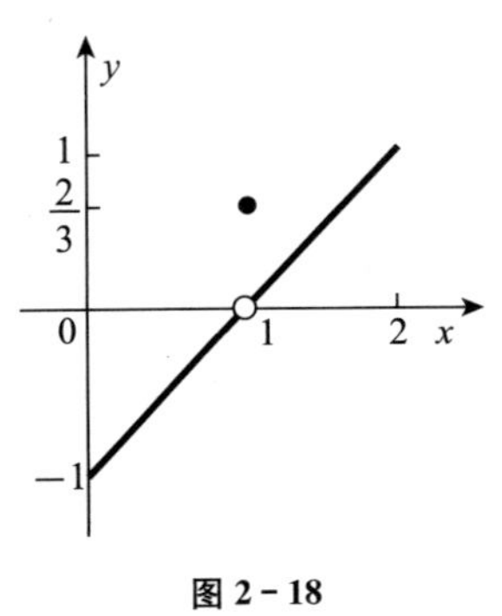

图 2－18

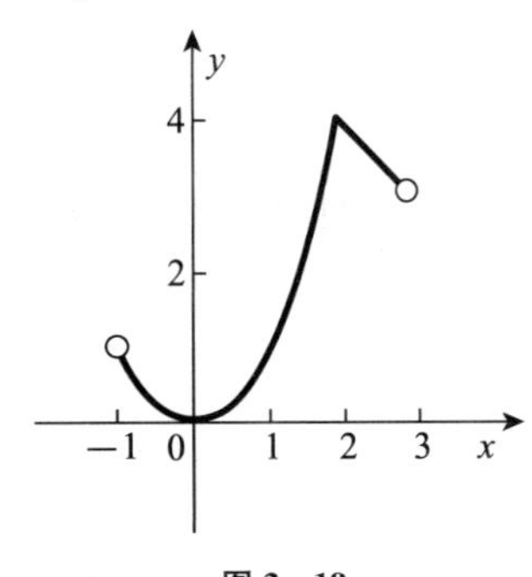

图 2－19

在以上这些情况中，(1) 和 (2) 说明闭区间和函数连续这两个条件缺一不可；(3) 和 (4) 说明这两个条件不是必要的．

定理

(介值定理)

如果函数 $f(x)$ 在闭区间 $[a,b]$ 上连续，且其最大值和最小值分别为 M 和 m，则对于介于 m 与 M 之间的任何实数 C，在 $[a,b]$ 上至少存在一个点 ξ，使得

$$f(\xi)=C$$

这是因为既然 $f(x)$ 的最小值为 m，最大值为 M，而 $f(x)$在 $[a,b]$ 上又是连续的，那么对于介于 m 与 M 之间的任何实数 C，在区间 $[a,b]$ 上必定至少可以找得到一个点 ξ，使得 $f(\xi)=C$. 也就是说，在 $[a,b]$ 上必定存在一个点 ξ，使其函数值等于 C. 因为函数值从 m 变到 M，必须经过这个函数值 C，不能跳过去. 例如函数 $f(x)$ 在 $[a,b]$ 上连续，如图2－20所示，对于介于 m 和 M 之间的值 C，有三个点：a,ξ_1,ξ_2，使得

$$f(a)=f(\xi_1)=f(\xi_2)=C$$

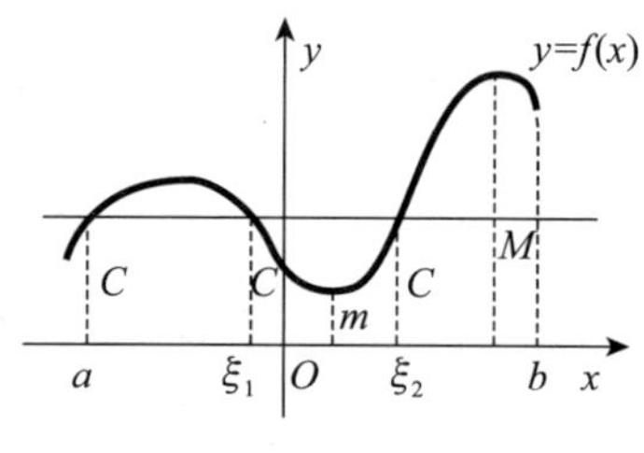

图 2－20

因为当在图中画一条直线 $y=C$ 时，这条直线与曲线 $y=f(x)$ 至少交于一个点. 这个点的横坐标就是 ξ，而且这样的点可能有几个，并且此点还可能在区间的端点.

推论 如果函数 $f(x)$ 在闭区间 $[a,b]$ 上连续，且 $f(a)$ 与 $f(b)$ 异号，则在 (a,b) 内至少存在一个点 ξ，使得

$$f(\xi)=0$$

这由图 2－21 可以清楚地看出来，因为 $f(x)$ 的值连续地从负值 $f(a)$ 变到正值 $f(b)$，必定要经过 0 这个值，即曲线必定要与 x 轴相交，这个交点的横坐标就是推论中的数值 ξ.

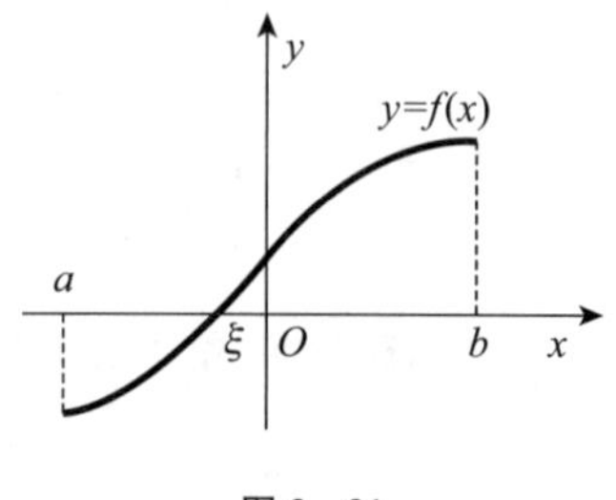

图 2－21

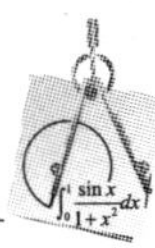

例 17 设 $f(x)=x^4-3x^2+7x-10$ 在 $(-\infty,+\infty)$ 内连续，试证明方程 $x^4-3x^2+7x-10=0$ 至少有一个根在 1 与 2 之间.

证 应用介值定理的推论.

因为 $f(1)=1-3+7-10=-5<0$

$f(2)=16-12+14-10=8>0$

即 $f(1)$ 与 $f(2)$ 异号.

又因为 $f(x)$ 在 $(-\infty,+\infty)$ 内连续，即在 $[1,2]$ 上连续. 由介值定理的推论可知：在 $(1,2)$ 内至少存在一个点 ξ，使得 $f(\xi)=0$. 即在 1 与 2 之间至少存在一个根 $x=\xi$，满足方程

$$x^4-3x^2+7x-10=0$$

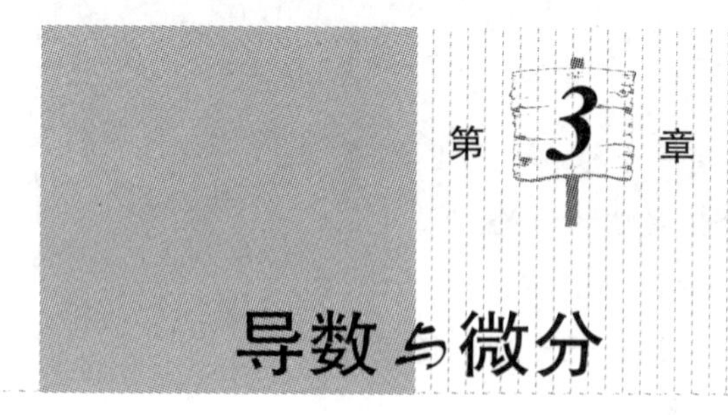

第3章 导数与微分

导数与微分是微分学的两个重要基本概念. 本章着重介绍导数与微分的概念，计算导数与微分的基本公式与方法.

3.1 引例

我们在研究实际问题时，除了需要了解变量之间的函数关系外，还常常需要研究变量变化快慢的程度，即变化率的问题，例如人口增长速度、国民经济发展速度、劳动生产率等，在数学上都属于导数概念的范畴.

导数概念最初是英国科学家牛顿在研究物体运动的瞬时速度，德国数学家莱布尼兹在研究曲线上某点的切线的斜率时引出的，下面我们看这两个实例.

3.1.1 物体运动的瞬时速度

若物体作匀速直线运动，求速度的问题比较容易解决，只要求出所经过的路程与时间的比值就行了. 若物体作变速直线运动，这个比值表示的是这段时间内物体运动的平均速度. 但在很多实际问题中，只算出平均速度并不能满足要求，而常常需要知道物体在某个时刻的速度的大小，即要知道它的瞬时速度. 下面我们通过例题说明如何定义与求出作变速直线运动的物体的瞬时速度.

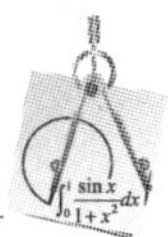

例 已知自由落体运动的路程 s 与所经过的时间 t 的关系是

$$s=\frac{1}{2}gt^2$$

其中 $g=9.8$ 米/秒^2 是重力加速度. 现在来求 $t=2$ 秒这一时刻落体的“速度”.

我们计算一下 t 从 2 秒分别到 2.1 秒、2.01 秒、2.001 秒，…各段时间内的平均速度，把所得数据列入表 3-1 中. 其中 Δt 为落体运动所经过的时间，即时间的增量（改变量）；Δs 为落体在 Δt 时间内所走过的路程，即路程的增量（改变量）；$\frac{\Delta s}{\Delta t}$为落体在 Δt 这段时间内的平均速度.

表 3-1

t(秒)	s(米)	Δt(秒)	Δs(米)	$\bar{v}=\frac{\Delta s}{\Delta t}$(米/秒)
2	$2g$			
2.1	$2.205g$	0.1	$0.205g$	$2.05g$
2.01	$2.020\ 05g$	0.01	$0.020\ 05g$	$2.005g$
2.001	$2.002\ 000\ 5g$	0.001	$0.002\ 000\ 5g$	$2.000\ 5g$
…	…	…	…	…

从表中可以看出，平均速度$\frac{\Delta s}{\Delta t}$随时间改变量 Δt 的变化而变化，当 Δt 越小时，$\frac{\Delta s}{\Delta t}$越接近于一个定值：$2g$，这个值就是 $\Delta t\to 0$ 时$\frac{\Delta s}{\Delta t}$的极限，我们规定这个极限为落体在 $t=2$ 秒时的速度，也叫瞬时速度，用 v 表示：

$$\begin{aligned}v&=\lim_{\Delta t\to 0}\frac{s(2+\Delta t)-s(2)}{\Delta t}\\&=\lim_{\Delta t\to 0}\frac{\frac{1}{2}g(2+\Delta t)^2-\frac{1}{2}g\cdot 2^2}{\Delta t}\\&=\frac{1}{2}g\lim_{\Delta t\to 0}(4+\Delta t)\\&=\frac{1}{2}g\times 4=2g=19.6(\text{米/秒})\end{aligned}$$

一般地说，如果物体运动的路程 s 与时间 t 的关系是 $s=s(t)$，则它在 t_0 到$t_0+\Delta t$ 这段时间内的平均速度为

$$\bar{v}=\frac{\Delta s}{\Delta t}=\frac{s(t_0+\Delta t)-s(t_0)}{\Delta t}$$

而在 t_0 时刻的瞬时速度即为上式在 $\Delta t\to 0$ 时的极限值

$$v|_{t=t_0}=\lim_{\Delta t\to 0}\frac{\Delta s}{\Delta t}=\lim_{\Delta t\to 0}\frac{s(t_0+\Delta t)-s(t_0)}{\Delta t} \tag{1}$$

平均程度 $\frac{\Delta s}{\Delta t}$ 在 $\Delta t\to 0$ 时转化为瞬时速度，瞬时速度的大小刻画了物体在某一时刻运动的快慢.

我们应该注意到，在得到瞬时速度定义的同时，也就得到了计算瞬时速度的方法，即求(1)式的极限.

在求(1)式的极限时，必须把 t_0(即我们希望确定速度的那个时刻)看成常数，极限过程是：时间改变量 Δt 无限地趋近于 0，而作为这段时间开始的时刻 t_0 不变.

(1)式中的极限，可能存在，也可能不存在. 如果极限不存在，我们认为在这个时刻没有瞬时速度.

3.1.2 曲线在一点的切线斜率

设一条曲线的方程为 $y=f(x)$，点 $M(x_0, y_0)$ 和 $M_1(x_0+\Delta x, y_0+\Delta y)$ 是曲线上的两个点（见图 3-1)，过点 M 和 M_1 所连的直线叫曲线的一条割线. 易知割线的斜率为

$$\tan\varphi=\frac{\Delta y}{\Delta x}=\frac{f(x_0+\Delta x)-f(x_0)}{\Delta x}$$

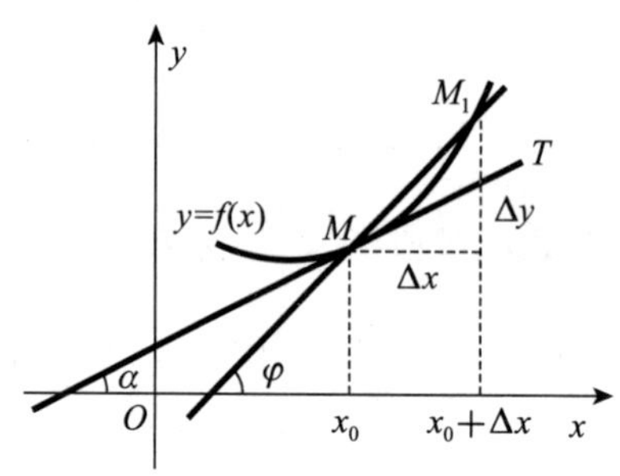

图 3-1

当 $\Delta x\to 0$ 时，动点 M_1 将沿曲线无限趋向于定点 M，从而割线 MM_1 也随之变动而趋向于极限位置，即 M 点的切线位置 MT，此时倾角 φ 趋向于切线 MT 的倾角 α. 因此，曲线 $y=f(x)$ 在某点 $M(x_0, y_0)$ 处的切线斜率为：

$$\tan\alpha=\lim_{\Delta x\to 0}\frac{\Delta y}{\Delta x}=\lim_{\Delta x\to 0}\frac{f(x_0+\Delta x)-f(x_0)}{\Delta x}$$

上述两个实际问题的具体含义很不相同，但从抽象的数量关系来看，它们的实质是一样的，都归结于求函数的改变量与自变量的改变量之比，在自变量的改变量趋于 0 时的极限. 我们将这种特殊的极限定义为函数的导数.

3.2 导数的概念

3.2.1 导数的定义

定义

设函数 $y=f(x)$ 在点 x_0 的某一邻域内有定义，给 x_0 以改变量 Δx，函数取得相应的改变量 $\Delta y=f(x_0+\Delta x)-f(x_0)$，如果当 $\Delta x\to 0$ 时，函数改变量 Δy 与自变量改变量 Δx 之比的极限

$$\lim_{\Delta x\to 0}\frac{\Delta y}{\Delta x}=\lim_{\Delta x\to 0}\frac{f(x_0+\Delta x)-f(x_0)}{\Delta x}$$

存在，则称此极限值为函数在点 x_0 处的导数，并称函数在 x_0 处可导. 记作

$$f'(x_0),y'\Big|_{x=x_0},\frac{\mathrm{d}y}{\mathrm{d}x}\Big|_{x=x_0}，或\frac{\mathrm{d}f}{\mathrm{d}x}\Big|_{x=x_0}$$

即 $$f'(x_0)=\lim_{\Delta x\to 0}\frac{f(x_0+\Delta x)-f(x_0)}{\Delta x} \tag{1}$$

如果这个极限不存在，就称函数在 x_0 处不可导. 不过当极限为无穷大时（此时导数不存在)，为了方便，也称函数在 x_0 处的导数为无穷大.

显然，$\frac{\Delta y}{\Delta x}=\frac{f(x_0+\Delta x)-f(x_0)}{\Delta x}$表示的是自变量 x 从 x_0 变到 $x_0+\Delta x$ 时函数 $f(x)$ 的平均变化速度，又称为平均变化率；而导数 $f'(x_0)=\lim\limits_{\Delta x\to 0}\frac{\Delta y}{\Delta x}$表示的是函数 $f(x)$ 在点 x_0 处的瞬时变化速度，也称为函数 $f(x)$ 在点 x_0 处的变化率.

如果记 $x=x_0+\Delta x$，则当 $\Delta x\to 0$ 时，$x\to x_0$，于是(1)式又可写为

$$f'(x_0)=\lim_{x\to x_0}\frac{f(x)-f(x_0)}{x-x_0}$$

定义

设对于开区间 (a,b) 内的每一点 x，函数 $y=f(x)$ 都有导数，则称$f(x)$ 在 (a,b) 内可导. 于是对应于 (a,b) 内的每一个 x 值，就有一个导数值 $f'(x)$，因此导数值 $f'(x)$ 是 x 的函数，应当叫做导函数. 以后为了简便起见，将导函数简称为导数，记作

$$f'(x),y',\frac{\mathrm{d}y}{\mathrm{d}x}，或\frac{\mathrm{d}f}{\mathrm{d}x}$$

注意 这里的导数记号$\frac{dy}{dx}$和$\frac{df}{dx}$是一个完整的记号，不要看成 dy 与 dx 的商（以后当我们讲了微分的概念后，才能看成两个微分之商，所以有时又把导数叫做**微商**）.

根据导数的定义，可见本章第一节所讲的 2 个引例，其实都是在求函数的导数：

(1) 瞬时速度 v 是路程 $s(t)$ 对时间 t 的导数；

(2) 曲线 $y=f(x)$ 在点 x 处的切线的斜率是曲线的纵坐标 y 对横坐标 x 的导数.

由导数定义可知，要求函数 $f(x)$ 在 x 点的导数，可分以下三个步骤进行：

第一步：计算函数的改变量 Δy；

第二步：计算函数改变量 Δy 与自变量改变量 Δx 之比$\frac{\Delta y}{\Delta x}$(即平均变化率)；

第三步：求当 $\Delta x\to 0$ 时$\frac{\Delta y}{\Delta x}$的极限值（即 x 点处的变化率），这个极限值就是所求的导数.

下面举几个用定义求导数的例子.

例 1 求 $y=C$(C 为常数）的导数.

解 $\because\quad y=C$

$\therefore\quad \Delta y=C-C=0$

$$\frac{\Delta y}{\Delta x}=\frac{0}{\Delta x}$$

$$\lim_{\Delta x\to 0}\frac{\Delta y}{\Delta x}=\lim_{\Delta x\to 0}\frac{0}{\Delta x}=0$$

即

$$y'=(C)'=0$$

它的几何意义是：一条水平直线 $y=C$ 上任意一点的切线斜率都等于 0（因为切线与此直线重合且平行于 x 轴）.

例 2 求函数 $y=\sqrt{x}$在点 $x_0=1$，$x_0=2$ 及点 $x(x>0)$ 处的导数.

解 在 $x_0=1$ 处

$$\Delta y=f(x_0+\Delta x)-f(x_0)=\sqrt{1+\Delta x}-\sqrt{1}$$

$$\frac{\Delta y}{\Delta x}=\frac{\sqrt{1+\Delta x}-\sqrt{1}}{\Delta x}$$

$$\lim_{\Delta x\to 0}\frac{\Delta y}{\Delta x}=\lim_{\Delta x\to 0}\frac{\sqrt{1+\Delta x}-\sqrt{1}}{\Delta x}$$

$$=\lim_{\Delta x\to 0}\frac{(\sqrt{1+\Delta x}-\sqrt{1})(\sqrt{1+\Delta x}+\sqrt{1})}{\Delta x(\sqrt{1+\Delta x}+\sqrt{1})}$$

$$=\lim_{\Delta x\to 0}\frac{1+\Delta x-1}{\Delta x(\sqrt{1+\Delta x}+\sqrt{1})}$$

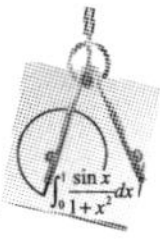

$$=\lim_{\Delta x\to 0}\frac{1}{\sqrt{1+\Delta x}+1}=\frac{1}{2}$$

$\therefore\quad f'(1)=\dfrac{1}{2}$

同理可算出

$$f'(2)=\lim_{\Delta x\to 0}\frac{\Delta y}{\Delta x}=\lim_{\Delta x\to 0}\frac{1}{\sqrt{2+\Delta x}+\sqrt{2}}=\frac{1}{2\sqrt{2}}$$

$$f'(x)=\lim_{\Delta x\to 0}\frac{\Delta y}{\Delta x}=\lim_{\Delta x\to 0}\frac{1}{\sqrt{x+\Delta x}+\sqrt{x}}=\frac{1}{2\sqrt{x}}$$

例 3 求幂函数 $y=x^n$（n 为自然数）的导数.

解 $\because\quad y=x^n$

$\therefore\quad \Delta y=(x+\Delta x)^n-x^n$

用二项式定理将上式右边第一项展开，有

$$\Delta y=\left[x^n+nx^{n-1}\Delta x+\frac{n(n-1)}{2}x^{n-2}(\Delta x)^2+\cdots+(\Delta x)^n\right]-x^n$$

$$=nx^{n-1}\Delta x+\frac{n(n-1)}{2}x^{n-2}(\Delta x)^2+\cdots+(\Delta x)^n$$

$$\therefore\quad \frac{\Delta y}{\Delta x}=nx^{n-1}+\frac{n(n-1)}{2}x^{n-2}\Delta x+\cdots+(\Delta x)^{n-1}$$

两边求极限，得到

$$y'=\lim_{\Delta x\to 0}\frac{\Delta y}{\Delta x}$$

$$=\lim_{\Delta x\to 0}\left[nx^{n-1}+\frac{n(n-1)}{2}x^{n-2}\Delta x+\cdots+(\Delta x)^{n-1}\right]$$

$$=nx^{n-1}$$

即

$$y'=(x^n)'=nx^{n-1}$$

这说明：幂函数 $y=x^n$ 的导数等于其幂指数 n 乘以 x 的 $n-1$ 次幂.

这是一个非常重要的求导数公式. 有了这个公式后，求幂函数的导数就可以直接套用这个公式了，例如：

$(x^2)'=2x$

$(x^3)'=3x^2$

……

实际上，这个公式，当 n 不是自然数而是任意实常数时，也是正确的，例 2 可以验证它（即当 $n=\dfrac{1}{2}$ 时是正确的）.

例 4 求正弦函数 $y=\sin x$ 的导数.

解 ∵ $y=\sin x$

∴ $\Delta y=\sin(x+\Delta x)-\sin x$

$$=2\cos\left(x+\frac{\Delta x}{2}\right)\sin\frac{\Delta x}{2}$$ （用和差化积公式）

$$\frac{\Delta y}{\Delta x}=\frac{2\cos\left(x+\frac{\Delta x}{2}\right)\sin\frac{\Delta x}{2}}{\Delta x}$$

$$=\cos\left(x+\frac{\Delta x}{2}\right)\frac{\sin\frac{\Delta x}{2}}{\frac{\Delta x}{2}}$$

对上式两边分别求极限，得

$$y'=\lim_{\Delta x\to 0}\frac{\Delta y}{\Delta x}$$

$$=\lim_{\Delta x\to 0}\cos\left(x+\frac{\Delta x}{2}\right)\frac{\sin\frac{\Delta x}{2}}{\frac{\Delta x}{2}}$$

$$=\lim_{\Delta x\to 0}\cos\left(x+\frac{\Delta x}{2}\right)\cdot\lim_{\Delta x\to 0}\frac{\sin\frac{\Delta x}{2}}{\frac{\Delta x}{2}}$$ （用极限的运算法则）

$$=\cos\left[\lim_{\Delta x\to 0}\left(x+\frac{\Delta x}{2}\right)\right]\cdot\lim_{\Delta x\to 0}\frac{\sin\frac{\Delta x}{2}}{\frac{\Delta x}{2}}$$ （用余弦函数的连续性）

$$=(\cos x)\times 1=\cos x$$ （用第一个重要极限）

于是得到函数 $\sin x$ 的导数等于 $\cos x$，即

$$y'=(\sin x)'=\cos x$$

读者可以类似地推得函数 $\cos x$ 的导数等于 $-\sin x$，即

$$y'=(\cos x)'=-\sin x$$

例 5 求对数函数 $y=\log_a x\quad(a>0,\ a\neq 1)$的导数.

解 ∵ $y=\log_a x$

∴ $\Delta y=\log_a(x+\Delta x)-\log_a x$

$$=\log_a\frac{x+\Delta x}{x}=\log_a\left(1+\frac{\Delta x}{x}\right)$$

因而

$$\frac{\Delta y}{\Delta x}=\frac{\log_a\left(1+\frac{\Delta x}{x}\right)}{\Delta x}=\frac{1}{\Delta x}\log_a\left(1+\frac{\Delta x}{x}\right)$$

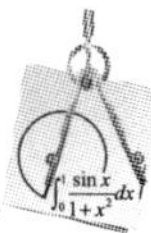

$$=\log_a\left(1+\frac{\Delta x}{x}\right)^{\frac{1}{\Delta x}}=\frac{x}{x}\log_a\left(1+\frac{\Delta x}{x}\right)^{\frac{1}{\Delta x}}$$

$$=\frac{1}{x}\log_a\left(1+\frac{\Delta x}{x}\right)^{\frac{x}{\Delta x}}$$

令 $t=\frac{\Delta x}{x}$，则当 $\Delta x\to 0$ 时，$t\to 0$，于是

$$y'=\lim_{\Delta x\to 0}\frac{\Delta y}{\Delta x}=\lim_{\Delta x\to 0}\left[\frac{1}{x}\log_a\left(1+\frac{\Delta x}{x}\right)^{\frac{x}{\Delta x}}\right]$$

$$=\lim_{t\to 0}\left[\frac{1}{x}\log_a(1+t)^{\frac{1}{t}}\right]$$

$$=\frac{1}{x}\log_a\left[\lim_{t\to 0}(1+t)^{\frac{1}{t}}\right]=\frac{1}{x}\log_a \mathrm{e}$$ （用第二个重要极限）

$$=\frac{1}{x\ln a}$$ （用对数换底公式）

即得

$$y'=(\log_a x)'=\frac{1}{x\ln a}$$

特别地，设 $y=\ln x$，则

$$y'=(\ln x)'=\frac{1}{x}$$

例 1、例 3、例 4、例 5 都是非常重要的求导数公式，大家应牢记.

3.2.2 导数的几何意义

设曲线的方程为 $y=f(x)$，由导数的定义可知，函数 $y=f(x)$ 在某点 x_0 处的导数 $f'(x_0)$ 就是曲线上的点 $M(x_0, y_0)$处切线的斜率（见图 3-1），即

$$f'(x_0)=\lim_{\Delta x\to 0}\frac{\Delta y}{\Delta x}=\tan\alpha \qquad \left(\alpha\neq\frac{\pi}{2}\right)$$

由直线的点斜式方程，易知曲线 $y=f(x)$ 上的点 $M(x_0, y_0)$ 处的**切线方程**为

$$y-y_0=f'(x_0)(x-x_0)$$

如果 $f'(x_0)=\infty$，这时切线垂直于 x 轴，切线方程为

$$x=x_0$$

如果 $f'(x_0)=0$，这时切线平行于 x 轴，切线方程为

$$y=y_0$$

由曲线上一点处的切线的斜率与法线的斜率乘积等于-1 的关系，可得到曲线 $y=f(x)$ 在点 $M(x_0, y_0)$ 处的**法线方程**为

$$y-y_0=-\frac{1}{f'(x_0)}(x-x_0)$$

例 6 求曲线 $y=\cos x$ 在点 $x_0=\frac{\pi}{2}$ 处的切线方程与法线方程.

解 由例4知，函数 $y=\cos x$ 的导数为

$$f'(x)=(\cos x)'=-\sin x$$

$$\therefore \quad f'\left(\frac{\pi}{2}\right)=-\sin\left(\frac{\pi}{2}\right)=-1$$

又当 $x_0=\frac{\pi}{2}$ 时，$y_0=\cos\frac{\pi}{2}=0$，将 $x_0=\frac{\pi}{2}$，$y_0=0$ 和 $f'\left(\frac{\pi}{2}\right)=-1$ 代入切线方程和法线方程公式中，得所求切线方程为

$$y-0=(-1)\cdot\left(x-\frac{\pi}{2}\right)$$

即 $$y=-x+\frac{\pi}{2}$$

所求法线方程为

$$y-0=-\frac{1}{-1}\left(x-\frac{\pi}{2}\right)$$

即 $$y=x-\frac{\pi}{2}$$

例7 在抛物线 $y=x^2$ 上，哪一点处的切线平行于 x 轴？哪一点处的法线与 x 轴成 $45°$ 的夹角？

解 函数 $y=x^2$ 的导数为

$$f'(x)=(x^2)'=2x$$

(1) 令 $2x=0$（切线平行于 x 轴时斜率为0），得

$$x=0$$

代入曲线 $y=x^2$ 中，得

$$y=0$$

即曲线 $y=x^2$ 在 $(0, 0)$ 处的切线平行于 x 轴.

(2) 令 $-\frac{1}{2x}=1$（法线与 x 轴的夹角为 $45°$ 时斜率为1），得

$$x=-\frac{1}{2}$$

代入曲线 $y=x^2$ 中，得

$$y=\frac{1}{4}$$

即曲线 $y=x^2$ 在 $\left(-\frac{1}{2}, \frac{1}{4}\right)$ 处的法线与 x 轴的夹角为 $45°$.

3.2.3 可导与连续的关系

应该指出，在极限 $\lim\limits_{\Delta x\to 0}\frac{\Delta y}{\Delta x}$ 中，自变量的改变量 Δx 趋于0时，可以从0的左边趋于0，

也可以从0的右边趋于0. 于是我们引进左导数和右导数的概念.

定义

如果极限

$$\lim_{\Delta x \to 0^-} \frac{\Delta y}{\Delta x} = \lim_{\Delta x \to 0^-} \frac{f(x_0 + \Delta x) - f(x_0)}{\Delta x} \tag{1}$$

存在，则称此极限值为函数 $f(x)$ 在 x_0 处的左导数，记作 $f'_-(x_0)$.

如果极限

$$\lim_{\Delta x \to 0^+} \frac{\Delta y}{\Delta x} = \lim_{\Delta x \to 0^+} \frac{f(x_0 + \Delta x) - f(x_0)}{\Delta x} \tag{2}$$

存在，则称此极限值为函数 $f(x)$ 在 x_0 处的右导数，记作 $f'_+(x_0)$.

如果记 $x = x_0 + \Delta x$，则当 $\Delta x \to 0^-$ 时，$x \to x_0^-$，于是(1)式又可表示为

$$f'_-(x_0) = \lim_{x \to x_0^-} \frac{f(x) - f(x_0)}{x - x_0} \tag{3}$$

当 $\Delta x \to 0^+$ 时，$x \to x_0^+$，(2)式可表示为

$$f'_+(x_0) = \lim_{x \to x_0^+} \frac{f(x) - f(x_0)}{x - x_0} \tag{4}$$

根据函数在某一点极限存在的充分必要条件是左、右两个极限存在且相等，我们可得到函数 $f(x)$ 在 x_0 点可导的充分必要条件是 $f'_-(x_0)$ 与 $f'_+(x_0)$ 都存在且相等.

下面再来讨论函数在某点可导与连续的关系，我们有以下定理.

定理

如果函数 $y = f(x)$ 在点 x_0 处可导，则它在点 x_0 处必定连续.

注意 这个定理的逆定理不成立. 即函数 $y = f(x)$ 在 x_0 处连续，它在 x_0 处不一定可导（例8、例9可以说明这点）. 所以连续只是可导的必要条件，而不是充分条件.

例 8 讨论函数 $y = f(x) = |x|$ 在 $x = 0$ 处的连续性与可导性.

解 函数 $y = |x|$ 是一个分段函数，即

$$y = f(x) = |x| = \begin{cases} -x, & x < 0 \\ x, & x \geqslant 0 \end{cases}$$

由 $f(0) = 0$

$$\lim_{x\to 0^-} f(x)=\lim_{x\to 0^-}(-x)=0$$

$$\lim_{x\to 0^+} f(x)=\lim_{x\to 0^+} x=0$$

有 $$\lim_{x\to 0^-} f(x)=\lim_{x\to 0^+} f(x)=f(0)=0$$

所以函数 $f(x)=|x|$ 在 $x=0$ 处连续.

又 $$f'_-(0)=\lim_{x\to 0^-}\frac{f(x)-f(0)}{x-0} \qquad \text{(由(3)式)}$$

$$=\lim_{x\to 0^-}\frac{-x-0}{x-0}=-1$$

$$f'_+(0)=\lim_{x\to 0^+}\frac{f(x)-f(0)}{x-0} \qquad \text{(由(4)式)}$$

$$=\lim_{x\to 0^+}\frac{x-0}{x-0}=1$$

即 $$f'_-(0)\neq f'_+(0)$$

因此函数 $f(x)=|x|$ 在 $x=0$ 处不可导，即曲线 $y=|x|$ 在原点的切线不存在（如图 3-2 所示).

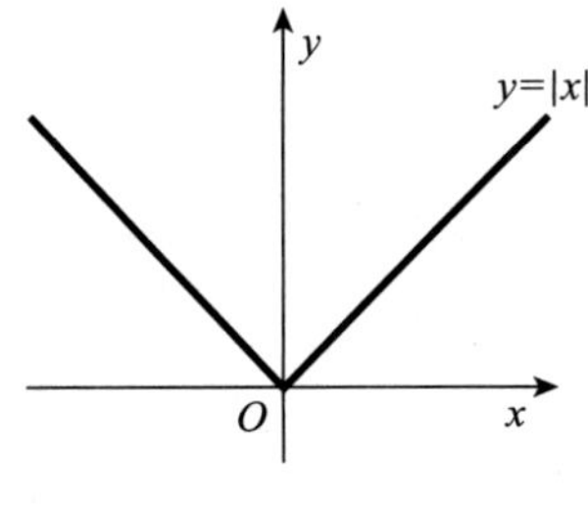

图 3-2

例 9 证明函数 $f(x)=\begin{cases} x\cdot\sin\dfrac{1}{x}, & x\neq 0 \\ 0, & x=0 \end{cases}$ 在 $x=0$ 处连续，但在 $x=0$ 处不可导.

证 ∵ $f(0)=0$

当 $x\neq 0$ 时，有

$$\lim_{x\to 0} f(x)=\lim_{x\to 0} x\cdot\sin\frac{1}{x}=0=f(0)$$

∴ $f(x)$ 在点 $x=0$ 处连续；

而当 $x=0$ 时，有

$$\lim_{\Delta x\to 0}\frac{\Delta y}{\Delta x}=\lim_{\Delta x\to 0}\frac{f(0+\Delta x)-f(0)}{\Delta x}$$

$$=\lim_{\Delta x\to 0}\frac{\Delta x\sin\dfrac{1}{\Delta x}}{\Delta x}=\lim_{\Delta x\to 0}\sin\frac{1}{\Delta x}$$

因为当 $\Delta x\to 0$ 时，$\sin\dfrac{1}{\Delta x}$ 在 -1 与 1 之间无限次振动，极限 $\lim\limits_{\Delta x\to 0}\sin\dfrac{1}{\Delta x}$ 不存在，所以

$f(x)$ 在点 $x=0$ 处不可导.

例 10 设函数 $y=f(x)=\begin{cases}ax+1, & x\leqslant 2\\ x^2+b, & x>2\end{cases}$ 在 $x_0=2$ 处可导，试确定常数 a 和 b 的值.

解 因为 $f(x)$ 在 $x_0=2$ 处可导，所以 $f(x)$ 在 $x_0=2$ 处必定连续，由

$$f(2)=a\times 2+1=2a+1$$

$$\lim_{x\to 2^-}f(x)=\lim_{x\to 2^-}(ax+1)=2a+1$$

$$\lim_{x\to 2^+}f(x)=\lim_{x\to 2^+}(x^2+b)=4+b$$

故有 $$2a+1=4+b \tag{1}$$

又因为 $f(x)$ 在 $x_0=2$ 处可导，其左、右导数应当存在且相等，因

$$f'_-(2)=\lim_{\Delta x\to 0^-}\frac{f(x_0+\Delta x)-f(x_0)}{\Delta x} \qquad (由(2)式)$$

$$=\lim_{\Delta x\to 0^-}\frac{[a(2+\Delta x)+1]-(2a+1)}{\Delta x}$$

$$=\lim_{\Delta x\to 0^-}\frac{a\Delta x}{\Delta x}=a$$

$$f'_+(2)=\lim_{\Delta x\to 0^+}\frac{f(x_0+\Delta x)-f(x_0)}{\Delta x} \qquad (由(3)式)$$

$$=\lim_{\Delta x\to 0^+}\frac{[(2+\Delta x)^2+b]-(2a+1)}{\Delta x}$$

$$=\lim_{\Delta x\to 0^+}\frac{[4+4\Delta x+(\Delta x)^2+b]-(2a+1)}{\Delta x}$$

$$=\lim_{\Delta x\to 0^+}\frac{4\Delta x+(\Delta x)^2}{\Delta x} \qquad (由(4)式)$$

$$=\lim_{\Delta x\to 0^+}(4+\Delta x)=4$$

$\therefore\quad a=4$

代入(1)式中得 $b=2\times 4+1-4=5$

所以当 $a=4$，$b=5$ 时，$f(x)$ 在 $x_0=2$ 处可导.

这一节讲的是导数的概念，包括导数的定义、用定义求导数、导数的几何意义和可导的必要条件（可导与连续的关系）. 读者应掌握这些基本的内容，其中判断分段函数在分界点是否可导的问题是一个难点，要很好地掌握判定的方法.

3.3 导数的四则运算

求导数的运算是微积分的基本运算之一，我们必须很好地掌握. 上节中，我们从定义出发求出了几个基本初等函数的导数公式，用完全类似的方法，也可求出 a^x，$\tan x$ 等基本

初等函数的导数公式，但这样做太麻烦，而且仅有基本初等函数的导数公式，其应用范围是很有限的. 以下几节我们将介绍导数的四则运算法则、反函数的求导公式、复合函数的求导公式、隐函数的求导法及对数求导法，掌握了这些方法，就可以对任何初等函数求导数了.

相应于函数极限的四则运算法则，我们根据导数的定义来导出导数的四则运算法则.

1. 代数和的导数

如果函数 $u=u(x)$，$v=v(x)$ 在点 x 处均可导，则函数 $y=u\pm v$ 在该点也可导，且

$$(u\pm v)'=u'\pm v'$$

即两个函数代数和的导数等于它们导数的代数和.

这个公式很容易推广到有限多个函数的代数和的情况，即有

$$(u_1\pm u_2\pm\cdots\pm u_n)'=u_1'\pm u_2'\pm\cdots\pm u_n'$$

2. 乘积的导数

如果函数 $u=u(x)$，$v=v(x)$ 在点 x 处均可导，则函数 $y=u\cdot v$ 在该点也可导，且

$$(u\cdot v)'=u'\cdot v+u\cdot v'$$

即两个函数的乘积的导数，等于第一个因子的导数乘以第二个因子、再加上第一个因子乘以第二个因子的导数.

注意 两个函数乘积的导数，并不等于两个函数的导数的乘积.

特别地，如果令 $v=C$，因常数的导数为 0，所以有

$$(Cu)'=C\cdot u'$$

即常数因子可以提到导数的记号之外.

两个函数乘积的导数公式，可以很容易地推广到 n 个函数相乘的情形，如当 $n=3$ 时，有

$$(u\cdot v\cdot w)'=u'\cdot v\cdot w+u\cdot v'\cdot w+u\cdot v\cdot w'$$

3. 商的导数

如果函数 $u=u(x)$，$v=v(x)$ 在点 x 处均可导，且 $v\neq0$，则函数 $y=\dfrac{u}{v}$ 在该点也可导，且

$$\left(\frac{u}{v}\right)'=\frac{u'\cdot v-u\cdot v'}{v^2}$$

即两函数 u 与 v 之商的导数，等于 $(u'\cdot v-u\cdot v')$ 除以 v 的平方.

注意 u 与 v 之商的导数，并不等于 u 与 v 的导数之商.

例 1 求函数 $y=\dfrac{1-x^3}{\sqrt{\pi}}+\sin\dfrac{\pi}{2}$ 的导数.

解
$$\begin{aligned}y'&=\left(\frac{1-x^3}{\sqrt{\pi}}+\sin\frac{\pi}{2}\right)'\\&=\left(\frac{1-x^3}{\sqrt{\pi}}\right)'+\left(\sin\frac{\pi}{2}\right)'\\&=\frac{1}{\sqrt{\pi}}[(1)'-(x^3)']+0\end{aligned}$$

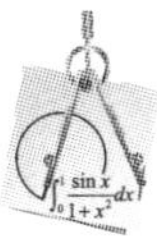

$$=-\frac{3}{\sqrt{\pi}}x^2=-\frac{3\sqrt{\pi}x^2}{\pi}$$

例 2 求函数 $y=x\cos x\ln x$ 的导数.

解 $y'=(x\cdot\cos x\cdot\ln x)'$

$$=(x)'\cdot\cos x\cdot\ln x+x\cdot(\cos x)'\cdot\ln x+x\cdot\cos x\cdot(\ln x)'$$

$$=1\cdot\cos x\cdot\ln x+x\cdot(-\sin x)\cdot\ln x+x\cdot\cos x\cdot\frac{1}{x}$$

$$=\cos x\cdot\ln x-x\cdot\sin x\cdot\ln x+\cos x$$

$$=\cos x(1+\ln x)-x\sin x\ln x$$

例 3 求函数 $y=\tan x$ 的导数.

解 $y'=(\tan x)'=\left(\frac{\sin x}{\cos x}\right)'$

$$=\frac{(\sin x)'\cos x-\sin x(\cos x)'}{\cos^2 x}$$

$$=\frac{\cos^2 x+\sin^2 x}{\cos^2 x}$$

$$=\frac{1}{\cos^2 x}=\sec^2 x$$

即有

$$y'=(\tan x)'=\sec^2 x$$

类似地可以得到

$$y'=(\cot x)'=-\csc^2 x$$

例 4 求函数 $y=\sec x$ 的导数.

解 $y'=\left(\frac{1}{\cos x}\right)'=\frac{1'\cdot\cos x-1\cdot(\cos x)'}{\cos^2 x}$

$$=\frac{0+\sin x}{\cos^2 x}=\frac{\sin x}{\cos x}\cdot\frac{1}{\cos x}$$

$$=\tan x\cdot\sec x=\sec x\cdot\tan x$$

即有

$$y'=(\sec x)'=\sec x\cdot\tan x$$

类似地可以得到

$$y'=(\csc x)'=-\csc x\cdot\cot x$$

3.4 反函数的导数

为了讨论指数函数（对数函数的反函数）和反三角函数（三角函数的反函数）的导数，

我们应当研究反函数的导数. 这有如下定理.

定理

如果函数 $x=\varphi(y)$ 在某区间内连续且严格单调, 并且在该区间点 y 处的导数 $\varphi'(y)$ 存在且不为 0, 则其反函数 $y=f(x)$ 在对应点 x 处可导, 并且

$$f'(x)=\frac{1}{\varphi'(y)}, \text{或} \quad \frac{\mathrm{d}y}{\mathrm{d}x}=\frac{1}{\frac{\mathrm{d}x}{\mathrm{d}y}}$$

即反函数的导数等于直接函数导数的倒数.

例 1 求指数函数 $y=a^x(a>0,a\neq1)$ 的导数.

解 因为 $y=a^x(a>0,a\neq1)$ 的反函数是对数函数

$$x=\log_a y \qquad (a>0,a\neq1)$$

(也可以说 $y=a^x$ 是 $x=\log_a y$ 的反函数)

又由于

$$\frac{\mathrm{d}x}{\mathrm{d}y}=(\log_a y)'=\frac{1}{y\ln a}$$

所以

$$\frac{\mathrm{d}y}{\mathrm{d}x}=\frac{1}{\frac{\mathrm{d}x}{\mathrm{d}y}}=\frac{1}{\frac{1}{y\ln a}}=y\ln a=a^x\ln a$$

即有

$$y'=(a^x)'=a^x\ln a$$

特别地, 当 $a=\mathrm{e}$ 时, 有

$$y'=(\mathrm{e}^x)'=\mathrm{e}^x\ln\mathrm{e}=\mathrm{e}^x$$

例 2 求 $y=\arcsin x(-1<x<1)$ 的导数.

解 因为 $y=\arcsin x(-1<x<1)$ 的反函数是

$$x=\sin y \qquad \left(-\frac{\pi}{2}<y<\frac{\pi}{2}\right)$$

(也可以说 $y=\arcsin x$ 是 $x=\sin y$ 的反函数)

又由于

$$\frac{\mathrm{d}x}{\mathrm{d}y}=(\sin y)'=\cos y=\sqrt{1-x^2}$$

这里因为 $\cos y$ 在 $\left(-\frac{\pi}{2},\frac{\pi}{2}\right)$ 内恒为正值, 故根式前不取负号.

所以

$$\frac{dy}{dx}=\frac{1}{\frac{dx}{dy}}=\frac{1}{\cos y}=\frac{1}{\sqrt{1-x^2}}$$

即有

$$y'=(\arcsin x)'=\frac{1}{\sqrt{1-x^2}}$$

同理可得

$$y'=(\arccos x)'=-\frac{1}{\sqrt{1-x^2}}$$

例 3 求 $y=\arctan x(-\infty<x<+\infty)$ 的导数.

解 因为 $y=\arctan x$ 是 $x=\tan y$ 的反函数，又由于

$$\frac{dx}{dy}=(\tan y)'=\sec^2 y$$

所以

$$\frac{dy}{dx}=\frac{1}{\frac{dx}{dy}}=\frac{1}{\sec^2 y}$$

$$=\frac{1}{1+\tan^2 y}=\frac{1}{1+x^2}\qquad(\because \tan y=x)$$

即有

$$y'=(\arctan x)'=\frac{1}{1+x^2}$$

同理可得

$$y'=(\text{arccot}\,x)'=-\frac{1}{1+x^2}$$

反函数的导数定理一般在推导基本初等函数的导数公式时使用，在实际计算函数的导数时并不经常使用.

至此，我们已经给出了所有的基本初等函数的导数公式.

3.5 复合函数的导数

在讲复合函数的导数公式之前，我们先看一个例题.

例 1 求 $y=\sin 2x$ 的导数.

解 ∵ $y=\sin 2x=2\sin x\cdot\cos x$

∴ $y'=(2\sin x\cdot\cos x)'$

$=2[(\sin x)'\cdot\cos x+\sin x\cdot(\cos x)']$

$=2[\cos x\cdot\cos x+\sin x\cdot(-\sin x)]$

$=2(\cos^2 x-\sin^2 x)$

$=2\cos 2x$

在以上的计算过程中，采用了三角学中的倍角公式以及乘积的导数公式. 以上的计算虽然是正确的，但是太麻烦，如果题目改成求 $y=\sin 1\,000x$ 的导数，就很难用这个办法求出结果，而用复合函数的求导公式就能迅速求出结果.

所谓复合函数的导数公式，就是把上面的函数看成 $y=\sin u$，而 $u=2x$ 是中间变量，分别求出$\frac{\mathrm{d}y}{\mathrm{d}u}=\cos u$，$\frac{\mathrm{d}u}{\mathrm{d}x}=2$，再相乘即得所求的导数：$y'=\frac{\mathrm{d}y}{\mathrm{d}x}=(\cos u)\cdot 2=2\cos u=2\cos 2x$.

一般地说，有以下的定理.

定理

如果函数 $u=\varphi(x)$ 在点 x 处有导数$\frac{\mathrm{d}u}{\mathrm{d}x}=\varphi'(x)$，而函数 $y=f(u)$ 在对应的点 u 处有导数$\frac{\mathrm{d}y}{\mathrm{d}u}=f'(u)$，则复合函数 $y=f[\varphi(x)]$在点 x 处有导数：

$$\frac{\mathrm{d}y}{\mathrm{d}x}=f'(u)\cdot\varphi'(x)=\frac{\mathrm{d}y}{\mathrm{d}u}\cdot\frac{\mathrm{d}u}{\mathrm{d}x}$$

即 y 对 x 的导数，等于 y 对 u 的导数乘以 u 对 x 的导数.

上述定理，不难推广到多次复合的情况. 例如，设 $y=f(u)$，$u=\varphi(v)$，$v=\psi(x)$，则复合函数 $y=f\{\varphi[\psi(x)]\}$ 的导数为

$$\frac{\mathrm{d}y}{\mathrm{d}x}=\frac{\mathrm{d}y}{\mathrm{d}u}\cdot\frac{\mathrm{d}u}{\mathrm{d}v}\cdot\frac{\mathrm{d}v}{\mathrm{d}x}$$

复合函数的导数公式好像链条一样，一环扣一环，所以有些书上又称之为**链式法则**. 运用这个法则时，必须注意最后一个因子一定是中间变量对自变量 x 的导数. 即:等式左边为 y 对自变量 x 的导数，等式右边第一个因子是 y 对中间变量 u 的导数，第二个因子则是中间变量 u 对另一中间变量 v 的导数，如此一环扣一环地乘下去，最后一个因子必定是最后一个中间变量对自变量 x 的导数.

例 2 求 $y=\ln\cos x$ 的导数.

解 设 $y=\ln u, u=\cos x$

(可将 $y=\ln\cos x$ 看成复合函数，此时 u 为中间变量)

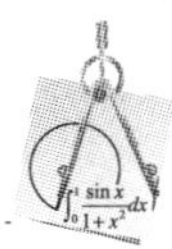

$\because \quad \frac{dy}{du}=(\ln u)'=\frac{1}{u}$

$\frac{du}{dx}=(\cos x)'=-\sin x$

$\therefore$ 由复合函数的导数公式，有

$$y'=\frac{dy}{dx}=\frac{dy}{du}\cdot\frac{du}{dx}$$

$$=\frac{1}{u}\cdot(-\sin x)$$

$$=\frac{1}{\cos x}(-\sin x)=-\tan x$$

例 3 求 $y=\sqrt{1-x^2}$ 的导数.

解 设 $y=\sqrt{u}=u^{\frac{1}{2}}, u=1-x^2$

$\because \quad \frac{dy}{du}=(u^{\frac{1}{2}})'=\frac{1}{2}u^{-\frac{1}{2}}=\frac{1}{2\sqrt{u}}$

$\frac{du}{dx}=(1-x^2)'=-2x$

$\therefore$ 由复合函数的导数公式，有

$$y'=\frac{dy}{dx}=\frac{dy}{du}\cdot\frac{du}{dx}$$

$$=\frac{1}{2\sqrt{u}}\cdot(-2x)$$

$$=-\frac{x}{\sqrt{1-x^2}}$$

例 4 求 $y=e^{x^2}$ 的导数.

解 设 $y=e^u, u=x^2$

$\because \quad \frac{dy}{du}=(e^u)'=e^u$

$\frac{du}{dx}=(x^2)'=2x$

$\therefore \quad \frac{dy}{dx}=\frac{dy}{du}\cdot\frac{du}{dx}=e^u\cdot(2x)$

$$=e^{x^2}\cdot(2x)=2xe^{x^2}$$

例 5 求 $y=\tan^3(\ln x)$ 的导数.

解 设 $y=u^3$，$u=\tan v$，$v=\ln x$

$\because \quad \frac{dy}{du}=(u^3)'=3u^2$

$$\frac{\mathrm{d}u}{\mathrm{d}v}=(\tan v)'=\sec^2 v=\frac{1}{\cos^2 v}$$

$$\frac{\mathrm{d}v}{\mathrm{d}x}=(\ln x)'=\frac{1}{x}$$

$$\therefore\quad \frac{\mathrm{d}y}{\mathrm{d}x}=\frac{\mathrm{d}y}{\mathrm{d}u}\cdot\frac{\mathrm{d}u}{\mathrm{d}v}\cdot\frac{\mathrm{d}v}{\mathrm{d}x}$$

$$=3u^2\cdot\frac{1}{\cos^2 v}\cdot\frac{1}{x}$$

$$=3[\tan(\ln x)]^2\cdot\frac{1}{\cos^2(\ln x)}\cdot\frac{1}{x}$$

$$=\frac{3\tan^2(\ln x)}{x\cos^2(\ln x)}=\frac{3\sin^2(\ln x)}{x\cos^4(\ln x)}$$

本节几个例题求导时，我们写出了中间变量，当熟练掌握复合函数的求导以后，中间变量可以不必写出. 例如：

$$y'=[\tan^3(\ln x)]'$$

$$=3\tan^2(\ln x)\cdot[\tan(\ln x)]' \qquad (\text{将 } \tan(\ln x) \text{ 看成 } u)$$

$$=3\tan^2(\ln x)\cdot\sec^2(\ln x)\cdot(\ln x)' \qquad (\text{将 } \ln x \text{ 看成 } v)$$

$$=3\tan^2(\ln x)\cdot\frac{1}{\cos^2(\ln x)}\cdot\frac{1}{x}$$

$$=\frac{3\tan^2(\ln x)}{x\cos^2(\ln x)}=\frac{3\sin^2(\ln x)}{x\cos^4(\ln x)}$$

3.6 隐函数的导数

3.6.1 隐函数的导数

通常用分析法表示函数时，有两种不同的形式. 一种是把函数 y 直接表示成自变量 x 的函数 $y=f(x)$，这叫做函数的显式. 还有一种是函数 y 与自变量 x 的数量关系由方程 $F(x,y)=0$ 来确定，即 y 与 x 的函数关系隐含在方程中. 我们把这种未解出因变量的方程 $F(x,y)=0$ 所确定的 x 与 y 之间的函数关系叫做隐函数，其中，一般认为自变量是 x，函数是 y. 例如，$x+y-1=0$，$\mathrm{e}^y=xy$ 等都分别表示一个隐函数.

对隐函数求导数，可以采用以下两个方法.

(1) 如果能从 $F(x,y)=0$ 解出 $y=f(x)$，则可以用以前对函数求导数的方法处理. 不过这种方法有时用不上，因为有些隐函数是不能解出显式 $y=f(x)$ 的.

(2) 将 $F(x,y)=0$ 的两边各项分别对自变量 x 求导数. 计算时要将 y 看成 x 的函数，将 y 的某个函数（例如 y^2）看成 x 的复合函数，用复合函数求导数的公式计算，最后再解

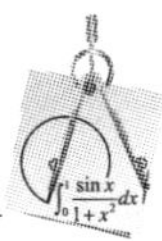

出 y' 的表达式（在表达式中允许保留变量 y）.

现举例计算如下.

例 1 设 $x^2+y^2-r^2=0$（r 为常数），求导数 $\frac{\mathrm{d}y}{\mathrm{d}x}$.

解 方法一 由已知方程解出函数显式

$$y=\pm\sqrt{r^2-x^2}$$

这实际上是两个函数

$$y_1=+\sqrt{r^2-x^2} \qquad \text{（上半个圆的方程）}$$

$$y_2=-\sqrt{r^2-x^2} \qquad \text{（下半个圆的方程）}$$

按求导数的公式计算，可得

$$y'=\frac{\mathrm{d}y}{\mathrm{d}x}=\pm\frac{(r^2-x^2)'}{2\sqrt{r^2-x^2}}$$

$$=\pm\frac{-2x}{2\sqrt{r^2-x^2}}=\mp\frac{x}{\sqrt{r^2-x^2}}$$

方法二 两边逐项对 x 求导数，有

$$(x^2)'+(y^2)'-(r^2)'=0$$

$\therefore$ $2x+2y\cdot y'-0=0$ （将 y^2 看成 x 的复合函数）

最后解出

$$y'=-\frac{x}{y}$$

注意 在方法二的求解过程中，只要将 y 用 $\pm\sqrt{r^2-x^2}$ 代入，即可得到方法一的结果. 这说明两个解法的结果是相同的.

由于隐函数往往解不出显式 $y=f(x)$，所以在导数 y' 的表达式中允许保留 y.

例 2 求由方程 $\mathrm{e}^y=xy$ 所确定的隐函数的导数.

解 两边逐项对 x 求导，有

$$(\mathrm{e}^y)'=(xy)'$$

$\therefore$ $\mathrm{e}^y\cdot y'=x'y+xy'$ （将 e^y 看成 x 的复合函数）

因此 $\mathrm{e}^y\cdot y'=y+xy'$

解出 y'，得

$$y'=\frac{y}{\mathrm{e}^y-x}$$

例 3 求曲线 $xy+\ln y=1$ 在点 $M(1, 1)$ 处的切线方程与法线方程.

解 将方程两边逐项对 x 求导，有

$$(xy)'+(\ln y)'=(1)'$$

$$y+xy'+\frac{1}{y}\cdot y'=0$$

解出 y'，得

$$y'=\frac{-y}{x+\frac{1}{y}}=-\frac{y^2}{xy+1}$$

∴ 在点 $M(1,1)$ 处

$$y'\Big|_{\substack{x=1\\y=1}}=-\frac{1}{2}$$

于是，在点 $M(1,1)$ 处的切线方程为

$$y-1=-\frac{1}{2}(x-1)$$

即 $\qquad x+2y-3=0$

在点 $M(1,1)$ 处的法线方程为

$$y-1=-\frac{1}{-\frac{1}{2}}(x-1)$$

即 $\qquad 2x-y-1=0$

3.6.2 对数求导法

所谓对数求导法，就是先对所给的函数式两边分别取对数，再按隐函数求导数的方法求导数 y'，不过在 y' 的表达式中不允许保留 y，而要用相应的 x 的函数式代替.

在某些情况下，利用对数求导法求导数，要比用通常的方法求导数方便一些.

试看以下例题.

例 4 求 $y=\sqrt{\frac{(x+1)(x+2)}{(x-3)(x-4)}}$ 的导数.

解 本例虽然可以用通常的方法求导数，但计算起来比较麻烦，如果先对这个函数式的两边取对数，有

$$\ln y=\frac{1}{2}[\ln(x+1)+\ln(x+2)-\ln(x-3)-\ln(x-4)]$$

于是乘除的关系变成了加减的关系，平方根变成了系数 $\frac{1}{2}$. 把这个式子看成隐函数，再逐项分别对 x 求导数是很容易的，注意到 $\ln y$ 是 x 的复合函数，于是得到

$$\frac{1}{y}\cdot y'=\frac{1}{2}\left(\frac{1}{x+1}+\frac{1}{x+2}-\frac{1}{x-3}-\frac{1}{x-4}\right)$$

$$\therefore\quad y'=\frac{1}{2}y\left(\frac{1}{x+1}+\frac{1}{x+2}-\frac{1}{x-3}-\frac{1}{x-4}\right)$$

$$=\frac{1}{2}\sqrt{\frac{(x+1)(x+2)}{(x-3)(x-4)}}\left(\frac{1}{x+1}+\frac{1}{x+2}-\frac{1}{x-3}-\frac{1}{x-4}\right)$$

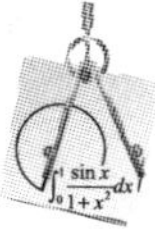

例 5 设 $y=u^v(u>0)$，其中 u，v 是 x 的函数且均可导，试求 y 的导数.

注意 这个函数既不是幂函数，也不是指数函数，称为**幂指函数**. 求幂指函数的导数时，既不能直接利用幂函数的求导公式求导，也不能直接利用指数函数的求导公式求导. 我们可以利用对数求导法来解此题.

解 两边取对数，有

$$\ln y=v\ln u$$

两边对 x 求导数，可得

$$\frac{1}{y}\cdot y'=v'\ln u+v\cdot\frac{1}{u}\cdot u'$$

从而有

$$\begin{aligned}y'&=y\left(v'\ln u+\frac{v}{u}\cdot u'\right)\\&=u^v\left(\frac{vu'}{u}+v'\ln u\right)\end{aligned}$$

例如，幂指函数 $y=x^x$ 的导数是

$$y'=x^x\left[\frac{x\cdot(x)'}{x}+x'\ln x\right]=x^x(1+\ln x)$$

利用对数求导法，容易证明

$$(x^a)'=a\cdot x^{a-1}\qquad(a\text{ 为任意实数})$$

例 6 求 $y=x^x+(\sin x)^x$ 的导数.

解 令 $y_1=x^x$，$y_2=(\sin x)^x$，则有

$$y=y_1+y_2$$

$$y'=y_1'+y_2'$$

再利用对数求导法分别求出 y_1' 与 y_2'，根据例 5 的结论有

$$y_1'=x^x\left[\frac{x\cdot(x)'}{x}+x'\ln x\right]=x^x(1+\ln x)$$

$$\begin{aligned}y_2'&=(\sin x)^x\left[\frac{x\cdot(\sin x)'}{\sin x}+x'\ln\sin x\right]\\&=(\sin x)^x(x\cot x+\ln\sin x)\end{aligned}$$

将 y_1'，y_2' 代入 y' 的表达式中，得到

$$\begin{aligned}y'&=y_1'+y_2'\\&=x^x(1+\ln x)+(\sin x)^x(x\cot x+\ln\sin x)\end{aligned}$$

注意 本例在采用对数求导法时，容易出现以下错误：

∵ $y=x^x+(\sin x)^x$

∴ $\ln y=x\ln x+x\ln\sin x$

这是不对的!

3.7 求导公式及举例

到现在为止，我们通过例题已将基本初等函数的导数公式逐一给出了，同时又讲了求导的一些运算法则与公式. 为了便于记忆与查阅，现将它们集中归纳如下.

3.7.1 基本初等函数的导数公式

(1) $(C)'=0$ （C 为常数）

(2) $(x^a)'=ax^{a-1}$ （a 为任意实数）

(3) $(\log_a x)'=\dfrac{1}{x\ln a}$ $(a>0,a\neq 1)$

(4) $(\ln x)'=\dfrac{1}{x}$

(5) $(a^x)'=a^x\ln a$ $(a>0,a\neq 1)$

(6) $(\mathrm{e}^x)'=\mathrm{e}^x$

(7) $(\sin x)'=\cos x$

(8) $(\cos x)'=-\sin x$

(9) $(\tan x)'=\sec^2 x=\dfrac{1}{\cos^2 x}$

(10) $(\cot x)'=-\csc^2 x=-\dfrac{1}{\sin^2 x}$

(11) $(\sec x)'=\sec x\cdot\tan x$

(12) $(\csc x)'=-\csc x\cdot\cot x$

(13) $(\arcsin x)'=\dfrac{1}{\sqrt{1-x^2}}$ $(-1<x<1)$

(14) $(\arccos x)'=-\dfrac{1}{\sqrt{1-x^2}}$ $(-1<x<1)$

(15) $(\arctan x)'=\dfrac{1}{1+x^2}$

(16) $(\mathrm{arccot}\, x)'=-\dfrac{1}{1+x^2}$

3.7.2 导数的四则运算法则（公式）

(1) $(u\pm v)'=u'\pm v'$

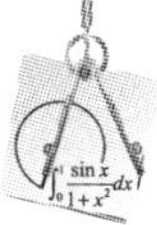

(2) $(u\cdot v)'=u'\cdot v+u\cdot v'$

(3) $(Cu)'=Cu'$ (C 为常数)

(4) $\left(\frac{u}{v}\right)'=\frac{u'\cdot v-u\cdot v'}{v^2}(v\neq 0)$

3.7.3 复合函数、反函数求导法则(公式)

(1) $\frac{\mathrm{d}y}{\mathrm{d}x}=\frac{\mathrm{d}y}{\mathrm{d}u}\cdot\frac{\mathrm{d}u}{\mathrm{d}x}=f'(u)\cdot\varphi'(x)$

其中 $y=f(u)$,$u=\varphi(x)$.

(2) $\frac{\mathrm{d}y}{\mathrm{d}x}=\frac{1}{\frac{\mathrm{d}x}{\mathrm{d}y}}$

其中 $y=f(x)$是 $x=\varphi(y)$的反函数.

求函数的导数,这是学习微积分必须熟练掌握的一种基本功. 由于所给的函数一般都是初等函数(有时给出分段函数),而初等函数是基本初等函数经过有限次的四则运算和复合而成的,所以熟练地掌握了以上的求导数公式,原则上讲,就可以求任何初等函数的导数,并且它的导数仍是初等函数. 为了更好地掌握求导运算,我们再举一些例子.

例 1 求 $y=2^{\tan\frac{1}{x}}$ 的导数.

解 $y'=(2^{\tan\frac{1}{x}})'=2^{\tan\frac{1}{x}}\cdot\ln 2\cdot\left(\tan\frac{1}{x}\right)'$

$$=\ln 2\cdot 2^{\tan\frac{1}{x}}\cdot\sec^2\left(\frac{1}{x}\right)\cdot\left(\frac{1}{x}\right)'$$

$$=\ln 2\cdot 2^{\tan\frac{1}{x}}\cdot\sec^2\left(\frac{1}{x}\right)\cdot\left(-\frac{1}{x^2}\right)$$

$$=-\frac{\ln 2}{x^2}\cdot 2^{\tan\frac{1}{x}}\cdot\sec^2\left(\frac{1}{x}\right)$$

例 2 求 $y=\ln(x+\sqrt{x^2\pm a^2})$的导数.

解 $y'=[\ln(x+\sqrt{x^2\pm a^2})]'$

$$=\frac{1}{x+\sqrt{x^2\pm a^2}}\cdot(x+\sqrt{x^2\pm a^2})'$$

$$=\frac{1}{x+\sqrt{x^2\pm a^2}}\left[1+\frac{1}{2\sqrt{x^2\pm a^2}}\cdot(x^2\pm a^2)'\right]$$

$$=\frac{1}{x+\sqrt{x^2\pm a^2}}\left(1+\frac{2x}{2\sqrt{x^2\pm a^2}}\right)$$

$$=\frac{1}{x+\sqrt{x^2\pm a^2}}\cdot\frac{\sqrt{x^2\pm a^2}+x}{\sqrt{x^2\pm a^2}}$$

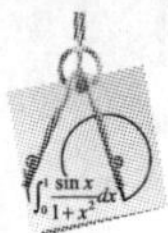

$$=\frac{1}{\sqrt{x^2\pm a^2}}$$

例 3 已知 $f(u)$ 的导数存在，试求下列各函数的导数.

(1) $f(\ln x)$　　(2) $f[(x+a)^n]$

(3) $[f(x+a)]^n$　　(4) $f\{f[f(x)]\}$

解

(1) $[f(\ln x)]'=f'(\ln x)\cdot(\ln x)'$

$$=\frac{1}{x}\cdot f'(\ln x)$$

(2) $\{f[(x+a)^n]\}'=f'[(x+a)^n]\cdot[(x+a)^n]'$

$$=f'[(x+a)^n]\cdot n(x+a)^{n-1}\cdot(x+a)'$$

$$=n(x+a)^{n-1}\cdot f'[(x+a)^n]$$

(3) $\{[f(x+a)]^n\}'=n[f(x+a)]^{n-1}\cdot[f(x+a)]'$

$$=n[f(x+a)]^{n-1}\cdot f'(x+a)\cdot(x+a)'$$

$$=n[f(x+a)]^{n-1}\cdot f'(x+a)$$

(4) $(f\{f[f(x)]\})'=f'\{f[f(x)]\}\cdot\{f[f(x)]\}'$

$$=f'\{f[f(x)]\}\cdot f'[f(x)]\cdot f'(x)$$

注意 符号 $f'(u)$ 表示将 f 对 u 求导数，不表示将 f 对 x 求导数，因此 $f'[f(x)]$ 表示将 $f[f(x)]$ 对 $f(x)$ 求导数. 而符号 $\{f[f(x)]\}'$ 则表示将 $f[f(x)]$ 对 x 求导数.

例 4 求由方程 $\ln\sqrt{x^2+y^2}=\arctan\frac{y}{x}$ 所确定的隐函数的导数 y'.

解 两边逐项对 x 求导数，有

$$(\ln\sqrt{x^2+y^2})'=\left(\arctan\frac{y}{x}\right)'$$

改写成

$$\left[\frac{1}{2}\ln(x^2+y^2)\right]'=\left(\arctan\frac{y}{x}\right)'$$

于是有

$$\frac{1}{2}\cdot\frac{1}{(x^2+y^2)}\cdot(x^2+y^2)'=\frac{1}{1+\left(\frac{y}{x}\right)^2}\cdot\left(\frac{y}{x}\right)'$$

$$\frac{1}{2}\cdot\frac{1}{(x^2+y^2)}\cdot(2x+2y\cdot y')=\frac{x^2}{x^2+y^2}\cdot\left(\frac{y'\cdot x-y}{x^2}\right)$$

消去公因子 x^2 和 (x^2+y^2)得

$$x+y\cdot y'=x\cdot y'-y$$

最后解出 y'，得到

$$y'=\frac{x+y}{x-y}$$

例 5 设 $f(x)=\begin{cases}x^2+1, & x<1\\ 2x, & x\geqslant 1\end{cases}$，求 $f'(x)$.

解 本例中，$f(x)$ 为分段函数，要分别对各定义段的函数式求导数.

当 $x<1$ 时，$f(x)=x^2+1$，所以

$$f'(x)=(x^2+1)'=2x$$

当 $x>1$ 时，$f(x)=2x$，所以

$$f'(x)=(2x)'=2$$

即
$$f'(x)=\begin{cases}2x, & x<1\\ 2, & x>1\end{cases}$$

当 $x=1$ 时，因为

$$f(1)=2\times 1=2$$

$$\lim_{x\to 1^-}f(x)=\lim_{x\to 1^-}(x^2+1)=2$$

$$\lim_{x\to 1^+}f(x)=\lim_{x\to 1^+}2x=2$$

所以 $f(x)$ 在 $x=1$ 处连续(如果 $f(x)$ 在 $x=1$ 处不连续，则可以断定在 $x=1$ 处不可导).

又因为

$$\begin{aligned}f'_-(1)&=\lim_{\Delta x\to 0^-}\frac{\Delta y}{\Delta x}=\lim_{\Delta x\to 0^-}\frac{[(1+\Delta x)^2+1]-2}{\Delta x}\\&=\lim_{\Delta x\to 0^-}\frac{1+2\Delta x+(\Delta x)^2+1-2}{\Delta x}\\&=\lim_{\Delta x\to 0^-}\frac{2\Delta x+(\Delta x)^2}{\Delta x}\\&=\lim_{\Delta x\to 0^-}(2+\Delta x)=2\end{aligned}$$

$$\begin{aligned}f'_+(1)&=\lim_{\Delta x\to 0^+}\frac{\Delta y}{\Delta x}=\lim_{\Delta x\to 0^+}\frac{2(1+\Delta x)-2}{\Delta x}\\&=\lim_{\Delta x\to 0^+}\frac{2\Delta x}{\Delta x}=2\end{aligned}$$

即有 $f'_-(1)=f'_+(1)$，$f'(1)=2$.

综上所述，$f(x)$ 的导数为

$$f'(x)=\begin{cases}2x, & x<1\\ 2, & x\geqslant 1\end{cases}$$

在求分段函数的导数时，特别要注意的是求分界点的导数，例如在本例中，当 $x\neq 1$ 时，$f(x)$ 的导数为

$$f'(x)=\begin{cases}2x, & x<1\\ 2, & x>1\end{cases}$$

$f'(x)$ 也是分段函数，其第二段的定义域为 $x>1$，不能照抄为 $x\geqslant 1$，因为在 $x=1$ 处是否可导以及导数为多少还不知道，应当按定义去求. 读者若将原题 $f(x)$ 中的常数项改变一

下，很快就会明白为什么不能照抄.

试问：本例中的左导数 $f'_-(1)$ 可以用 $f'(x)$ 在 $x=1$ 处的左极限 $\lim\limits_{x\to1^-}f'(x)$ 来代替吗?

$f'(x)$ 在 $x=1$ 处的左极限为

$$\lim_{x\to1^-}f'(x)=\lim_{x\to1^-}2x=2$$

与求出的 $f'_-(1)=2$ 正好相同，即左导数 $f'_-(1)$可以用 $f'(x)$ 在 $x=1$ 处的左极限 $\lim\limits_{x\to1^-}f'(x)$来代替.

同理有 $\lim\limits_{x\to1^+}f'(x)=2$，与 $f'_+(1)=2$ 正好相同.

一般地说，有以下的定理.

定理

如果函数 $f(x)$ 在点 x_0 的左侧闭区间 $[x_0-\delta,x_0]$ 上连续，在开区间 $(x_0-\delta,x_0)$ 内可导，且 $\lim\limits_{x\to x_0^-}f'(x)$ 存在，则有

$$\lim_{x\to x_0^-}f'(x)=f'_-(x_0)$$

如果函数 $f(x)$在点 x_0 的右侧闭区间 $[x_0,x+\delta]$ 上连续，在开区间 $(x_0,x_0+\delta)$ 内可导，且 $\lim\limits_{x\to x_0^+}f'(x)$ 存在，则有

$$\lim_{x\to x_0^+}f'(x)=f'_+(x_0)$$

有了这个定理，求分段函数在分界点处的导数时，就可以用其导函数的左（右）极限去代替左（右）导数（不过要注意分界点必须连续），而不必用定义去计算了，这可使计算简化.

例 6 设函数 $y=f(x)=\begin{cases}4x+1, & x<2\\ x^2+5, & x\geqslant2\end{cases}$，求 $f'(x)$.

解 在 $x=2$ 处，因为

$$f(2)=2^2+5=9$$

$$\lim_{x\to2^-}f(x)=\lim_{x\to2^-}(4x+1)=9$$

$$\lim_{x\to2^+}f(x)=\lim_{x\to2^+}(x^2+5)=9$$

有

$$\lim_{x\to2^-}f(x)=\lim_{x\to2^+}f(x)=f(2)$$

所以 $f(x)$ 在 $x=2$ 处连续.

当 $x\neq2$ 时，有

$$f'(x)=\begin{cases}4, & x<2\\ 2x, & x>2\end{cases}$$

由定理有

$$f'_-(2)=\lim_{x\to 2^-}f'(x)=\lim_{x\to 2^-}4=4$$

$$f'_+(2)=\lim_{x\to 2^+}f'(x)=\lim_{x\to 2^+}2x=4$$

即有 $f'_-(2)=f'_+(2)$，所以 $f'(2)=4$.

综上所述，得 $f(x)$ 的导数为

$$f'(x)=\begin{cases}4, & x<2\\ 2x, & x\geqslant 2\end{cases}$$

3.8 高阶导数

函数 $y=f(x)$ 的导数 $y'=f'(x)$ 一般仍是 x 的函数，于是可以考虑将 $f'(x)$ 对 x 求导数. 如果 $f'(x)$ 在 x 处可导，就称 $f'(x)$ 的导数为函数 $y=f(x)$ 的二阶导数，记作

$$y'',f''(x),\frac{\mathrm{d}^2y}{\mathrm{d}x^2}，或\frac{\mathrm{d}^2f}{\mathrm{d}x^2}$$

按照导数的定义，函数 $f(x)$ 在点 x 处的二阶导数就是下列极限：

$$f''(x)=\lim_{\Delta x\to 0}\frac{f'(x+\Delta x)-f'(x)}{\Delta x}$$

函数的二阶导数是有实际意义的. 例如设物体的运动方程为 $s=s(t)$，s 对时间的一阶导数 $s'(t)$ 就是物体在 t 时刻的瞬时速度 $v(t)$，即 $v(t)=s'(t)$；而 $v(t)$ 对 t 的导数 $v'(t)$ 就是物体在 t 时刻的加速度 $a(t)$，即 $a(t)=v'(t)$，这里 $a(t)$ 就是 $s(t)$ 对 t 的二阶导数，即 $a(t)=s''(t)=\dfrac{\mathrm{d}^2s}{\mathrm{d}t^2}$.

类似地，可以定义 $f(x)$ 的二阶导数 $y''=f''(x)$ 的导数，就称作函数 $y=f(x)$ 的三阶导数，记作

$$y''',f'''(x),\frac{\mathrm{d}^3y}{\mathrm{d}x^3}，或\frac{\mathrm{d}^3f}{\mathrm{d}x^3}$$

一般地，我们定义 $f(x)$ 的 n 阶导数为其 $n-1$ 阶导数的导数，即如果 $f(x)$ 的 $n-1$ 阶导数的导数存在，就称这个导数为原来的函数 $y=f(x)$ 的 n 阶导数，记作

$$y^{(n)},f^{(n)}(x),\frac{\mathrm{d}^ny}{\mathrm{d}x^n}，或\frac{\mathrm{d}^nf}{\mathrm{d}x^n}$$

即有 $[y^{(n-1)}]'=y^{(n)}\qquad(n=2,3,4,\cdots)$

二阶和二阶以上的导数统称为高阶导数. 函数 $f(x)$ 的各阶导数在点 x_0 处的值，记为

$$f'(x_0),\quad f''(x_0),\quad f'''(x_0),\quad \cdots,\quad f^{(n)}(x_0)$$

或

$$y'|_{x=x_0},\quad y''|_{x=x_0},\quad \cdots,\quad y^{(n)}|_{x=x_0}$$

例 1 求 $y=x^4+x^2+1$ 的各阶导数.

解 $y'=(x^4+x^2+1)'=4x^3+2x$

$y''=(4x^3+2x)'=12x^2+2$

$y'''=(12x^2+2)'=24x$

$y^{(4)}=(24x)'=24$

$y^{(5)}=y^{(6)}=\cdots=0$

可以看到，每求一次导数，多项式的幂就降低一次. 对 n 次多项式来说，一切高于 n 阶的导数都是 0.

例 2 求 $y=\mathrm{e}^{-x}$ 的 n 阶导数.

解 $y'=(\mathrm{e}^{-x})'=\mathrm{e}^{-x}\cdot(-x)'=-\mathrm{e}^{-x}$

$y''=(-\mathrm{e}^{-x})'=-\mathrm{e}^{-x}\cdot(-x)'=(-1)^2\mathrm{e}^{-x}$

$y'''=[(-1)^2\mathrm{e}^{-x}]'=(-1)^2\mathrm{e}^{-x}\cdot(-x)'=(-1)^3\mathrm{e}^{-x}$

……

$y^{(n)}=(-1)^n\mathrm{e}^{-x}$

例 3 求 $y=\sin x$ 的 n 阶导数.

解 $y'=\cos x=\sin\left(x+\frac{\pi}{2}\right)$

$y''=\cos\left(x+\frac{\pi}{2}\right)=\sin\left(x+2\cdot\frac{\pi}{2}\right)$

$y'''=\cos\left(x+2\cdot\frac{\pi}{2}\right)=\sin\left(x+3\cdot\frac{\pi}{2}\right)$

……

$y^{(n)}=\sin\left(x+n\cdot\frac{\pi}{2}\right)$

求所给函数的各阶导数，只需一阶一阶地逐次求导数就行了，但求 n 阶导数，则应从前面的几阶导数的表达式中找出一般规律，从而找出 n 阶导数的通式，这一点比较难. 但我们并不要求对任何函数都会求它的 n 阶导数的通式，只要求对一些常用的较简单的函数（即例题和习题中的函数）会求 n 阶导数就行了.

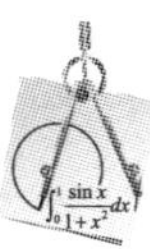

3.9 微分

以上讲的都是函数的导数. 函数的导数是函数在点 x 处的变化率，它表示函数在点 x 处的变化速度.

这一节我们讲一元函数微分学的另一概念，即函数的微分，主要讲函数微分的定义、求微分的方法及其应用.

3.9.1 微分的定义

引进微分的定义之前，我们先看一个例子.

设有一块边长为 x 的正方形铁板（如图 3－3 所示），其面积为

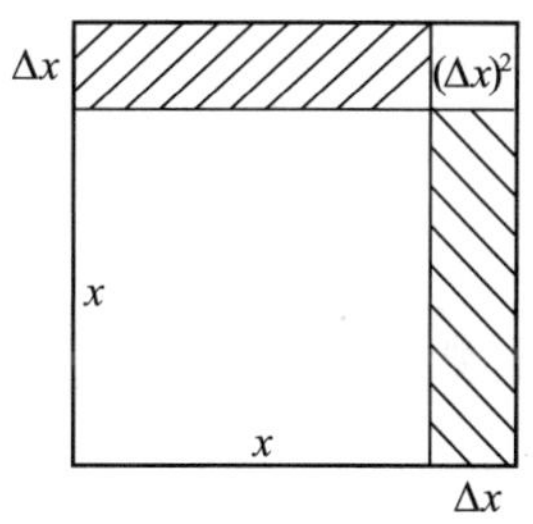

图 3－3

$$S=x^2$$

如果将铁板加热（或降温），使其边长 x 取得一个改变量 Δx，则面积相应地取得改变量

$$\begin{aligned}\Delta S&=(x+\Delta x)^2-x^2\\&=2x\cdot\Delta x+(\Delta x)^2\end{aligned}$$

在 ΔS 的表达式中，第一项 $2x\cdot\Delta x$ 是自变量改变量 Δx 的线性（一次）项，它就是图 3－3中画斜线的两个矩形面积，我们称之为 ΔS 的线性主部. 第二项 $(\Delta x)^2$ 是 Δx 的非线性（二次）项，在图中为右上角的小方形面积，当我们将 Δx 看成无穷小量的时候，这一部分就是高阶无穷小量，是 ΔS 的次要部分.

我们感兴趣的是 ΔS 的线性主部，我们称这个线性主部为函数的微分.

一般地，有以下的定义：

定义

设函数 $y=f(x)$ 在点 x 处的某个邻域内有定义，如果对于自变量在点 x 处的改变量 Δx，函数的改变量 Δy 可以表示为两项之和

$$\Delta y=A(x)\Delta x+o(\Delta x)$$

其中 $A(x)$ 与 Δx 无关，$o(\Delta x)$ 与 Δx 比较，是较高阶的无穷小量时，则称函数 $y=f(x)$ 在点 x 处可微，并称 $A(x)\Delta x$ 为函数在点 x 处的微分，记为 $\mathrm{d}y$ 或$\mathrm{d}f(x)$，即

$$\mathrm{d}y=\mathrm{d}f(x)=A(x)\Delta x$$

如果函数的改变量 Δy 不能分解成 Δx 的线性项与高阶无穷小量的和，这时函数在 x 处就不可微.

从微分定义中我们看到，当 $\Delta x\to 0$ 时，微分 $\mathrm{d}y$ 与函数的改变量 Δy 的差是一个比 Δx 高阶的无穷小量. 当 $A(x)\neq 0$ 时，有

$$\lim_{x\to 0}\frac{\Delta y}{\mathrm{d}y}=\lim_{\Delta x\to 0}\frac{A(x)\cdot\Delta x+o(\Delta x)}{A(x)\Delta x}$$

$$=\lim_{\Delta x\to 0}\left[1+\frac{o(\Delta x)}{A(x)\Delta x}\right]=1$$

即当 $\Delta x\to 0$ 时，函数的微分 $\mathrm{d}y$ 与函数的改变量 Δy 是等价无穷小量，所以我们称函数的微分 $\mathrm{d}y$ 为函数的改变量 Δy 的线性主部.

现在的问题是函数在什么情况下可微？$A(x)$ 又如何去求呢？下面的定理给出了解答.

函数 $y=f(x)$ 在点 x 处可微的充分必要条件是 $f(x)$ 在 x 处可导，且$A(x)=f'(x)$.

由定理可知，函数 $f(x)$ 在点 x 处的微分等于

$$\mathrm{d}y=f'(x)\Delta x$$

在 $\Delta x\to 0$ 的情况下，将 Δx 记为 $\mathrm{d}x$，称为自变量的微分，于是有

$$\mathrm{d}y=A(x)\Delta x=f'(x)\Delta x=f'(x)\mathrm{d}x$$

如果将自变量的微分 $\mathrm{d}x$ 移到等号的左边，就有

$$\frac{\mathrm{d}y}{\mathrm{d}x}=f'(x)$$

即函数的导数 $f'(x)$ 可以看成函数的微分 $\mathrm{d}y$ 与自变量的微分 $\mathrm{d}x$ 之商（过去我们只能将记

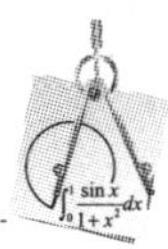

号$\frac{dy}{dx}$看成一个整体)，因此导数又可称为微商.

由以上所讲的，我们可以得出结论：**对于一元函数** $y=f(x)$，**可微与可导实质上是一回事**. 函数的微分只不过是导数的另一种表示形式罢了.

下面举例讲函数微分的求法.

例 1 求函数 $y=x^4+3$ 当 x 从 1 变到 1.1 时的微分.

解 由题意 $\Delta x=1.1-1=0.1$

∵ $f'(x)=4x^3$，$f'(1)=4$

∴ $dy\Big|_{\substack{x=1\\ \Delta x=0.1}}=f'(1)\times 0.1=4\times 0.1=0.4$

例 2 求 $y=\tan 2x$ 的微分.

解 $dy=f'(x)dx=2\sec^2(2x)dx$

下面介绍微分的几何意义.

函数微分有明显的几何意义. 在函数 $y=f(x)$ 的图形上（如图 3－4 所示）取一点 $M(x, y)$，过点 M 作曲线的切线 MT，其斜率即为

$$\tan\alpha=f'(x)$$

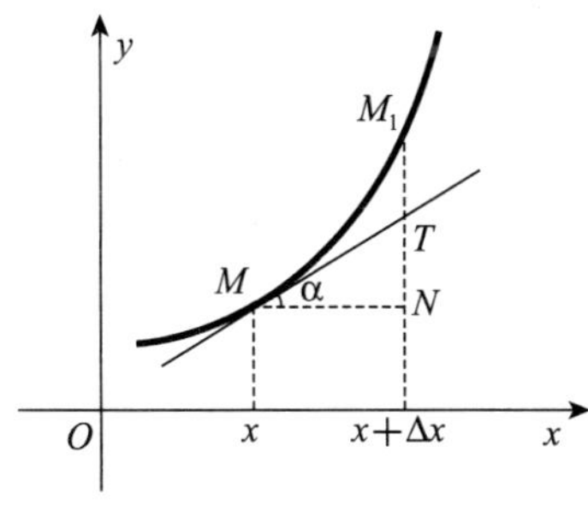

图 3－4

在曲线上另取一点 $M_1(x+\Delta x, y+\Delta y)$，过点 M_1 作平行于 y 轴的直线，它与切线交于点 T，与过点 M 平行于 x 轴的直线交于点 N，一般称$\triangle MNT$ 为微分三角形，它的底边 MN 就是 Δx，它的高 NT 就是函数的微分 dy.

因此函数微分 dy 的几何意义就是微分三角形的高. 图 3－4 中线段 M_1N 之长就是函数的改变量 Δy，线段 M_1T 就是那个次要部分$o(\Delta x)$.

3.9.2 微分法则

因为对于一元函数来说，微分只是导数的另一种表示形式，求函数的微分 dy 时，根据公式 $dy=f'(x)dx$，只要求出导数 $f'(x)$，再乘以 dx 即可，所以我们可由已知的求导数的

公式得到以下的求微分的公式：

(1) $d(C)=0$ （C 为常数）

(2) $d(x^a)=ax^{a-1}dx$ （a 为任意实数）

(3) $d(\log_a x)=\frac{1}{x\ln a}dx$ （$a>0$，$a\neq1$）

(4) $d(\ln x)=\frac{1}{x}dx$

(5) $d(a^x)=a^x\ln a dx$ （$a>0$，$a\neq1$）

(6) $d(e^x)=e^x dx$

(7) $d(\sin x)=\cos x dx$

(8) $d(\cos x)=-\sin x dx$

(9) $d(\tan x)=\frac{1}{\cos^2 x}dx=\sec^2 x dx$

(10) $d(\cot x)=\frac{-1}{\sin^2 x}dx=-\csc^2 x dx$

(11) $d(\sec x)=\sec x\cdot\tan x dx$

(12) $d(\csc x)=-\csc\cdot\cot x dx$

(13) $d(\arcsin x)=\frac{1}{\sqrt{1-x^2}}dx$ （$-1<x<1$）

(14) $d(\arccos x)=-\frac{1}{\sqrt{1-x^2}}dx$

(15) $d(\arctan x)=\frac{1}{1+x^2}dx$

(16) $d(\text{arccot} x)=-\frac{1}{1+x^2}dx$

(17) $d(u\pm v)=du\pm dv$

(18) $d(u\cdot v)=udv+vdu$

(19) $d(Cu)=Cdu$ （C 为常数）

(20) $d\left(\frac{u}{v}\right)=\frac{vdu-udv}{v^2}$ （$v\neq0$）

在以上的公式中没有复合函数的微分公式．关于这点，我们有以下的微分形式的不变性．

3.9.3 微分形式的不变性

我们已经知道，当函数 $y=f(u)$ 在 u 点可导，而 u 为自变量时，函数的微分为 $dy=f'(u)du$.

如果 u 不是自变量而是中间变量，即 $u=\varphi(x)$，其中 x 为自变量时，函数的微分是怎样的形式呢？这只要用复合函数的求导数公式便可求出，因为

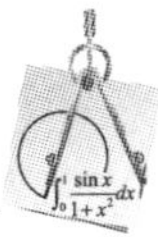

$$\frac{dy}{dx}=f'(u)\cdot\varphi'(x)$$

所以 $dy=f'(u)\cdot\varphi'(x)dx$

但因 $du=\varphi'(x)dx \qquad (\because u=\varphi(x))$

所以得到

$$dy=f'(u)du$$

这就是说，**对于函数 $y=f(u)$，无论 u 是自变量还是中间变量，函数微分 dy 都具有相同的形式 $dy=f'(u)du$.** 这就叫做一阶微分形式的不变性.

因此，在以上的基本初等函数的微分公式中，将自变量 x 换成中间变量 u 也是正确的. 例如：

$$d(\sin u)=\cos u du$$

$$d(\ln u)=\frac{1}{u}du$$

……

微分形式的不变性看起来很简单，但其使用价值很大，这一点在以后讲积分方法中的换元积分法时，我们就会看到.

例 3 设 $y=(1+x-x^2)^3$，求 dy.

解 方法一 $\because$ $f'(x)=3(1+x-x^2)^2(1+x-x^2)'$

$$=3(1-2x)(1+x-x^2)^2$$

$\therefore$ $dy=f'(x)dx$

$$=3(1-2x)(1+x-x^2)^2dx$$

方法二 可以将 $1+x-x^2$ 看成中间变量 u（但不写出来），利用微分形式的不变性，有

$$dy=3(1+x-x^2)^2d(1+x-x^2)$$

$$=3(1-2x)(1+x-x^2)^2dx$$

例 4 设 $y=\arccos\sqrt{1-3x}$，求 dy.

解 用微分形式的不变性，有

$$dy=-\frac{1}{\sqrt{1-(1-3x)}}d\sqrt{1-3x} \qquad (\text{将}\sqrt{1-3x}\text{看成}u)$$

$$=-\frac{1}{\sqrt{3x}}\cdot\frac{1}{2\sqrt{1-3x}}d(1-3x) \qquad (\text{将}1-3x\text{看成}v)$$

$$=-\frac{1}{2\sqrt{3x-9x^2}}\cdot(-3)dx$$

$$=\frac{3}{2\sqrt{3x-9x^2}}dx$$

例 5 设 $x^2y+e^y=1$，求 dy.

解 方法一 等式两边逐项对 x 求导，有

$$(x^2y)'+(e^y)'=(1)'$$

$$2xy+x^2y'+e^y\cdot y'=0$$

得 $y'=-\dfrac{2xy}{x^2+e^y}$

所以 $dy=y'dx=-\dfrac{2xy}{x^2+e^y}dx$

方法二 对等式两边求微分，有

$$d(x^2y+e^y)=d(1)=0$$

即有
$$\begin{aligned}d(x^2y+e^y)&=d(x^2y)+de^y\\&=2xydx+x^2dy+e^ydy=0\end{aligned}$$

故 $dy=-\dfrac{2xy}{x^2+e^y}dx$

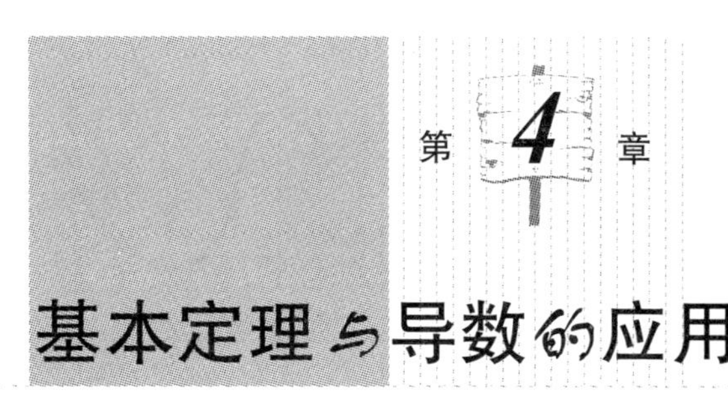

第 4 章 基本定理与导数的应用

在上一章中，我们讲了导数的概念和求导的方法. 本章将介绍两方面的内容：一方面先介绍微分学的基本定理——中值定理，它是微分学理论的精华；另一方面，介绍导数的应用，即用罗必塔法则求极限，用导数研究函数的几何图形.

4.1 微分学的基本定理

4.1.1 罗尔 (Rolle)定理

定理

如果函数 $f(x)$ 满足条件：

(1) 在闭区间 $[a,b]$ 上连续，

(2) 在开区间 (a,b) 内可导，

(3) $f(a)=f(b)$，

则至少存在一点 $\xi\in(a,b)$，使得 $f'(\xi)=0$.

罗尔定理的几何意义是：一条两个端点函数值相等的光滑曲线（光滑曲线是指：曲线 l 所表示的函数 $f(x)$ 在区间 (a, b) 内处处可导）必有高峰或低谷出现（除常数函数外），在高峰或低谷上的切线一定平行于 x 轴（如图 4－1 所示）.

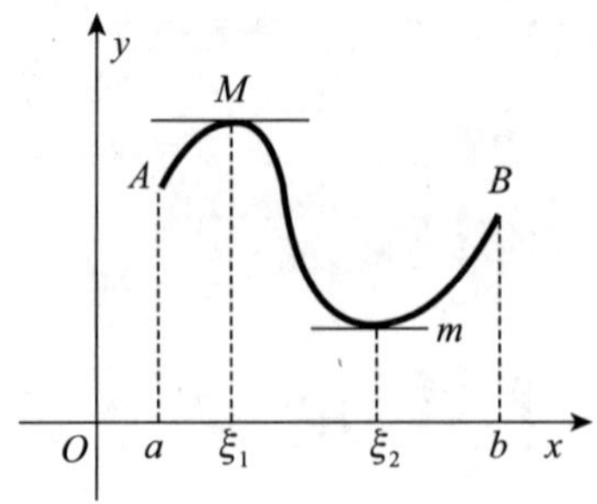

图 4-1

注意 (1) 罗尔定理的三个条件缺一不可. 也就是说，缺少任何一个条件，定理的结论都不一定成立.

反例 1

$$f(x)=\begin{cases}x^2, & 0\leqslant x<1\\ 0, & x=1\end{cases}$$

缺少第一个条件，即 $f(x)$ 在 $x=1$ 处不连续（如图 4-2 所示）. 尽管条件 (2)，(3) 都满足，但结论仍不成立.

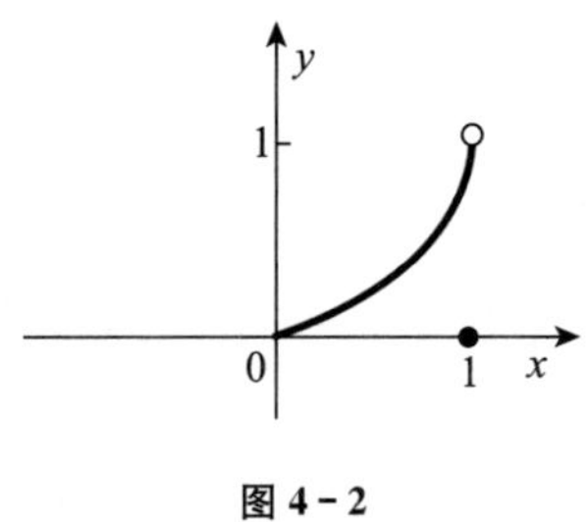

图 4-2

反例 2

$$f(x)=\begin{cases}-x, & -1\leqslant x\leqslant 0\\ x, & 0<x\leqslant 1\end{cases}$$

缺少第二个条件，即 $f(x)$ 在 $x=0$ 处不可导（如图 4-3 所示）. 尽管条件 (1)，(3) 都成立，但结论不成立.

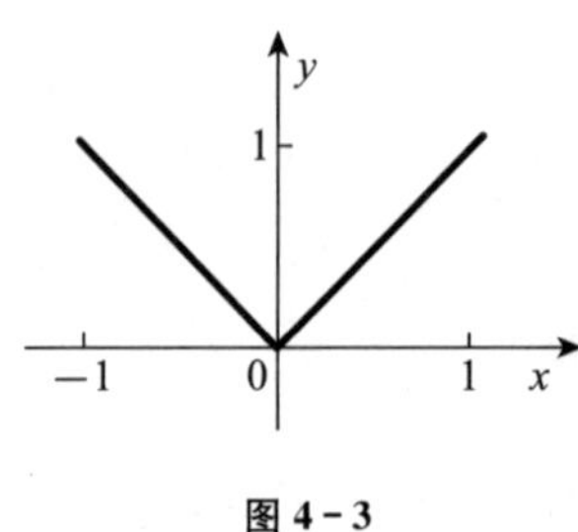

图 4-3

反例 3

$f(x)=x$, $x\in[0, 1]$

缺少第三个条件，即 $f(0)\neq f(1)$（如图 4-4 所示）. 尽管条件 (1)，(2) 都成立，但结论仍

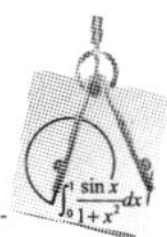

不成立.

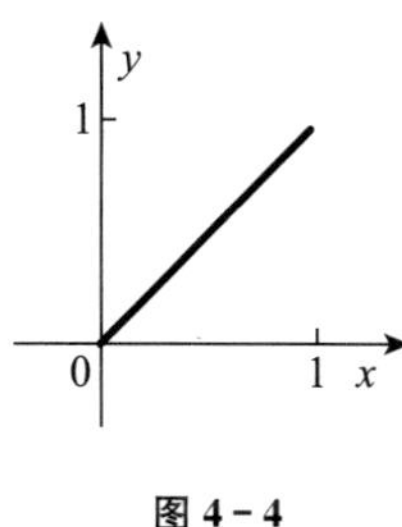

图 4-4

(2) 罗尔定理的三个条件都不满足的函数，定理的结论可能成立.

反例 4

$$f(x)=\begin{cases}\sin x, & 0\leqslant x\leqslant\dfrac{3}{4}\pi\\ \cos x, & \dfrac{3}{4}\pi<x\leqslant\dfrac{5}{4}\pi\end{cases}$$

$\because\quad f(0)=0, f\left(\dfrac{5}{4}\pi\right)=-\dfrac{\sqrt{2}}{2}, f(0)\neq f\left(\dfrac{5}{4}\pi\right)$

$\therefore\quad f(x)$ 不满足罗尔定理的条件 (3)；

又因为 $f(x)$ 在点 $x=\dfrac{3}{4}\pi$ 处不连续、不可导 ($x=\dfrac{3}{4}\pi$ 是 $f(x)$ 的间断点，如图 4-5 所示)；所以 $f(x)$ 不满足罗尔定理的全部条件. 但是，由于

$$f'\left(\frac{\pi}{2}\right)=(\sin x)'\Big|_{x=\frac{\pi}{2}}=\cos\frac{\pi}{2}=0$$

$$f'(\pi)=(\cos x)'\Big|_{x=\pi}=-\sin\pi=0$$

我们可以在区间 $\left(0, \dfrac{5}{4}\pi\right)$ 内找到两个点：

$$\xi_1=\frac{\pi}{2},\quad \xi_2=\pi$$

使得 $f'(\xi_1)=f'(\xi_2)=0$.

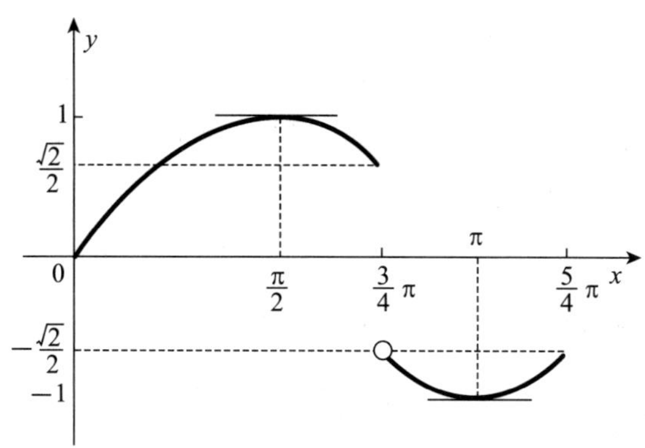

图 4-5

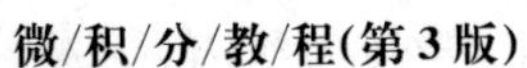

归纳(1),(2) 两点，我们得出结论：罗尔定理的条件仅仅是充分的而不是必要的.

例 1 设 $f(x)=x^3+x^2$，检验它在区间 $[-1, 0]$ 上是否满足罗尔定理的三个条件，如果满足，试求 ξ，使 $f'(\xi)=0$.

解 (1) ∵ $f(x)=x^3+x^2$ 是多项式函数，它在 $(-\infty, +\infty)$ 内连续，故在 $[-1, 0]$ 上连续；

(2) ∵ $f'(x)=3x^2+2x$ 在 $(-1, 0)$ 内存在，故 $f(x)$ 在 $(-1, 0)$ 内可导；

(3) $f(-1)=0$， $f(0)=0$

∴ $f(a)=f(b)$

即 $f(x)$ 在 $[-1, 0]$ 上满足罗尔定理的三个条件.

令 $f'(x)=3x^2+2x=0$

解出：$x_1=0$， $x_2=-\dfrac{2}{3}$

∵ $x_1=0$ 不属于开区间 $(-1, 0)$ 内的点

∴ 将 $x_1=0$ 舍去

取 $\xi=-\dfrac{2}{3}$，即在区间 $(-1, 0)$ 内存在一点 $\xi=-\dfrac{2}{3}$，使

$$f'(\xi)=0$$

4.1.2 拉格朗日 (Lagrange) 定理

定理

如果函数 $f(x)$ 满足条件：

(1) 在闭区间 $[a,b]$ 上连续，

(2) 在开区间 (a,b) 内可导，

则至少存在一点 $\xi\in(a,b)$，使得

$$f'(\xi)=\frac{f(b)-f(a)}{b-a}$$

或改写成

$$f(b)=f(a)+f'(\xi)(b-a)$$

拉格朗日定理的几何意义是：任何一条光滑曲线，曲线上至少存在一点，使过这一点的切线斜率恰好等于曲线端点连线的斜率. 因为端点连线的斜率正好是 $\dfrac{f(b)-f(a)}{b-a}$(如图 4－6所示).

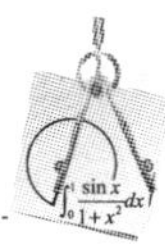

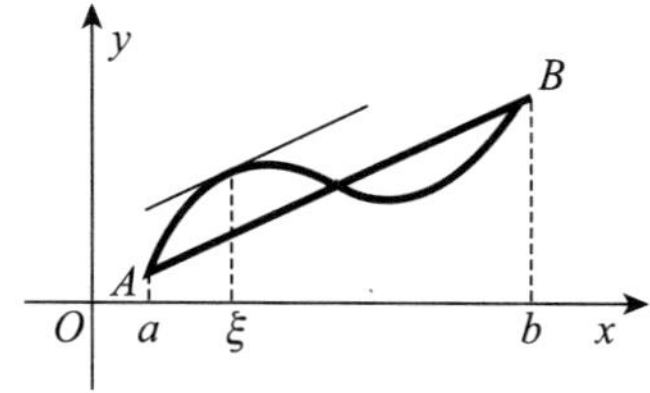

图 4-6

注意 (1) 在定理的结论中，若 $f(a)=f(b)$，则有 $f'(\xi)=0$. 由此可见，罗尔定理只是它的一个特殊情况.

(2) 这个定理的结论经常用另一种形式表示：由于 ξ 介于 a 与 b 之间，因此可以将 ξ 表示成

$$\xi=a+\theta(b-a)$$

其中 θ 是介于 0 与 1 之间的数. 于是拉格朗日定理的结论又可以表示成

$$f(b)=f(a)+f'[a+\theta(b-a)](b-a) \qquad (0<\theta<1)$$

(3) 这个定理的条件也是充分而非必要的，请读者举一反例.

(4) 拉格朗日定理的内涵：在 (a,b) 内有某个点 ξ，使 $f(x)$ 在点 ξ 的瞬时变化率 $f'(\xi)$，正好等于 $f(x)$ 在 $[a,b]$ 上的平均变化率，这个平均变化率为 $\frac{f(b)-f(a)}{b-a}$ (例如，假设某人一个小时走了 10 公里，那么他在这一个小时内一定有某一时刻的瞬时速度为 10 公里/小时).

拉格朗日定理也称为微分学的中值定理，或称为拉格朗日公式，它是微积分学最重要的理论工具之一. 由拉格朗日定理可以得到下面的两个结论.

推论 1 如果函数 $f(x)$ 在区间 (a,b) 内的每一点的导数都等于 0，则函数 $f(x)$ 在 (a,b) 内是一常数.

由第 3 章可知，如果 $f(x)=C$ (常数)，则 $f'(x)=0$，推论 1 是它的逆定理.

推论 2 如果函数 $f(x)$ 和 $g(x)$ 在区间 (a,b) 内的每一点的导数 $f'(x)$ 和 $g'(x)$ 都相等，则这两个函数在区间 (a,b) 内最多只能相差一个常数.

如第 3 章中所讲的：如果两个函数 $f(x)$ 与 $g(x)$ 在 (a,b) 内处处相等，则在 (a,b) 内它们的导数必定相等.

反过来，如果两个函数的导数相等，则这两个函数不一定相等 (可能相等，也可能不相等)，但它们最多只能相差一个常数.

推论 2 在第 5 章中将要用到.

例 2 试对函数 $f(x)=\sqrt{x}$，$x\in[1,4]$ 写出拉格朗日公式，并求 ξ.

解 本例中，$a=1, b=4, f(a)=1, f(b)=2$，且

$$f'(x)=\frac{1}{2\sqrt{x}}$$

所以拉格朗日公式为

$$2-1=\frac{1}{2\sqrt{\xi}}(4-1)$$

即 $$1=\frac{3}{2}\frac{1}{\sqrt{\xi}}$$

故 $$\xi=2\frac{1}{4}$$

例 3 设 $ab<0$，问拉格朗日定理对 $f(x)=\frac{1}{x}$ 在闭区间 $[a, b]$ 上是否成立？

解 $\because$ $ab<0$

$\therefore$ $a<0, b>0$(一般假设 $b>a$)

而 $0\in[a, b]$，在 $x=0$ 处 $f(x)$ 不连续. 故拉格朗日定理对函数 $f(x)=\frac{1}{x}$ 在 $[a, b](ab<0)$ 上不成立.

4.1.3 基本定理的初步应用

例 4 运用拉格朗日定理证明第 3 章 3.7 节中定理的结论.

证 在区间 $(x_0-\delta, x_0)$ 内任取一点 x，由题意，$f(x)$ 在 $[x_0-\delta, x_0]$ 上满足拉格朗日定理的条件，也必在 $[x, x_0]$ 上满足拉格朗日定理的条件，于是由拉格朗日定理可知，在区间 (x, x_0) 内至少存在一点 ξ，使

$$\frac{f(x_0)-f(x)}{x_0-x}=f'(\xi)$$

成立，即有

$$\frac{f(x)-f(x_0)}{x-x_0}=f'(\xi) \qquad (x<\xi<x_0)$$

由于当 $x\to x_0^-$ 时，$\xi\to x_0^-$，将上式两边取极限，得

$$\lim_{x\to x_0^-}\frac{f(x)-f(x_0)}{x-x_0}=\lim_{x\to x_0^-}f'(\xi)$$

上式右边也可以写成 $\lim\limits_{x\to x_0^-}f'(\xi)=\lim\limits_{x\to x_0^-}f'(x)$，由题意知其极限存在；而按导数的定义，上式左边就是 $f(x)$ 在 x_0 处的左导数 $f'_-(x_0)$，所以得到

$$\lim_{x\to x_0^-}f'(x)=f'_-(x_0)$$

同理可证：

$$\lim_{x\to x_0^+}f'(x)=f'_+(x_0)$$

例 5 设 $f'(x)=\sin x$，求满足 $f'(x)$ 的所有函数 $f(x)$.

解 $\because$ $f(x)=-\cos x$ 是满足题意要求的一个函数，由推论 2 可知，任何两个这样的函数只能相差一个常数.

$\therefore$ 满足题意要求的所有函数是

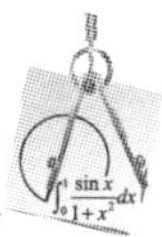

$$f(x) = -\cos x + C$$

其中 C 为常数.

4.2 未定式的定值法——罗必塔(L'Hospital)法则

在以下各节中，我们讲导数的应用，并介绍一些必要的定理. 不过，为了适应经济、管理类学生的需要，我们主要讲清定理的条件、结论和应用，一般都不给出证明.

在第 2 章中曾讲过几种求极限的方法(用极限的运算法则、用函数的连续性和用两个重要极限去求极限)，这一节我们再介绍一个求极限的重要方法，即用罗必塔法则求极限.

如果我们需要求两个函数 $f(x)$ 与 $g(x)$ 之比在 $x\to a$（或 $x\to\infty$）时的极限，而当 $x\to a$（或 $x\to\infty$）时，$f(x)$ 与 $g(x)$ 都趋于 0 或无穷大，极限 $\lim\limits_{x\to a}\frac{f(x)}{g(x)}$ 可能存在，也可能不存在. 例如 $\lim\limits_{x\to 0}\frac{\sin x}{x}=1$，而 $\lim\limits_{x\to 0}\frac{\tan x}{x^2}$ 不存在. 因此通常称这种极限为未定式，并将分子和分母都趋于 0 的未定式简记为 $\frac{0}{0}$，将分子和分母都趋于∞的未定式简记为 $\frac{\infty}{\infty}$.

罗必塔法则就是求这类未定式的极限的一种方法. 学习这一节，主要要求熟练掌握用罗必塔法则求极限的方法.

现分以下几种情况讨论.

4.2.1 $\frac{0}{0}$ 型未定式定值法

定理

如果函数 $f(x)$ 与 $g(x)$ 满足条件:

(1) $\lim\limits_{x\to a}f(x)=0$, $\lim\limits_{x\to a}g(x)=0$,

(2) 在点 a 的某个邻域内的任意一点 x（点 a 除外）可导，且 $g'(x)\neq 0$,

(3) $\lim\limits_{x\to a}\frac{f'(x)}{g'(x)}=A$(或$\infty$),

则有

$$\lim_{x\to a}\frac{f(x)}{g(x)}=\lim_{x\to a}\frac{f'(x)}{g'(x)}=A(\text{或}\infty)$$

定理表明：如果需要求极限$\lim\limits_{x\to a}\dfrac{f(x)}{g(x)}$，而它是$\dfrac{0}{0}$型未定式，我们可以先求$\lim\limits_{x\to a}\dfrac{f'(x)}{g'(x)}$，即将分子和分母分别求导数，再求导数之比的极限，如果这个极限存在，等于A（或∞），则所求极限就等于A（或∞）.

注意 （1）如果当$x\to a$时，$\dfrac{f'(x)}{g'(x)}$的极限还是$\dfrac{0}{0}$型未定式，且满足定理中的条件，则继续使用罗必塔法则，即有

$$\lim_{x\to a}\frac{f(x)}{g(x)}=\lim_{x\to a}\frac{f'(x)}{g'(x)}=\lim_{x\to a}\frac{f''(x)}{g''(x)}=A \quad (\text{或}\infty)$$

且可以依此类推，直到求出极限或不能应用这个定理为止.

（2）在定理中，如果将$x\to a$改成$x\to\infty$，定理同样成立.

（3）如果当$x\to a$时，$\dfrac{f'(x)}{g'(x)}$的极限不存在且不为∞时，不能说明$\lim\limits_{x\to a}\dfrac{f(x)}{g(x)}$不存在，此时需用另外的方法求极限.

现举例计算如下.

例 1 求$\lim\limits_{x\to 0}\dfrac{e^x-1}{x^2-x}$.

解 这是个$\dfrac{0}{0}$型未定式，用罗必塔法则，将分子和分母分别求导数，有

$$\lim_{x\to 0}\frac{e^x-1}{x^2-x}=\lim_{x\to 0}\frac{e^x}{2x-1}=-1$$

例 2 求$\lim\limits_{x\to 0}\dfrac{a^x-1}{x}$.

解 这是个$\dfrac{0}{0}$型未定式，所以

$$\lim_{x\to 0}\frac{a^x-1}{x}=\lim_{x\to 0}\frac{\ln a\cdot a^x}{1}=\ln a$$

例 3 求$\lim\limits_{x\to 0}\dfrac{\sin x-x}{x^3}$.

解

$$\begin{aligned}&\lim_{x\to 0}\frac{\sin x-x}{x^3} && \left(\frac{0}{0}\text{型}\right)\\ =&\lim_{x\to 0}\frac{\cos x-1}{3x^2} && \left(\frac{0}{0}\text{型}\right)\\ =&\lim_{x\to 0}\frac{-\sin x}{6x} && \left(\text{利用重要极限}\lim_{x\to 0}\frac{\sin x}{x}=1\right)\end{aligned}$$

$$=-\frac{1}{6}$$

例 4 求$\lim\limits_{x\to\infty}\dfrac{\sin\dfrac{k}{x}}{\dfrac{1}{x}}$ $(k\neq 0)$.

解 这是个$\dfrac{0}{0}$型未定式，所以

$$\lim_{x\to\infty}\frac{\sin\dfrac{k}{x}}{\dfrac{1}{x}}=\lim_{x\to\infty}\frac{\cos\dfrac{k}{x}\cdot\left(-\dfrac{k}{x^2}\right)}{-\dfrac{1}{x^2}}$$

$$\xlongequal{(化简)}\lim_{x\to\infty}k\cos\frac{k}{x}=k$$

例 5 求$\lim\limits_{x\to 0}\dfrac{\sin^3(2x)}{x^3}$.

解 方法一 这是个$\dfrac{0}{0}$型未定式，所以

$$\lim_{x\to 0}\frac{\sin^3(2x)}{x^3}=\lim_{x\to 0}\frac{3\sin^2(2x)\cdot\cos(2x)\cdot 2}{3x^2}\qquad\left(\frac{0}{0}型\right)$$

$$=\lim_{x\to 0}\frac{2[2\sin(2x)\cdot\cos^2(2x)\cdot 2+\sin^2(2x)\cdot(-\sin 2x)\cdot 2]}{2x}$$

$$\xlongequal{(化简)}\lim_{x\to 0}\frac{4\sin(2x)\left[\cos^2(2x)-\dfrac{1}{2}\sin^2(2x)\right]}{x}\qquad\left(\frac{0}{0}型\right)$$

$$=\lim_{x\to 0}\Big\{4\cos(2x)\cdot 2\left[\cos^2(2x)-\frac{1}{2}\sin^2(2x)\right]$$
$$+4\sin(2x)[-2\cos(2x)\cdot\sin(2x)\cdot 2-2\sin(2x)\cdot\cos(2x)]\Big\}$$

$$=8$$

方法二 如果用第一个重要极限和极限的运算法则求解，则有

$$\lim_{x\to 0}\frac{\sin^3(2x)}{x^3}=\lim_{x\to 0}\frac{\sin^3(2x)\cdot 8}{(2x)^3}=\left(\lim_{x\to 0}\frac{\sin 2x}{2x}\right)^3\cdot 8$$

$$=1\times 8=8$$

方法二比方法一中用罗必塔法则求解简单. 所以对于求极限的题目，不要只知道采用罗必塔法则. 对于有些题目，应用两个重要极限求解，可能更简单一些. 因此要灵活运用这些方法.

另外，在用罗必塔法则解题时，也可以结合极限的运算法则，而使解题过程简化，如例

5 的方法一就可以这样计算：

$$\begin{aligned}\lim_{x\to 0}\frac{\sin^3(2x)}{x^3}&=\lim_{x\to 0}\frac{3\sin^2(2x)\cos(2x)\cdot 2}{3x^2}\\&=\lim_{x\to 0}2\cos(2x)\cdot\lim_{x\to 0}\frac{\sin^2(2x)}{x^2}\\&=2\cdot\lim_{x\to 0}\frac{\sin^2(2x)}{x^2}\qquad\left(\frac{0}{0}\text{型}\right)\\&=2\cdot\lim_{x\to 0}\frac{2\sin(2x)\cdot\cos(2x)\cdot 2}{2x}\\&=4\lim_{x\to 0}\cos(2x)\cdot\lim_{x\to 0}\frac{\sin(2x)}{x}\\&=4\lim_{x\to 0}\frac{\sin 2x}{x}\qquad\left(\frac{0}{0}\text{型}\right)\\&=4\lim_{x\to 0}\frac{2\cos 2x}{1}=8\end{aligned}$$

这种解法要简单一些，且不易出错.

4.2.2 $\frac{\infty}{\infty}$型未定式定值法

定理

如果函数 $f(x)$ 与 $g(x)$ 满足条件：

(1) $\lim\limits_{x\to a}f(x)=\infty$，$\lim\limits_{x\to a}g(x)=\infty$，

(2) 在点 a 的某个邻域内的任意一点 x（点 a 除外）可导，且 $g'(x)\neq 0$，

(3) $\lim\limits_{x\to a}\frac{f'(x)}{g'(x)}=A$(或$\infty$)，

则有

$$\lim_{x\to a}\frac{f(x)}{g(x)}=\lim_{x\to a}\frac{f'(x)}{g'(x)}=A(\text{或}\infty)$$

同样，当 $x\to\infty$时，这个定理也成立.

例 6 求 $\lim\limits_{x\to+\infty}\frac{\ln x}{x^{\alpha}}$ $(\alpha>0，x>0)$.

解 这是个$\frac{\infty}{\infty}$型未定式，所以

$$\lim_{x\to+\infty}\frac{\ln x}{x^{\alpha}}=\lim_{x\to+\infty}\frac{\frac{1}{x}}{\alpha x^{\alpha-1}}\xlongequal{(化简)}\lim_{x\to+\infty}\frac{1}{\alpha x^{\alpha}}=0$$

例 7 求 $\lim\limits_{x\to+\infty}\frac{e^x}{x^2}$.

解 $\lim\limits_{x\to+\infty}\frac{e^x}{x^2}\quad\left(\frac{\infty}{\infty}型\right)=\lim\limits_{x\to+\infty}\frac{e^x}{2x}\quad\left(\frac{\infty}{\infty}型\right)$

$$=\lim_{x\to+\infty}\frac{e^x}{2}=+\infty$$

例 8 求 $\lim\limits_{x\to+\infty}\frac{x^k}{a^x}\quad(a>1，k$ 为自然数).

解 $\lim\limits_{x\to+\infty}\frac{x^k}{a^x}\quad\left(\frac{\infty}{\infty}型\right)=\lim\limits_{x\to+\infty}\frac{kx^{k-1}}{a^x\ln a}\quad\left(\frac{\infty}{\infty}型\right)$

$$=\lim_{x\to+\infty}\frac{k(k-1)x^{k-2}}{(\ln a)^2a^x}\quad\left(\frac{\infty}{\infty}型\right)$$

$$=\cdots=\lim_{x\to+\infty}\frac{k!}{(\ln a)^ka^x}=0$$

例 6 和例 8 说明：当 $x\to+\infty$ 时，指数函数比幂函数以更快的速度趋于无穷大；而幂函数又比对数函数以更快的速度趋于无穷大.

例 9 研究下列极限用罗必塔法则求解的可能性.

$$\lim_{x\to\infty}\frac{x-\sin x}{x+\sin x}$$

解 这是个$\frac{\infty}{\infty}$型未定式，用罗必塔法则，有

$$\lim_{x\to\infty}\frac{x-\sin x}{x+\sin x}=\lim_{x\to\infty}\frac{1-\cos x}{1+\cos x}$$

上式右端的极限不存在（振荡无极限），即其极限不是常数 A，也不是∞，又不是未定式，不符合运用罗必塔法则的条件，所以不能用罗必塔法则. 但如果将原式的分子和分母同除以 x，则得

$$\lim_{x\to\infty}\frac{x-\sin x}{x+\sin x}=\lim_{x\to\infty}\frac{1-\frac{\sin x}{x}}{1+\frac{\sin x}{x}}=1$$

如果我们根据$\lim\limits_{x\to\infty}\frac{1-\cos x}{1+\cos x}$不存在而断定原极限$\lim\limits_{x\to\infty}\frac{x-\sin x}{x+\sin x}$不存在，那就错了！

4.2.3 其他类型的未定式的定值法

前面已经解决了$\frac{0}{0}$型和$\frac{\infty}{\infty}$型两类未定式的定值法，即可用罗必塔法则，把函数之比

的极限问题转化为它们的导数之比的极限. 下面研究其他几种未定式的定值法，基本方法是化这些未定式为$\frac{0}{0}$型或$\frac{\infty}{\infty}$型的形式，然后用罗必塔法则求解.

1. 0·∞，∞−∞型未定式的定值法

例 10 求$\lim\limits_{x\to0^+}x\ln x$.

解 这是个$0\cdot\infty$型未定式，将它变成$\frac{\infty}{\infty}$型，再用罗必塔法则，有

$$\lim_{x\to0^+}x\ln x=\lim_{x\to0^+}\frac{\ln x}{\frac{1}{x}}\left(\frac{\infty}{\infty}\text{型}\right)$$

$$=\lim_{x\to0^+}\frac{\frac{1}{x}}{-\frac{1}{x^2}}\overset{(\text{化简})}{=\!=\!=}\lim_{x\to0^+}(-x)=0$$

例 11 求$\lim\limits_{x\to0}\left(\frac{1}{x}-\frac{1}{e^x-1}\right)$.

解 这是个$\infty-\infty$型未定式，先通分将它变成$\frac{0}{0}$型，再用罗必塔法则，有

$$\lim_{x\to0}\left(\frac{1}{x}-\frac{1}{e^x-1}\right)\overset{(\text{通分})}{=\!=\!=}\lim_{x\to0}\frac{e^x-1-x}{x(e^x-1)}\quad\left(\frac{0}{0}\text{型}\right)$$

$$=\lim_{x\to0}\frac{e^x-1}{e^x-1+xe^x}\quad\left(\frac{0}{0}\text{型}\right)$$

$$=\lim_{x\to0}\frac{e^x}{2e^x+xe^x}=\frac{1}{2}$$

例 12 求$\lim\limits_{x\to\frac{\pi}{2}}(\sec x-\tan x)$.

解 这是个$\infty-\infty$型未定式，利用三角恒等式$\sec x=\frac{1}{\cos x}$和$\tan x=\frac{\sin x}{\cos x}$将它变形，再用罗必塔法则，有

$$\lim_{x\to\frac{\pi}{2}}(\sec x-\tan x)=\lim_{x\to\frac{\pi}{2}}\left(\frac{1}{\cos x}-\frac{\sin x}{\cos x}\right)$$

$$=\lim_{x\to\frac{\pi}{2}}\frac{1-\sin x}{\cos x}\quad\left(\frac{0}{0}\text{型}\right)$$

$$=\lim_{x\to\frac{\pi}{2}}\frac{-\cos x}{-\sin x}=\frac{0}{1}=0$$

通常情况下，对于$0\cdot\infty$，$\infty-\infty$型未定式，应该先采取代数变形或利用三角恒等式变形将它化为$\frac{0}{0}$型或$\frac{\infty}{\infty}$型，然后再利用罗必塔法则求解.

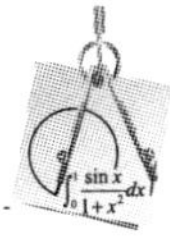

2. 0^0，1^∞，∞^0 型未定式的定值法

例 13 求 $\lim\limits_{x\to0^+}x^{\sin x}$.

解 这是个 0^0 型未定式，令 $y=x^{\sin x}$，两边取对数，得

$$\ln y=\sin x\ln x$$

于是，有

$$y=e^{\sin x\ln x}$$

两边取极限，得

$$\lim_{x\to0^+}y=\lim_{x\to0^+}e^{\sin x\ln x}=e^{\lim\limits_{x\to0^+}\sin x\ln x}$$

（因为指数函数为连续函数，可以交换极限号和函数号的顺序）而

$$\begin{aligned}\lim_{x\to0^+}\sin x\ln x(0\cdot\infty\text{型})&=\lim_{x\to0^+}\frac{\sin x}{x}x\ln x\\&=\lim_{x\to0^+}\frac{\sin x}{x}\cdot\lim_{x\to0^+}x\ln x\quad\text{（利用重要极限）}\\&=\lim_{x\to0^+}x\ln x\quad(0\cdot\infty\text{型})\\&=\lim_{x\to0^+}\frac{\ln x}{\frac{1}{x}}\quad\left(\frac{\infty}{\infty}\text{型}\right)\\&=\lim_{x\to0^+}\frac{\frac{1}{x}}{-\frac{1}{x^2}}\overset{\text{（化简）}}{=\!=\!=}\lim_{x\to0^+}(-x)=0\end{aligned}$$

所以 $\lim\limits_{x\to0^+}x^{\sin x}=e^0=1$

例 14 求 $\lim\limits_{x\to1}x^{\frac{1}{1-x}}$.

解 这是个 1^∞ 型未定式，参照上例，将它变形，有

$$\lim_{x\to1}x^{\frac{1}{1-x}}=\lim_{x\to1}e^{\frac{\ln x}{1-x}}=e^{\lim\limits_{x\to1}\frac{\ln x}{1-x}}$$

而

$$\lim_{x\to1}\frac{\ln x}{1-x}\left(\frac{0}{0}\text{型}\right)=\lim_{x\to1}\frac{\frac{1}{x}}{-1}=-1$$

所以 $\lim\limits_{x\to1}x^{\frac{1}{1-x}}=e^{-1}$

例 15 求 $\lim\limits_{x\to+\infty}x^{\frac{1}{x}}$.

解 这是个∞^0 型未定式，先变形，有

$$\lim_{x\to+\infty}x^{\frac{1}{x}}=\lim_{x\to+\infty}e^{\frac{1}{x}\ln x}=e^{\lim\limits_{x\to+\infty}\frac{\ln x}{x}}$$

而 $\lim\limits_{x\to+\infty}\frac{\ln x}{x}\left(\frac{\infty}{\infty}\text{型}\right)=\lim\limits_{x\to+\infty}\frac{\frac{1}{x}}{1}=0$

故 $\lim\limits_{x\to+\infty}x^{\frac{1}{x}}=e^0=1$

对于 0^0，1^∞，∞^0 型未定式，统一地把它看成 u^v 型，利用公式变形和指数函数的连续性，有

$$\lim u^v=\lim e^{v\cdot\ln u}=e^{\lim(v\cdot\ln u)}$$

求出极限 $\lim(v\cdot\ln u)$的值后，代入上式即可.

罗必塔法则是求极限的一种重要的方法，读者应当熟练地掌握这个方法.

4.3 函数的单调增减性

一个函数在某个区间内的变化规律是在讨论函数的图形时必须首先考虑的问题.

第1章给出了函数在某个区间内的单调增减性的定义，并介绍了用定义求单调增减区间的方法，但这个方法有时要用到一些初等数学的公式，计算起来比较麻烦. 这里我们介绍用导数来求单调增减区间的方法. 这个方法实际上就是先求出函数 $f(x)$ 的导数 $f'(x)$，再根据 $f'(x)$ 在某个区间内的正、负号来判断它在该区间内的单调增减性. 从几何意义上讲，导数是函数图形上的切线的斜率，即为函数改变量 Δy 与自变量改变量 Δx 之比的极限(当$\Delta x\to0$时)，当导数为正时，说明 Δy 与 Δx 的符号相同，即如果 x 增加，函数 y 也增加，如果 x 减少，函数 y 也减少，所以曲线是上升的（如图 4－7(a)所示）. 同理，当导数为负时，说明曲线是下降的（如图 4－7(b)所示）.

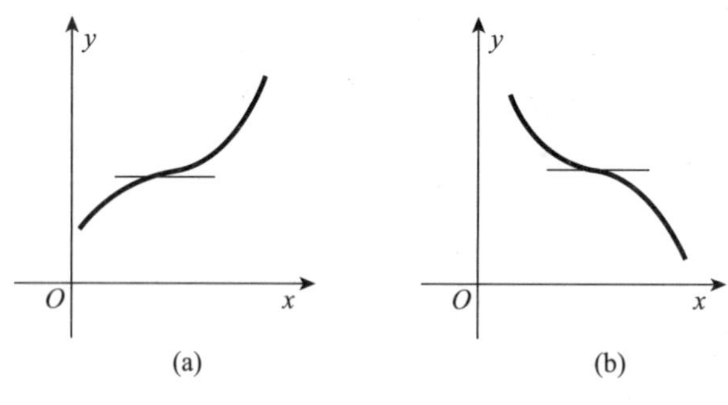

图 4－7

由图 4－7 可见，在个别点处，切线可能是水平的，即在个别的点 x 处，严格单调增加函数或单调减少函数的导数也可能为 0.

关于这个问题，我们有以下的定理.

定理

设函数 $f(x)$ 在区间 (a,b) 内可导:

(1) 如果在 (a,b) 内的任意一点 x 处，恒有 $f'(x)>0$，则 $f(x)$ 在 (a,b) 内严格单调增加，记作: $f(x)\uparrow, x\in(a,b)$;

(2) 如果在 (a,b) 内的任意一点 x 处，恒有 $f'(x)<0$，则 $f(x)$ 在 (a,b) 内严格单调减少，记作: $f(x)\downarrow, x\in(a,b)$.

由这个定理，可以得出求函数 $f(x)$ 的单调增减区间的步骤:

第一步: 确定 $f(x)$ 的定义域;

第二步: 求出 $f(x)$ 的导数 $f'(x)$，令 $f'(x)=0$，解出根（或一阶导数不存在的点）$x_1, x_2, \cdots, x_k$;

第三步: 用这 k 个点将 $f(x)$ 的定义域分成 $k+1$ 个区间，利用定理判定各区间上 $f'(x)$ 的正、负性，得出 $f(x)$ 的严格单调增（减）区间.

例 1 确定函数 $f(x)=x-\ln(1+x)$ 的单调增减区间.

解 函数的定义域为 $(-1, +\infty)$.

$\because$ $f(x)=x-\ln(1+x)$

$\therefore$ $f'(x)=1-\dfrac{1}{1+x}=\dfrac{x}{1+x}$

令 $f'(x)=\dfrac{x}{1+x}=0$

解得 $x=0$

在 $(-1, 0)$ 内的任意一点 x 处，有 $f'(x)<0$，所以 $f(x)$ 在 $(-1, 0)$ 内严格单调减少;

在 $(0, +\infty)$ 内的任意一点 x 处，有 $f'(x)>0$，所以 $f(x)$ 在 $(0, +\infty)$ 内严格单调增加（如图 4-8 所示).

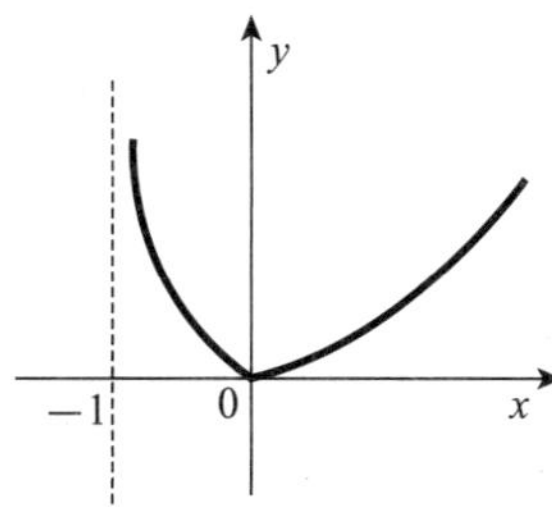

图 4-8

例 2 确定函数 $f(x)=2x^3-3x^2-12x+13$ 的单调增减区间.

解 函数的定义域为 $(-\infty, +\infty)$.

$$f'(x)=6x^2-6x-12$$

令 $f'(x)=6x^2-6x-12=0$

解得 $x_1=-1, x_2=2$

在 $(-\infty, -1)$ 内的任意一点 x 处，有 $f'(x)>0$，所以 $f(x)\uparrow$，$x\in(-\infty, -1)$；

在 $(-1, 2)$ 内的任意一点 x 处，有 $f'(x)<0$，所以 $f(x)\downarrow$，$x\in(-1, 2)$；

在 $(2, +\infty)$ 内的任意一点 x 处，有 $f'(x)>0$，所以 $f(x)\uparrow$，$x\in(2, +\infty)$(如图4-9所示).

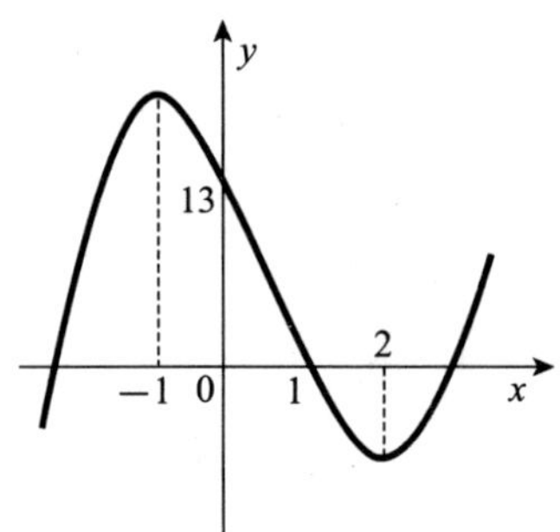

图 4-9

例 3 确定函数 $f(x)=|x|$ 的单调增减区间.

解 $$f(x)=|x|=\begin{cases}-x, & x<0\\ x, & x\geqslant 0\end{cases}$$

函数的定义域为 $(-\infty, +\infty)$.

当 $x\neq 0$ 时

$$f'(x)=\begin{cases}-1, & x<0\\ 1, & x>0\end{cases}$$

$\because$ $f'_-(0)=\lim\limits_{x\to 0^-}f'(x)=\lim\limits_{x\to 0^-}(-1)=-1$

$f'_+(0)=\lim\limits_{x\to 0^+}f'(x)=\lim\limits_{x\to 0^+}1=1$

$f'_-(0)\neq f'_+(0)$

$\therefore$ $f'(0)$不存在.

在 $(-\infty, 0)$ 内的任意一点 x 处，有 $f'(x)=-1<0$，所以 $f(x)\downarrow$，$x\in(-\infty, 0)$；

在 $(0, +\infty)$ 内的任意一点 x 处，有 $f'(x)=1>0$，所以 $f(x)\uparrow$，$x\in(0, +\infty)$.

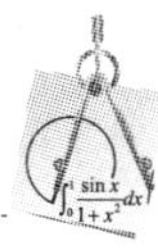

4.4 函数的极值与最大(小)值

4.4.1 函数的极值

我们先给出函数的极大值和极小值的一般定义，然后再介绍用导数求极大值和极小值的方法.

定义

设函数 $f(x)$ 在 (a,b) 内有定义，x_0 是 (a,b) 内的某一点.

(1) 如果点 x_0 存在一个邻域，使得对此邻域内的任意一点 $x(x\neq x_0)$，总有$f(x)\leqslant f(x_0)$，则称 $f(x_0)$ 为函数 $f(x)$ 的一个极大值，称 x_0 为函数 $f(x)$ 的一个极大值点；

(2) 如果点 x_0 存在一个邻域，使得对此邻域内的任意一点 $x(x\neq x_0)$，总有$f(x)\geqslant f(x_0)$，则称 $f(x_0)$ 为函数 $f(x)$ 的一个极小值，称 x_0 为函数 $f(x)$ 的一个极小值点.

函数的极大值与极小值统称极值，极大值点与极小值点统称极值点.

从上面的定义可以看出：极值是一个局部性的概念. 我们说 $f(x_0)$ 是函数$f(x)$ 的极大值，是说只要能在点 x_0 附近找到一个邻域（不论多么小)，使得对于此邻域内的任意一点 $x(x\neq x_0)$，总有 $f(x)\leqslant f(x_0)$ 就行了. 如果在此邻域之外有点 x，使 $f(x)>f(x_0)$，那也没有关系. 极大值与函数的最大值不同，最大值是对所考虑的整个区间来说的.

同样，极小值与最小值也不同.

为了进一步弄清这种区别，我们看图 4－10，函数 $f(x)$在点 x_1 和 x_4，有极大值 $f(x_1)$ 和 $f(x_4)$，在点 x_3 和 x_5 有极小值 $f(x_3)$ 和 $f(x_5)$，并且有 $f(x_1)<f(x_5)$，即极大值可以小于极小值. 在所考虑的整个区间 $[a,b]$ 上，函数的最大值是$f(b)$，最小值是 $f(x_3)$.

从图 4－10 上我们还可看到：在极值点处，如果曲线有切线存在，则切线必平行于 x 轴（点 x_1，x_3 和 x_5 处)，但有切线平行于 x 轴的点，不一定有极值（如点 x_2)，此外，曲线上某点切线不存在时，也可能是极值点（如点 x_4).

为了求函数的极值，先要求出极值点，为此引出下面的定理.

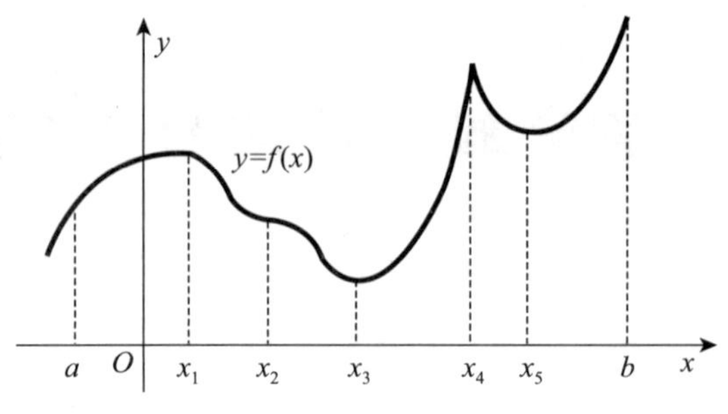

图 4-10

定理

(必要条件)

如果函数 $f(x)$ 满足:

(1) $f(x_0)$ 为极值,

(2) $f'(x_0)$ 存在,

则必有 $f'(x_0)=0$.

注意 (1) 逆定理不成立，即 $f'(x_0)=0$ 不一定有 x_0 是 $f(x)$ 的极大值或极小值点(如图 4-10 中的点 x_2). 正是由于这个缘故，采用了特殊的名词来描述满足条件 $f'(x)=0$ 的数 x，称 $f'(x)=0$ 的点 x 为**驻点**.

(2) 如果某点处 $f'(x_0)$ 不存在(但连续)，点 x_0 也可能是极值点(如图 4-10 中的点 x_4).

综上所述，函数的极值点必定是驻点或一阶导数不存在的点，但驻点或一阶导数不存在的点不一定是极值点.

下面我们给出判定极值的两个法则，这两个法则都是充分条件，即满足条件所获得的点一定是极值点或一定不是极值点.

定理

(第一法则)

设 $f(x)$ 连续、可导，$x\in(x_0-\delta,x_0+\delta)$ ($f'(x_0)$ 可以不存在).

(1) 若 $f'(x)>0$，$x\in(x_0-\delta,x_0)$，且 $f'(x)<0$，$x\in(x_0,x_0+\delta)$，则 $f(x_0)$ 是极大值;

(2) 若 $f'(x)<0$，$x\in(x_0-\delta,x_0)$，且 $f'(x)>0$，$x\in(x_0,x_0+\delta)$，则 $f(x_0)$ 是极小值;

(3) 若 $f'(x)$ 不变号，$x\in(x_0-\delta,x_0)\cup(x_0,x_0+\delta)$，则 $f(x_0)$ 不是极值.

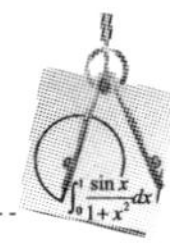

注意 这些规则很容易理解和记忆，法则中的前两条的几何意义如图 4-11 的（a）和（b）所示，后一条的几何意义如图 4-11 的(c) 和（d)所示.

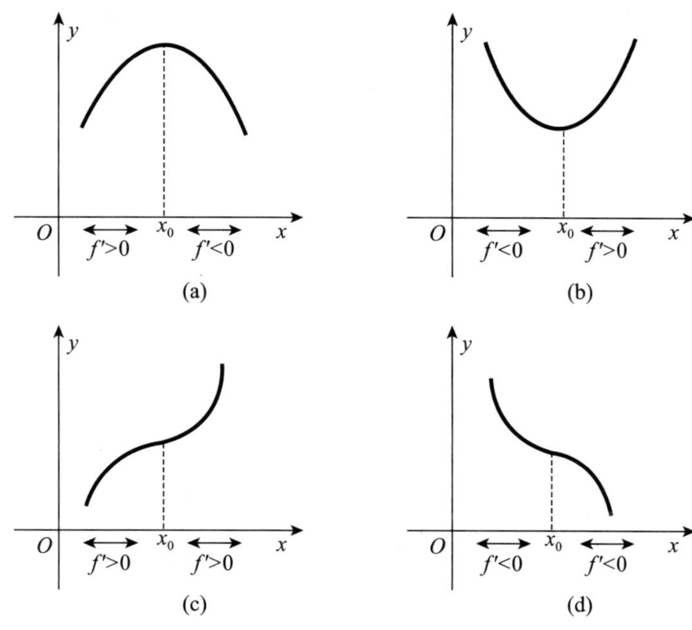

图 4-11

根据上面两个定理，我们得到求函数极值的步骤：

第一步：求函数的定义域；

第二步：求函数 $y=f(x)$ 的一阶导数 $y'=f'(x)$；

第三步：令 $f'(x)=0$，解出驻点（或一阶导数不存在的点）$x_1,x_2,\cdots,x_k$；

第四步：用这 k 个点将 $f(x)$ 的定义域分成 $k+1$ 个区间，考察各点的左侧区间和右侧区间的导数符号：

如果 $f'(x)$ 的符号由正变到 0（或不存在）再变到负，则该点为极大值点；

如果 $f'(x)$ 的符号由负变到 0（或不存在）再变到正，则该点为极小值点；

如果 $f'(x)$ 的符号由正变到 0（或不存在）再变到正，或由负变到 0（或不存在）再变到负，则该点不是极值点；

第五步：求出极值.

现举例计算如下.

例 1 求函数 $f(x)=2x^3-9x^2+12x-3$ 的极值.

解 函数的定义域为 $(-\infty, +\infty)$.

$$f'(x)=6x^2-18x+12=6(x-1)(x-2)$$

令 $f'(x)=0$

解出 $x_1=1$，$x_2=2$(驻点)

这两个点将函数的定义域分成三个区间：

$$(-\infty,\ 1),\ (1,\ 2),\ (2,\ +\infty)$$

在 $(-\infty,\ 1)$ 内任取一点 (例如 0)，其导数 $f'(x)>0$；

在 $(1,\ 2)$ 内任取一点 (例如 1.5)，其导数 $f'(x)<0$；

在 $(2,\ +\infty)$ 内任取一点 (例如 3)，其导数 $f'(x)>0$.

可见，$f(x)$ 在 $x_1=1$ 时，取极大值 $f(1)=2$；$f(x)$ 在 $x_2=2$ 时，取极小值 $f(2)=1$(如图 4-12 所示).

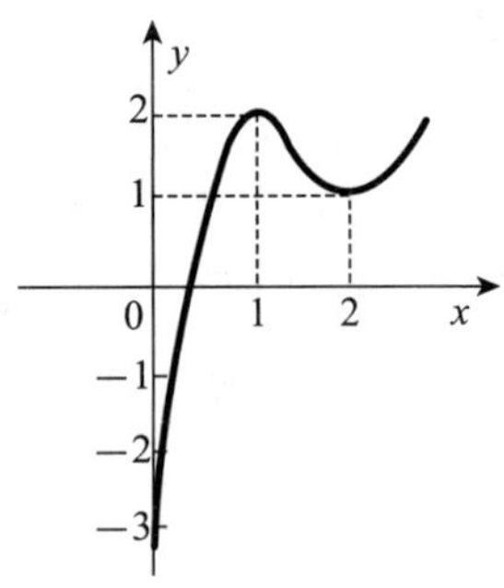

图 4-12

例 2 判断函数 $f(x)=(x-1)^3$ 有无极值.

解 函数的定义域为 $(-\infty,\ +\infty)$.

$$f'(x)=3(x-1)^2$$

令 $f'(x)=0$,解出 $x=1$. 在 $(-\infty,\ 1)$ 内，$f'(x)>0$；在 $(1,\ +\infty)$ 内，$f'(x)>0$. 可见，$f(x)$在其定义域范围内无极值 (如图 4-13 所示).

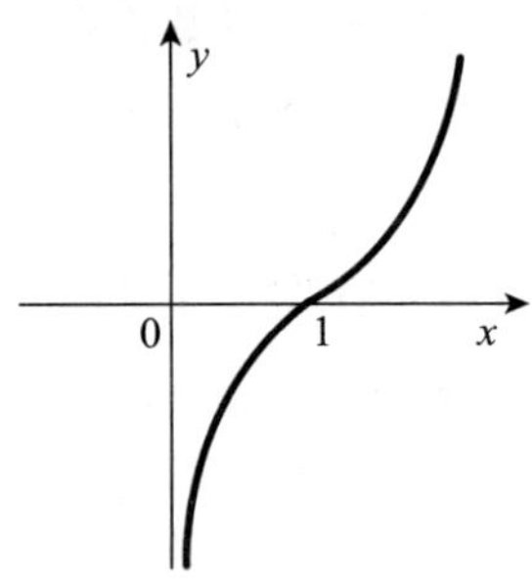

图 4-13

例 3 求函数 $f(x)=x^{\frac{2}{3}}$ 的极值.

解 函数的定义域为 $(-\infty,\ +\infty)$.

$$f'(x)=\frac{2}{3}x^{-\frac{1}{3}}=\frac{2}{3}\cdot\frac{1}{\sqrt[3]{x}}$$

令 $f'(x)=0$，无解. 当 $x=0$ 时，$f'(x)$不存在.

在$(-\infty,\ 0)$ 内

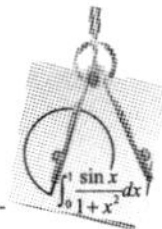

$$f'(x)<0$$

在$(0,+\infty)$内

$$f'(x)>0$$

可见，$x=0$ 是函数的极小值点，极小值 $f(0)=0$（如图 4－14 所示）.

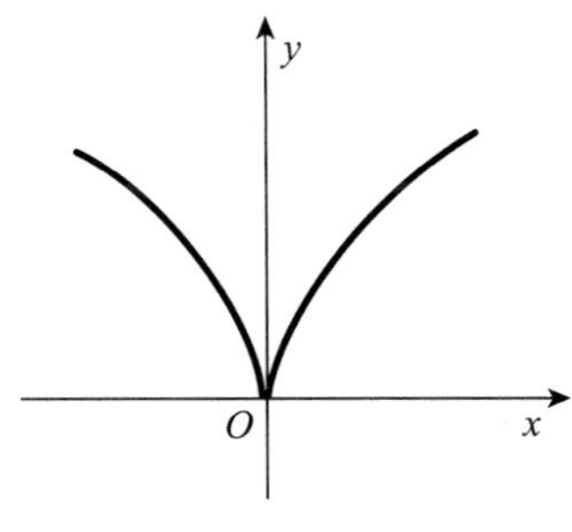

图 4－14

前面讲了用一阶导数的符号的变化情况来判定极值的方法，这个方法有时用起来不太方便. 如果所给出的函数具有更好的性质，比如二阶可导，那么我们可以用较为简单的手段判定函数的极值.

定理

（第二法则）

设函数 $f(x)$ 在点 x_0 处存在二阶导数，且 $f'(x_0)=0$，$f''(x_0)\neq 0$，则

(1) 当 $f''(x_0)<0$ 时，$f(x_0)$ 为极大值；

(2) 当 $f''(x_0)>0$ 时，$f(x_0)$ 为极小值.

注意　这个定理适用于 $f'(x_0)=0$，$f''(x_0)\neq 0$ 的情况.

如果 $f'(x_0)=0$，$f''(x_0)=0$，不能使用这个定理，此时 x_0 可能是极值点，也可能不是极值点. 例如 $f_1(x)=-x^4$，$f_2(x)=x^4$，$f_3(x)=x^3$ 在 $x_0=0$ 处均有 $f'(0)=0$，$f''(0)=0$，但 $f_1(0)$ 为极大值，$f_2(0)$ 为极小值，$f_3(0)$ 不是极值.

例 4　求函数 $f(x)=x^4-2x^3$ 的极值.

解　函数的定义域为 $(-\infty,+\infty)$. 求出它的一阶导数

$$f'(x)=4x^3-6x^2=4x^2\left(x-\frac{3}{2}\right)$$

令　$f'(x)=0$，即　$4x^2\left(x-\frac{3}{2}\right)=0$

解出驻点　$x_1=\frac{3}{2}, x_2=0$

再求出它的二阶导数

$$f''(x)=12x^2-12x=12x(x-1)$$

当 $x_1=\frac{3}{2}$时，$f''\left(\frac{3}{2}\right)=9>0$，故 $f\left(\frac{3}{2}\right)=-\frac{27}{16}$是极小值.

当 $x_2=0$ 时，$f''(0)=0$，不能用定理直接来判定. 这时考虑用 $f'(x)$ 在点 $x=0$ 两侧邻近的符号来判定.

在$(-\infty, 0)$内

$$f'(x)<0$$

在$\left(0, \frac{3}{2}\right)$内

$$f'(x)<0$$

故 $x_2=0$ 不是函数的极值点（如图 4-15 所示）.

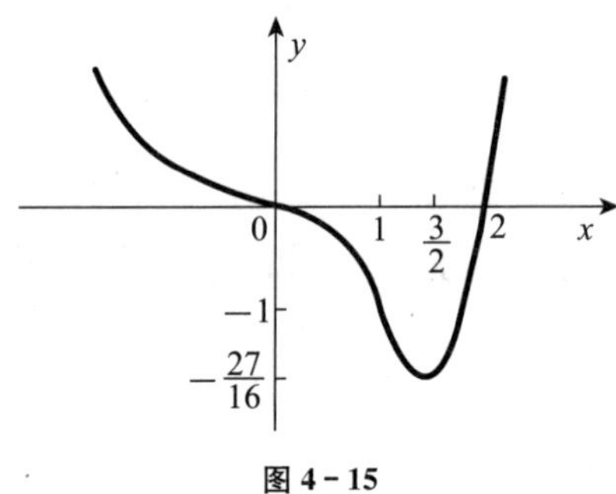

图 4-15

4.4.2 函数的最大(小)值

设函数 $f(x)$ 在闭区间 $[a, b]$ 上连续，则它在此区间上必定存在最大值 M 和最小值 m（注意：可能有 $M=m$ 的情况）.

由前面的讨论看到：极大值和最大值不是一回事，而且还可能有极大值比极小值小的情况，因此求出了极大值，并不能说它就是最大值.

如果函数在开区间 (a, b) 内的某点达到最大值，这个最大值显然也是极大值，这就是说，极大值也可能是最大值. 但最大值还可能在区间的端点 a，b 处达到，此时就不是极大值了.

由最大值和最小值的定义以及函数单调增减性的定义和求法，我们可以得到求函数 $f(x)$在闭区间 $[a, b]$ 上的最大值和最小值的如下步骤：

第一步：求出一阶导数 $f'(x)=0$ 的点和一阶导数不存在的点：x_1，x_2，…，x_k，并计算出各点的函数值：$f(x_1)$，$f(x_2)$，…，$f(x_k)$（不必判定这些值是极大值还是极小值）；

第二步：求出端点的函数值 $f(a)$和 $f(b)$；

第三步：将以上的 $k+2$ 个函数值 $f(x_1)$，$f(x_2)$，…，$f(x_k)$，$f(a)$，$f(b)$ 一起拿来比较，找出其中最大的函数值，就是 $f(x)$在 $[a,b]$ 上的最大值 M，找出其中最小的函数值，就是 $f(x)$在 $[a, b]$ 上的最小值 m.

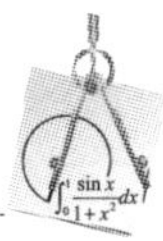

例 5 求函数 $y=f(x)=x^3+1$ 在 $[-2, 2]$ 上的最大值和最小值.

解 先求出它的一阶导数

$$f'(x)=3x^2$$

令 $3x^2=0$,解出 $x_1=0$

计算出 $f(0)=1$

再计算出 $f(a)=f(-2)=-7$

$$f(b)=f(2)=9$$

最后比较以上三个函数值 1,−7 和 9,可见:$f(a)=f(-2)=-7$ 为 $f(x)$在 $[-2, 2]$ 上的最小值,$f(b)=f(2)=9$ 为 $f(x)$在 $[-2, 2]$ 上的最大值.

这个例子说明:单调函数的最大值和最小值都发生在闭区间的端点. 当函数严格单调增加时,其最小值发生在左端点,最大值发生在右端点;当函数严格单调减少时,其最小值发生在右端点,最大值发生在左端点.

例 6 求函数 $y=f(x)=3x^4-4x^3-12x^2+1$ 在 $[-3, 3]$ 上的最大值和最小值.

解 先求出它的一阶导数

$$f'(x)=12x^3-12x^2-24x$$

令 $f'(x)=12x^3-12x^2-24x=0$

得 $12x(x^2-x-2)=12x(x+1)(x-2)=0$

解出 $x_1=-1, x_2=0, x_3=2$

计算出 $f(-1)=-4, f(0)=1, f(2)=-31$

$$f(a)=f(-3)=244$$

$$f(b)=f(3)=28$$

最后比较上述五个函数值,可见:$f(x)$在 $[-3, 3]$ 上的最小值为$f(2)=-31$,最大值为 $f(-3)=244$.

有时还需要求连续函数 $f(x)$ 在开区间 (a, b) 内的最大值和最小值.

函数 $f(x)$ 在开区间 (a, b) 内可能有最大值而没有最小值,也可能有最小值而没有最大值,也可能既没有最大值也没有最小值,也可能二者都有.

如果函数 $f(x)$ 在 (a, b) 内单调增加,则它在 (a, b) 内就没有最大值和最小值(如例 5),最大值和最小值只能在端点取得(单调减少函数也一样).

如果连续函数 $f(x)$ 在 (a, b) 内只有一个极大值 $f(x_0)$ 而没有极小值,显然这个极大值就是函数 $f(x)$ 在 (a, b) 内的最大值. 因为在 (a, x_0) 内,$f(x)$单调增加,其中的任何函数值都比 $f(x_0)$ 要小;在 (x_0, b) 内,$f(x)$ 单调减少,其中的任何函数值也都比 $f(x_0)$ 要小. 同理,如果连续函数 $f(x)$ 在 (a, b) 内只有一个极小值而没有极大值,则这个极小值就是函数 $f(x)$ 在 (a, b)内的最小值.

这种情况在实际问题中常常碰到，试看以下例题.

例 7 求函数 $y=x^2+1$ 在 $(-\infty, +\infty)$ 内的最大值和最小值.

解

令 $y'=f'(x)=2x$

$f'(x)=2x=0$

解出驻点 $x_1=0$

因为 $y''=2>0$

即 $f''(0)=2>0$

所以 $x_1=0$ 为极小值点，$f(0)=1$ 为极小值.

由于连续函数 $f(x)$ 在 $(-\infty, +\infty)$ 内只有这一个极小值而没有极大值，所以这个极小值就是 $f(x)$ 在 $(-\infty, +\infty)$ 内的最小值（没有最大值）. 这一结果从抛物线 $y=x^2+1$ 的图形上可以清楚地看到.

4.5 曲线的凹向与拐点

4.5.1 曲线的凹向

虽然函数图形的升降趋势可以根据一阶导数的正、负号来确定，但图形的某些细微之处，则只有在考察二阶导数时才能揭示出来.

如图 4-16 所示，曲线 y_1 和 y_2 在区间 $[a, b]$ 上都是单调增加的，但曲线 y_1 开始增加得快，以后增加得较慢，而曲线 y_2 开始增加得慢，以后增加得较快.

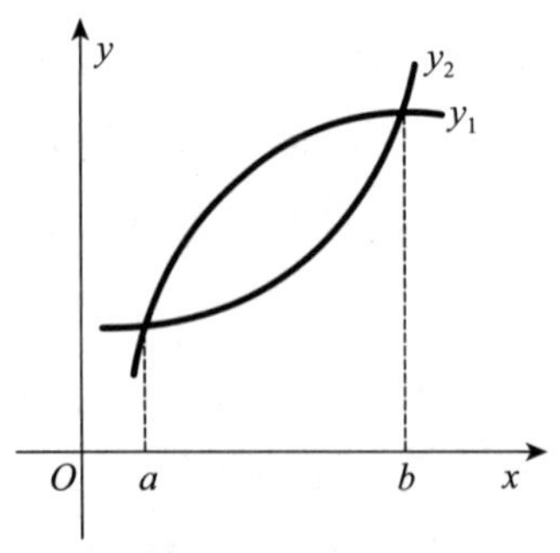

图 4-16

为了描述曲线的这种变化情况，就要用到变化率的变化率，即用到二阶导数，在几何

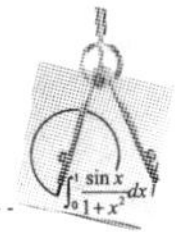

上就要引进曲线的凹向的概念.

定义

如果在区间 (a,b) 内，曲线弧位于其上每一点的切线的上方，则称曲线在 (a,b) 内是上凹的，也称作凹，记作$\cup$（见图 4－17）；

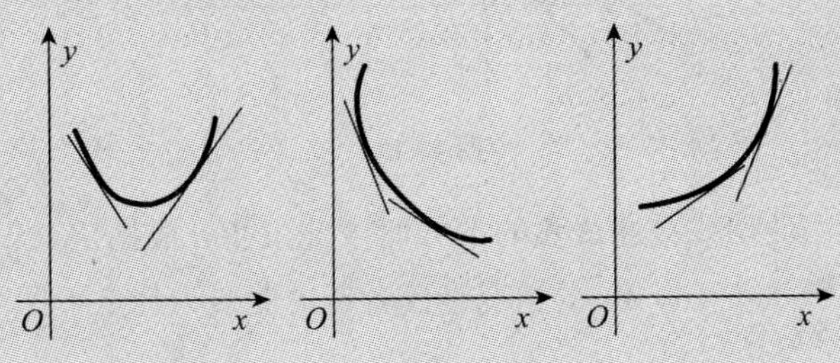

图 4－17

如果在区间 (a,b) 内，曲线弧位于其上每一点的切线的下方，则称曲线在 (a,b) 内是下凹的，也称作凸，记作$\cap$（见图 4－18）.

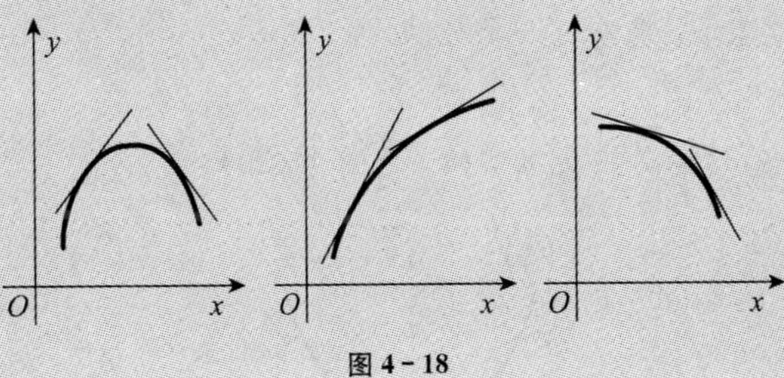

图 4－18

由这个定义可知：图 4－16 中曲线 y_1 是下凹的，曲线 y_2 是上凹的.

由于曲线的上凹和下凹反映了曲线的变化率的变化率之不同，所以它实际上反映了加速度之不同. 于是自然想到用二阶导数来判定曲线的上凹或下凹. 于是就有以下的定理.

定理

设函数 $f(x)$ 在 (a,b) 内具有二阶导数 $f''(x)$.

(1) 如果在 (a,b) 内的每一点 x，恒有 $f''(x)>0$，则曲线 $y=f(x)$在 (a,b) 内上凹；

(2) 如果在 (a,b) 内的每一点 x，恒有 $f''(x)<0$，则曲线 $y=f(x)$在 (a,b) 内下凹.

这个定理的几何意义是：$f(x)$ 在区间 (a, b) 内有 $f''(x)>0$，那么在区间 (a, b)内 $f'(x)$是严格单调上升的，即随着自变量 x 的增加，曲线的切线斜率 $\tan\alpha$ 由小变大（见图 4－19）. $f'(x_1)<f'(x_2)$，即 $\tan\alpha_1<\tan\alpha_2$.

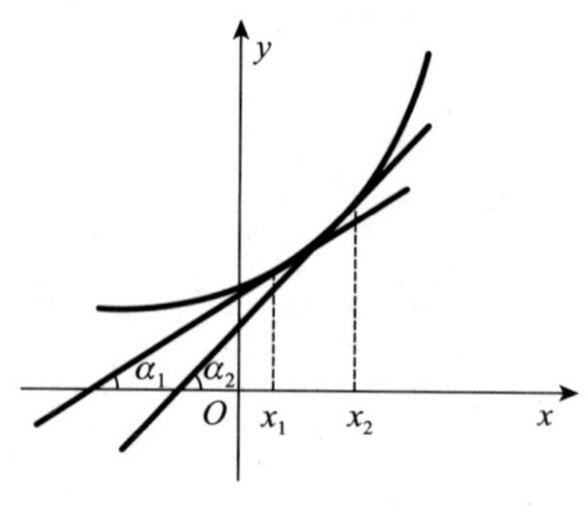

图 4-19

这种情况只有曲线的切线在曲线弧的下方时才能发生，根据定义，此时曲线呈上凹状态. 反之，当 $f''(x)<0$，$x\in(a, b)$ 的情况请读者考虑曲线为什么下凹.

例 1 证明指数函数 $f(x)=a^x(a>0)$ 在 $(-\infty, +\infty)$ 内是上凹的.

证 $f'(x)=a^x\ln a$

$f''(x)=a^x(\ln a)^2$

显然，对任意的实数 x，均有

$f''(x)>0$

所以指数函数在 $(-\infty, +\infty)$ 内是上凹的（见图 4-20）.

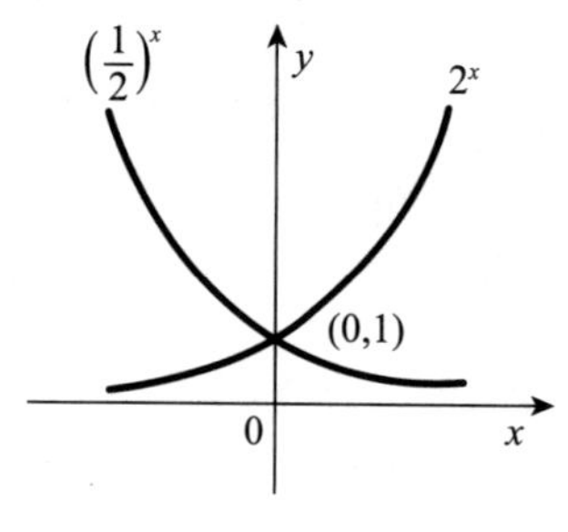

图 4-20

例 2 研究曲线 $f(x)=\tan x$ 在区间 $\left(-\frac{\pi}{2}, 0\right)$ 及 $\left(0, \frac{\pi}{2}\right)$ 内的凹向.

解 $f'(x)=\dfrac{1}{\cos^2 x}$

$$f''(x)=\frac{2\cos x\sin x}{\cos^4 x}=\frac{2}{\cos^2 x}\tan x$$

在区间 $\left(-\frac{\pi}{2}, 0\right)$ 内，$f''(x)<0$，所以 $f(x)$ 在 $\left(-\frac{\pi}{2}, 0\right)$ 内为下凹的；在区间 $\left(0, \frac{\pi}{2}\right)$ 内，$f''(x)>0$，所以 $f(x)$ 在 $\left(0, \frac{\pi}{2}\right)$ 内为上凹的（如图4-21 所示）.

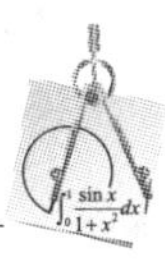

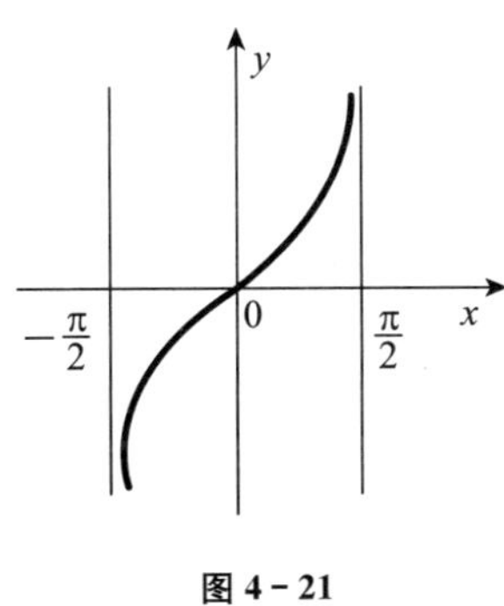

图 4-21

4.5.2 曲线的拐点

从上述例 2 我们看到：在区间$\left(-\frac{\pi}{2}, 0\right)$内曲线下凹；在区间$\left(0, \frac{\pi}{2}\right)$内曲线上凹. 曲线上有 (0, 0)，是曲线上凹与下凹的分界点. 这样的点，一般称为**拐点**.

定义

曲线上的上凹与下凹的分界点，称为曲线的拐点.

注意 拐点是曲线上的一点，它有横坐标和纵坐标. 不要只把横坐标当成拐点，如在例 2 中不要把 $x=0$ 当做拐点.

既然在拐点的两边曲线的凹向不同，那么如果在某个点 x_0 的两边，二阶导数的符号不同，此点就是连续曲线上拐点的横坐标.

由于在这个点 x_0 的两边二阶导数要改变符号，所以在这个点 x_0 处，二阶导数可能为 0，即 $f''(x_0)=0$，也可能不存在. 因此求曲线 $y=f(x)$ 的拐点的步骤是：

第一步：求二阶导数 $f''(x)$；

第二步：求使二阶导数等于 0 或二阶导数不存在的点：$x_1, x_2, \cdots, x_k$；

第三步：对于以上的连续点，检验各点两边二阶导数的符号，如果符号不同，该点就是拐点的横坐标；

第四步：求出拐点的纵坐标并写出拐点.

现举例如下.

例 3 求曲线 $f(x)=\sin x$ 的拐点.

解 这个曲线的图形大家很熟悉，函数的定义域是 $(-\infty, +\infty)$. 由于它是以 2π 为周期的周期函数，即有 $\sin(x+2\pi)=\sin x$，所以我们只研究 $[0, 2\pi]$ 上的函数图形.

当 $0<x<2\pi$ 时

$$f'(x)=\cos x,\quad f''(x)=-\sin x$$

令　$f''(x)=0$，解出　$x_1=\pi$

在$(0,\pi)$内，$f''(x)<0$，曲线下凹，

在$(\pi,2\pi)$内，$f''(x)>0$，曲线上凹，所以$x_1=\pi$是拐点的横坐标，而$f(\pi)=0$.

故$(\pi,0)$是曲线在$(0,2\pi)$内的拐点(如图4-22所示)，对于$x\in(-\infty,+\infty)$来说，$(k\pi,0)$都是$y=\sin x$的拐点，其中k为一切整数.

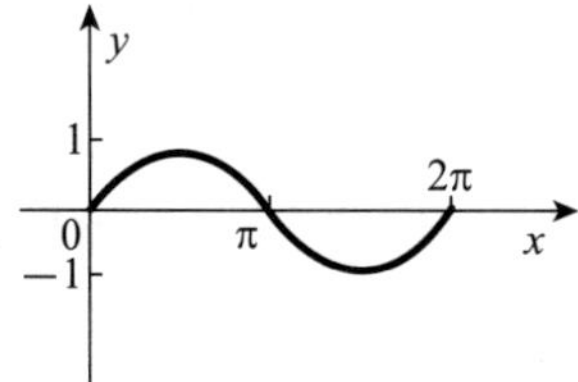

图4-22

例4　求曲线$f(x)=\mathrm{e}^{-x^2}$的上、下凹区间和拐点.

解　求出一阶导数和二阶导数

$$f'(x)=-2x\mathrm{e}^{-x^2}$$

$$f''(x)=-2\mathrm{e}^{-x^2}+4x^2\mathrm{e}^{-x^2}=(4x^2-2)\mathrm{e}^{-x^2}$$

令　$f''(x)=0$

解出　$x_1=-\dfrac{1}{\sqrt{2}},\ x_2=\dfrac{1}{\sqrt{2}}$

在$\left(-\infty,-\dfrac{1}{\sqrt{2}}\right)$内，$f''(x)>0$，曲线上凹；

在$\left(-\dfrac{1}{\sqrt{2}},\dfrac{1}{\sqrt{2}}\right)$内，$f''(x)<0$，曲线下凹；

在$\left(\dfrac{1}{\sqrt{2}},+\infty\right)$内，$f''(x)>0$，曲线上凹.

而$f(x_1)=f(x_2)=\mathrm{e}^{-\frac{1}{2}}$，所以$\left(-\dfrac{1}{\sqrt{2}},\mathrm{e}^{-\frac{1}{2}}\right)$，$\left(\dfrac{1}{\sqrt{2}},\mathrm{e}^{-\frac{1}{2}}\right)$是曲线的两个拐点(如图4-23所示).

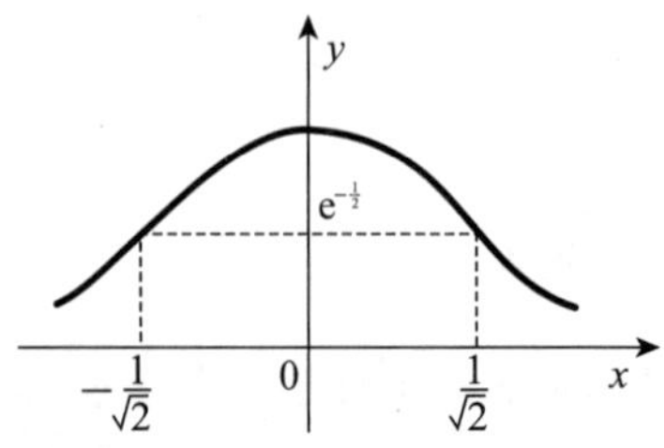

图4-23

例 5 求曲线 $f(x)=x+x^{\frac{5}{3}}$ 的上、下凹区间和拐点.

解 $f'(x)=1+\frac{5}{3}x^{\frac{2}{3}}$

$$f''(x)=\frac{10}{9}\frac{1}{\sqrt[3]{x}}$$

令 $f''(x)=0$，无解. 但 $x=0$ 时，$f''(x)$ 不存在，因此 $x=0$ 可能是拐点的横坐标. 因为

在 $(-\infty, 0)$ 内，$f''(x)<0$，曲线下凹；

在 $(0, +\infty)$ 内，$f''(x)>0$，曲线上凹.

所以 $x=0$ 是拐点的横坐标，而 $f(0)=0$，故 $(0, 0)$ 点是曲线的拐点.

例 6 问 a 和 b 为何值时，点 $(1, 3)$ 才是曲线 $y=ax^3+bx^2$ 的拐点？

解 $y'=3ax^2+2bx$

$y''=6ax+2b$

令 $y''=0$，即 $6ax+2b=0$

$$\therefore\quad x=-\frac{b}{3a} \tag{1}$$

由题意，$(1, 3)$ 为拐点，即 $x=1$，$y=3$ 应当在曲线上，亦即应当满足曲线的方程，于是有

$$3=a+b \tag{2}$$

而且 $x=1$ 应使 $y''=0$，所以(1)式变成

$$-\frac{b}{3a}=1 \tag{3}$$

将(2)式和(3)式联立求解，得到

$$a=-\frac{3}{2},\quad b=\frac{9}{2}$$

即当 $a=-\frac{3}{2}$，$b=\frac{9}{2}$ 时，点 $(1, 3)$ 可能是拐点. 究竟是不是，还需要判定. 将 a，b 的值代入 y'' 式中，得

$$y''=-9x+9=9(1-x)$$

显然，在 $(-\infty, 1)$ 内，$y''>0$，曲线上凹；在 $(1, +\infty)$ 内，$y''<0$，曲线下凹. 所以点 $(1, 3)$ 确实是拐点.

即 $a=-\frac{3}{2}$，$b=\frac{9}{2}$ 时，点 $(1, 3)$ 才是曲线 $y=ax^3+bx^2$ 的拐点.

4.6 最大(小)值的应用问题

这一节介绍最大(小)值在几何问题中的应用.

例 1 将边长为 a 的正方形铁皮的四个角各截去一个大小相同的小正方形,然后将四边折起来做成一个无盖的方盒. 问所截小正方形的边长为多少时,可使方盒的容积最大?

解 方法一 设所截的小正方形的边长为 x(如图 4-24 所示),则盒的底边长为 $a-2x$,因此方盒的容积 V 为

$$V=(a-2x)^2\cdot x$$

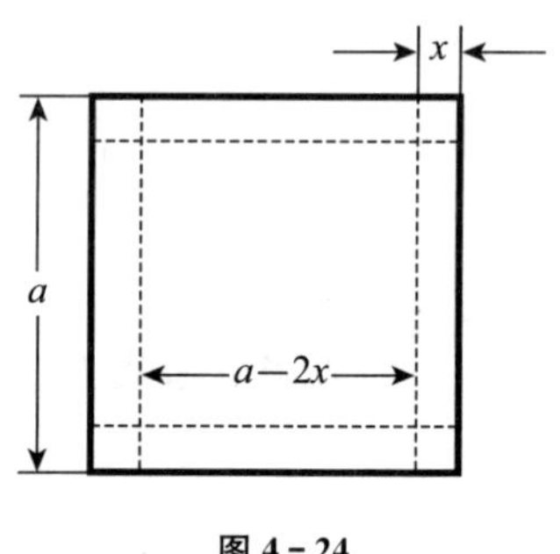

图 4-24

此函数的定义域为 $\left(0,\frac{a}{2}\right)$,因为当 $x=0$ 或 $x=\frac{a}{2}$时,做不成方盒,所以定义域不含这两点.

于是问题变成求函数 V 在区间 $\left(0,\frac{a}{2}\right)$ 内的最大值.

求其一阶导数,得

$$\begin{aligned}V'&=2(a-2x)(-2)x+(a-2x)^2\\&=a^2-8ax+12x^2\\&=(a-2x)(a-6x)\end{aligned}$$

令 $$V'=(a-2x)(a-6x)=0$$

解出 $x_1=\frac{a}{6},x_2=\frac{a}{2}$. 由于 $x_2=\frac{a}{2}$不在区间 $\left(0,\frac{a}{2}\right)$ 内,所以不予考虑.

再求二阶导数,得

$$V''=-8a+24x$$

对于点 $x_1=\frac{a}{6}$,有

$$V''\left(\frac{a}{6}\right)=-8a+24\times\frac{a}{6}=-4a<0$$

所以，$x_1=\dfrac{a}{6}$时，容积V有极大值$\dfrac{2}{27}a^3$．依题意，这个极大值就是函数V在$\left(0,\dfrac{a}{2}\right)$内的最大值．

方法二　如果取函数的定义域为$\left[0,\dfrac{a}{2}\right]$，即当$x=0$时，方盒的容积$V=0$，$x=\dfrac{a}{2}$时，也有$V=0$，这也是可以的．这样一来，问题就变成了求函数

$$V=(a-2x)^2\cdot x$$

在闭区间$\left[0,\dfrac{a}{2}\right]$上的最大值．

∵　$V'=(a-2x)(a-6x)$

令　$V'=0$，解出

$$x_1=\frac{a}{6},x_2=\frac{a}{2}$$

求出函数值

$$f(x_1)=f\left(\frac{a}{6}\right)=\frac{2}{27}a^3$$

$$f(x_2)=f\left(\frac{a}{2}\right)=0$$

再求出两个端点的函数值

$$f(a)=f(0)=0$$

$$f(b)=f\left(\frac{a}{2}\right)=0$$

通过比较可知，当$x=\dfrac{a}{6}$时，方盒的容积V最大，且$f\left(\dfrac{a}{6}\right)=\dfrac{2}{27}a^3$．

答：所截去的四个角的边长为$\dfrac{a}{6}$时，方盒的容积最大．

例 2　设要做一个容积为V（容积一定）的圆柱形罐头筒，问当罐头筒的高和底面半径为多少时，可使用料最省？

解　这里所说的用料最省，就是指罐头筒的表面积最小．

如图 4－25 所示，设罐头筒的高为h，底面半径为r，表面积为S，则有

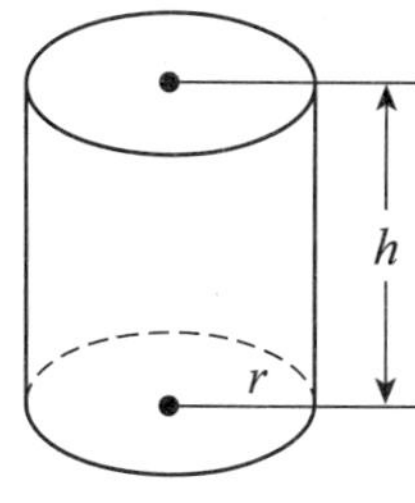

图 4－25

$$S=2\pi r^2+2\pi rh$$

式中有两个自变量r和h，如果它们之间没有什么关系的话，那么当然是在$r=0$，$h=0$时，用料最省($S=0$)．但这不符合题意，题意要求它的容积V一定，而不是容积为 0（∵$S=0$时，$V=0$)．因此可以利用这个条件找出r与h的关系，从而消去一个自变量．

$\because \quad \pi r^2 h = V$

$\therefore \quad h = \dfrac{V}{\pi r^2}$

代入 S 的表达式中，得

$$S = 2\pi r^2 + 2\pi r \frac{V}{\pi r^2} = 2\pi r^2 + \frac{2V}{r}, \quad r \in (0, +\infty)$$

于是问题变成了求函数 S 在 $(0, +\infty)$ 内的最小值.

先求它的一阶导数，令它等于 0，有

$$S' = 4\pi r - \frac{2V}{r^2} = \frac{4\pi r^3 - 2V}{r^2}$$

$$= \frac{2(2\pi r^3 - V)}{r^2} = 0$$

解之，得驻点：$r_0 = \sqrt[3]{\dfrac{V}{2\pi}}$.

再求二阶导数，有

$$S'' = \left(4\pi r - \frac{2V}{r^2}\right)' = 4\pi + \frac{4V}{r^3}$$

将 $r_0^3 = \dfrac{V}{2\pi}$ 代入，得

$$S''(r_0) = 4\pi + 8\pi = 12\pi > 0$$

所以在 $r_0 = \sqrt[3]{\dfrac{V}{2\pi}}$ 处，函数 S 有极小值.

依题意，这个极小值就是最小值. 此时相应的高为

$$h_0 = \frac{V}{\pi r_0^2} = \frac{2\pi r_0^3}{\pi r_0^2} = 2r_0$$

答：在容积一定的条件下，圆柱形罐头筒的高度等于底面半径的 2 倍时，罐头筒的用料最省.

第5章 不定积分

本书的第 5 章和第 6 章将要介绍一元函数的积分学．积分学的基本问题之一是求不定积分，它是求导数（或微分）的逆运算．本章主要介绍不定积分的概念、性质及求不定积分的一些基本方法．

5.1 不定积分的概念

5.1.1 原函数

微分学的中心问题是，对于一个给定的函数，如何去求它的导数或微分．例如，已知函数 $f(x)=\sin x$，要求它的导数 $f'(x)$，那么由导数运算法则可知 $f'(x)=\cos x$．但是在许多实际问题中，我们常常会遇到正好相反的情形，就是已知一个函数的导数（或微分），而要求这个函数．

例如，已知函数 $f(x)$ 的导数 $f'(x)=\cos x$，要求出原来的函数 $f(x)$．由上面的例子可知 $f(x)=\sin x$．这个例子就是与求导数相反的问题，即由已知函数的导数，求这个函数．

于是，我们引进原函数的概念．一般地，有以下的定义．

定义

设 $f(x)$ 是定义在某区间上的一个函数，如果存在一个函数$F(x)$，使得在该区间上的每一点，都有

$$F'(x)=f(x), \quad 或 \quad dF(x)=f(x)dx$$

则称 $F(x)$是 $f(x)$在该区间上的一个原函数.

例 1 设 $f(x)=3x^2$.

由于

$$(x^3)'=3x^2$$

所以，$F(x)=x^3$ 是 $f(x)=3x^2$ 的一个原函数.

同样，$F(x)=x^3-2$ 也是 $f(x)=3x^2$ 的一个原函数.

例 2 设 $f(x)=\frac{1}{1+x^2}$.

由于

$$(\arctan x)'=\frac{1}{1+x^2}$$

所以，$F(x)=\arctan x$ 是 $f(x)=\frac{1}{1+x^2}$的一个原函数.

同样，$F(x)=\arctan x+1$ 也是 $f(x)=\frac{1}{1+x^2}$的一个原函数.

从上面的两个例子可以看到：求给定函数 $f(x)$ 的原函数 $F(x)$ 的方法，全靠过去求导数的方法反推，并且对于同一个函数 $f(x)$，它的原函数不止一个. 实际上，如果 $F(x)$ 是 $f(x)$ 的一个原函数，那么 $F(x)+C$(其中 C 为任意常数) 也一定是 $f(x)$ 的原函数. 这是因为

$$[F(x)+C]'=F'(x)=f(x)$$

所以，如果 $f(x)$有原函数，那么它的原函数必有无穷多个.

5.1.2 不定积分

上面我们讲到：如果 $F(x)$ 是 $f(x)$ 的一个原函数，则 $F(x)+C$ (其中 C 为任意常数) 也都是 $f(x)$ 的原函数，即 $f(x)$ 的原函数有无穷多个.

那么，现在的问题是:$F(x)+C$ 是否已包含了 $f(x)$ 的所有原函数呢?

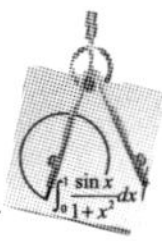

这个问题的回答是肯定的，$F(x)+C$ 包含了 $f(x)$ 的所有原函数. 因为如果假设 $f(x)$ 还有原函数 $\Phi(x)$，则由第 4 章的拉格朗日定理的推论 2 可知：$\Phi(x)$ 与 $F(x)$ 也只能是相差一个常数，即

$$\Phi(x)=F(x)+C$$

因此，如果 $F(x)$ 是 $f(x)$ 的一个原函数，则 $f(x)$ 的所有原函数就是函数族$F(x)+C$（其中 C 为任意常数）. 也就是说，$f(x)$ 的所有原函数可以表示为 $F(x)+C$ 的形式（C 为任意常数）.

下面我们引进不定积分的定义.

定义

函数 $f(x)$ 的所有原函数的全体，称为函数 $f(x)$ 的不定积分，记作

$$\int f(x)\mathrm{d}x$$

并称"$\int$"为积分号，函数 $f(x)$ 为被积函数，$f(x)\mathrm{d}x$ 为被积表达式，x 为积分变量.

因此，给定了函数 $f(x)$，求它的不定积分，就是求它的全体原函数，只要找到它的一个原函数 $F(x)$，后面加上任意常数 C 就行了. 于是有

$$\int f(x)\mathrm{d}x=F(x)+C$$

其中任意常数 C 称为积分常数.

例 3 求函数 $f(x)=2x$ 的不定积分.

解 因为

$$(x^2)'=2x(\text{或 } \mathrm{d}x^2=2x\mathrm{d}x,\text{下略})$$

所以 $F(x)=x^2$ 是 $f(x)=2x$ 的一个原函数，故

$$\int 2x\mathrm{d}x=x^2+C$$

例 4 求函数 $f(x)=\dfrac{1}{x}$ 的不定积分.

解 因为当 $x>0$ 时

$$(\ln x)'=\frac{1}{x}$$

即 $F(x)=\ln x$ 是 $f(x)=\dfrac{1}{x}$ 的一个原函数（当 $x>0$ 时），所以有

$$\int\frac{1}{x}\mathrm{d}x=\ln x+C\qquad(x>0)$$

而当 $x<0$ 时

$$[\ln(-x)]'=\frac{1}{-x}\cdot(-1)=\frac{1}{x}$$

即 $F(x)=\ln(-x)$ 也是 $f(x)=\frac{1}{x}$ 的一个原函数(当 $x<0$ 时)，所以有

$$\int\frac{1}{x}\mathrm{d}x=\ln(-x)+C\qquad(x<0)$$

综上所述，我们得到

$$\int\frac{1}{x}\mathrm{d}x=\ln|x|+C\qquad(x\neq 0)$$

注意 $f(x)$ 的不定积分不是它的一个原函数 $F(x)$，而是一族原函数 $F(x)+C$，它们彼此之间仅相差一个常数，因此求不定积分时，一定不要忘记加上任意常数 C.

在上面的两个求不定积分的例子中，我们反过来应用求导数的公式，找出了给定的被积函数的一个原函数. 下面我们自然要提出这样的问题：所给函数 $f(x)$ 在什么条件下才有原函数存在？这个问题在以后的“原函数存在定理”中将会得到答案. 我们将会看到：如果函数 $f(x)$ 在某区间上连续，则在此区间上 $f(x)$ 必定存在原函数.

从这个定理可知，原函数存在的条件只是函数连续，它比函数可导的条件还要低一些，因为一个函数连续，它不一定可导.

由于初等函数在其定义区间内是连续的，所以初等函数在其定义区间内必定存在原函数.

5.1.3 不定积分的几何意义

我们首先引进一个名词：积分曲线.

若 $F(x)$ 是 $f(x)$ 的一个原函数，则 $f(x)$ 的不定积分为 $F(x)+C$. 对于每一个给定的 C，就可确定 $f(x)$ 的一个原函数，在几何上相应地就确定一条曲线，这条曲线就称为函数 $f(x)$ 的一条积分曲线. 因为 C 可以取任意值，因此 $y=F(x)+C$ 的图形就是一族积分曲线. 这样，不定积分 $\int f(x)\mathrm{d}x$ 在几何上就表示 $f(x)$ 的积分曲线族（如图 5－1 所示），它们可由曲线 $y=F(x)$ 沿 y 轴上、下平移而得到.

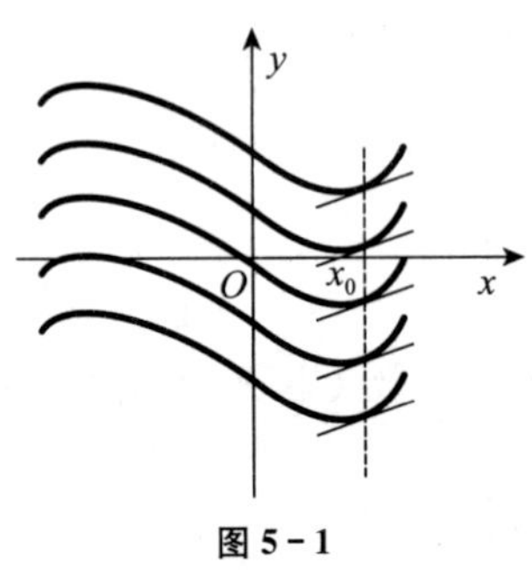

图 5－1

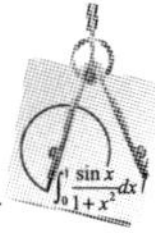

由 $[F(x)+C]'=f(x)$(不论常数 C 取什么值) 可知，积分曲线族 $y=F(x)+C$ 中的每一条曲线，在点 (x,y) 处的切线有着相同的斜率 $f(x)$. 所以，如果在每一条积分曲线上有相同横坐标 $x=x_0$ 的点处作切线，这些切线是相互平行的，其斜率都等于 $f(x_0)$.

例 5 求通过点 $(1,2)$，且其切线的斜率为 $3x^2$ 的曲线方程.

解 按题意，就是要在函数 $f(x)=3x^2$ 的积分曲线族中，找出一条曲线，使它通过点 $(1,2)$，即求出 $f(x)=3x^2$ 的不定积分，再根据条件 $x=1$，$y=2$ 来确定积分常数，最后找出一条积分曲线.

$$\because \quad \int 3x^2\mathrm{d}x = x^3 + C$$

于是得积分曲线族为

$$y=x^3+C$$

将 $x=1$，$y=2$ 代入，有

$$2=1^3+C$$

$$\therefore \quad C=1$$

故所求的曲线方程为 $y=x^3+1$.

例 6 已知自由落体的运动速度 v 和经过的时间 t 的关系为 $v=gt$($g\approx 10\text{m/s}^2$，g 为重力加速度)，求下落的路程 s 与时间 t 的关系 (设 $t=0$ 时，$s=0$).

解 按题意，就是求 $v(t)=gt$ 的不定积分，并用条件 $t=0$ 时 $s=0$ 来确定积分常数 C 的值.

由于 $s(t)=\frac{1}{2}gt^2$ 是 $f(t)=gt$ 的一个原函数 ($\because \frac{1}{2}gt^2$ 的导数等于 gt)，所以

$$\int gt\,\mathrm{d}t = \frac{1}{2}gt^2 + C$$

故

$$s=\frac{1}{2}gt^2+C$$

将 $t=0$ 时 $s=0$ 代入，得 $C=0$. 因此所求的函数关系为

$$s=\frac{1}{2}gt^2$$

例 7 如果已知生产某种产品 x 个单位时总成本 $C(x)$ 的变化率 (边际成本) 为 $C'(x)=1+4x$，并且已知固定成本为 10(万元)，试求总成本函数 $C(x)$.

解 由于边际成本是总成本对产量 x 的导数，故总成本 $C(x)$ 是边际成本的不定积分，于是

$$C(x) = \int (1+4x)\mathrm{d}x = x + \frac{4}{2}x^2 + C = x + 2x^2 + C$$

（∵$x+\frac{4}{2}x^2$ 的导数等于 $1+4x$）

由题意，当 $x=0$ 时，$C(0)=10$，将此代入，得 $C=10$. 所以总成本函数为：

$$C(x)=x+2x^2+10$$

从上面举的三个例子可看到：对于某些求原函数的具体问题，有时要从全体原函数中找出某一个原函数，使它满足某已知条件. 这就是要根据已知条件来确定积分常数 C 的值，从而找到满足此条件的某一个原函数.

以上讲的是原函数与不定积分的概念及不定积分的几何意义. 至于如何求出一个已知函数 $f(x)$ 的原函数，目前我们还没有更多的方法，只能将过去所学的求导公式反过来运用. 但是直接将求导公式反过来用，有时不太方便，如上面的例 6 和例 7，函数 $\frac{1}{2}gt^2$ 对 t 的导数等于 gt，函数 $x+2x^2$ 的导数等于 $1+4x$，这都不是基本的导数公式. 为了更好地运用基本的导数公式反过来求原函数，下面我们要讲不定积分的几个基本性质. 我们将会看到，这样结合起来求原函数就方便得多了.

5.2 不定积分的性质和基本积分公式

5.2.1 不定积分的性质

(1)不定积分的导数（或微分）等于被积函数（或被积表达式），即

$$\left[\int f(x)\mathrm{d}x\right]' = f(x)$$

或 $\quad \mathrm{d}\int f(x)\mathrm{d}x = f(x)\mathrm{d}x$

这充分说明了求不定积分与求导数或微分互为逆运算. 这个性质可由不定积分的定义直接推出. 因为

$$\int f(x)\mathrm{d}x = F(x)+C$$

其中 C 是任意常数，$F(x)$ 是 $f(x)$ 的一个原函数. 于是

$$\left[\int f(x)\mathrm{d}x\right]' = [F(x)+C]' = f(x)$$

(2)一个函数的导数（或微分）的不定积分与这个函数相差一个常数，即

$$\int F'(x)\mathrm{d}x = F(x)+C$$

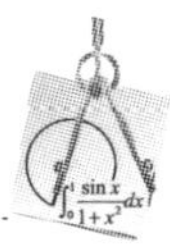

或 $\int \mathrm{d}F(x) = F(x) + C$

(3) 有限个函数的代数和的不定积分等于各函数不定积分的代数和，即

$$\int [f(x) \pm \varphi(x) \pm \cdots \pm \psi(x)] \mathrm{d}x$$

$$= \int f(x) \mathrm{d}x \pm \int \varphi(x) \mathrm{d}x \pm \cdots \pm \int \psi(x) \mathrm{d}x$$

这是因为等式右边的导数等于左边的被积函数之故. 事实上，右边的导数为

$$\left[\int f(x) \mathrm{d}x \pm \int \varphi(x) \mathrm{d}x \pm \cdots \pm \int \psi(x) \mathrm{d}x\right]'$$

$$= f(x) \pm \varphi(x) \pm \cdots \pm \psi(x) \qquad \text{(由性质(1))}$$

(4) 被积函数中不为 0 的常数因子可以提到积分号前，即

$$\int kf(x) \mathrm{d}x = k\int f(x) \mathrm{d}x \qquad \text{(其中 } k \text{ 为非 0 的常数)}$$

因为等式右边的导数为

$$\left[k\int f(x) \mathrm{d}x\right]' = k\left[\int f(x) \mathrm{d}x\right]' \qquad \text{(由导数的性质)}$$

$$= kf(x) \qquad \text{(由性质(1))}$$

即等式右边的导数等于等式左边的被积函数，由定义知 $k\int f(x)\mathrm{d}x$ 是 $kf(x)$ 的不定积分.

以上是不定积分的 4 个基本性质，运用这些性质并结合求导公式的反运算，解决求不定积分的问题就方便多了（参看下节的例题）.

5.2.2 基本积分公式

由于求函数的不定积分是求导数的逆运算，所以我们可以由基本导数公式相应地得到基本积分公式：

(1) $\int 0 \mathrm{d}x = C$

(2) $\int x^a \mathrm{d}x = \frac{1}{a+1} x^{a+1} + C \qquad (a \neq -1)$

(3) $\int \frac{1}{x} \mathrm{d}x = \ln |x| + C$

(4) $\int a^x \mathrm{d}x = \frac{1}{\ln a} a^x + C \qquad (a > 0, a \neq 1)$

(5) $\int \mathrm{e}^x \mathrm{d}x = \mathrm{e}^x + C$

(6) $\int \sin x \mathrm{d}x = -\cos x + C$

(7) $\int \cos x \mathrm{d}x = \sin x + C$

(8) $\int \sec^2 x \mathrm{d}x = \tan x + C$

(9) $\int \csc^2 x \mathrm{d}x = -\cot x + C$

(10) $\int \frac{1}{\sqrt{1-x^2}} \mathrm{d}x = \arcsin x + C$

(11) $\int \frac{1}{1+x^2} \mathrm{d}x = \arctan x + C$

对上面的公式要作两点说明：

第一，公式(2)和(3)并不是直接将求导公式反过来用的. 因为如果直接将幂函数 x^a 的求导公式反过来用，则积分公式应为

$$\int a x^{a-1} \mathrm{d}x = x^a + C$$

但这样用起来不方便，因为它要求被积函数 x^{a-1} 的前面必须带一个系数 a. 为了使用方便起见，最好是对 x^a 求不定积分，于是有

$$\begin{aligned} \int x^a \mathrm{d}x &= \int \frac{1}{a+1}(a+1)x^a \mathrm{d}x \\ &= \frac{1}{a+1}\int (a+1)x^a \mathrm{d}x \qquad \text{(由性质(4))} \\ &= \frac{1}{a+1}x^{a+1} + C \end{aligned}$$

同理，公式(4)也是将指数函数的求导公式反过来并作适当变形后得到的.

第二，由微分形式的不变性，在上面的11个基本积分公式中，把自变量 x 换成中间变量 u，公式仍然成立. 例如公式(5)可以看成

$$\int \mathrm{e}^u \mathrm{d}u = \mathrm{e}^u + C$$

这样就大大地扩充了基本积分公式的应用范围. 但应特别注意的是：当把 x 换成 u 时，一定要将 $\mathrm{d}x$ 换成 $\mathrm{d}u$，才能运用公式. 基本积分公式是求不定积分不可缺少的，因为不论采用什么方法积分，最终都要把所求的积分化成基本积分公式的类型，从而直接得到所要求的不定积分，所以必须熟记这些积分公式.

5.3 直接积分法

积分方法有很多种，下面分别讲几种最常用的积分方法. 先介绍直接积分法.

直接积分法就是利用不定积分的性质，结合代数或三角公式变形，直接利用基本积分

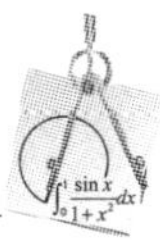

公式进行积分的一种方法.

下面通过具体例子，说明如何运用这种方法求函数的不定积分.

例 1 求$\int(\sqrt{x}+1)\left(x-\frac{1}{\sqrt{x}}\right)\mathrm{d}x$.

解 本例先将被积函数变成四项的代数和，再运用积分的性质和基本积分公式，有

$$\begin{aligned}\int(\sqrt{x}+1)\left(x-\frac{1}{\sqrt{x}}\right)\mathrm{d}x&=\int\left(x\sqrt{x}-1+x-\frac{1}{\sqrt{x}}\right)\mathrm{d}x\\&=\int x\sqrt{x}\,\mathrm{d}x-\int\mathrm{d}x+\int x\mathrm{d}x-\int\frac{1}{\sqrt{x}}\mathrm{d}x\qquad\text{（由性质(3)）}\\&=\int x^{\frac{3}{2}}\mathrm{d}x-\int\mathrm{d}x+\int x\mathrm{d}x-\int x^{-\frac{1}{2}}\mathrm{d}x\\&=\frac{1}{\frac{3}{2}+1}x^{\frac{3}{2}+1}-x+\frac{x^2}{2}-\frac{1}{-\frac{1}{2}+1}x^{-\frac{1}{2}+1}+C\qquad\text{（由公式(2)）}\\&=\frac{2}{5}x^{\frac{5}{2}}-x+\frac{x^2}{2}-2\sqrt{x}+C\end{aligned}$$

可以检验上面的结果是正确的，因为$\left(\frac{2}{5}x^{\frac{5}{2}}-x+\frac{x^2}{2}-2\sqrt{x}+C\right)'=x^{\frac{3}{2}}-1+x-x^{-\frac{1}{2}}=$
$x\sqrt{x}-1+x-\frac{1}{\sqrt{x}}$.

注意 在分项积分后，每个不定积分的结果都含有积分常数，但由于任意常数之和仍是任意常数，因此只要总的写出一个积分常数就行了.

例 2 求$\int\frac{2x^2}{1+x^2}\mathrm{d}x$.

解 本例也不能直接套用公式积分，先进行代数变形，有

$$\frac{2x^2}{1+x^2}=\frac{(2x^2+2)-2}{1+x^2}=\frac{2(x^2+1)-2}{1+x^2}=2-\frac{2}{1+x^2}$$

于是

$$\begin{aligned}\int\frac{2x^2}{1+x^2}\mathrm{d}x&=\int\left(2-\frac{2}{1+x^2}\right)\mathrm{d}x\\&=2\int\mathrm{d}x-2\int\frac{1}{1+x^2}\mathrm{d}x\qquad\text{（由性质(3)、(4)）}\\&=2x-2\arctan x+C\qquad\text{（套用公式(2)和(11)）}\end{aligned}$$

例 3 求$\int\frac{(1-x)^2}{\sqrt[3]{x}}\mathrm{d}x$.

解 被积函数的分子是$(1-x)^2$，分母是单项式，我们应该先用代数公式把分子展开成三项的代数和，然后用分子各项除以分母，再运用积分的性质和基本积分公式，于是有

$$\int\frac{(1-x)^2}{\sqrt[3]{x}}\mathrm{d}x=\int\frac{1-2x+x^2}{\sqrt[3]{x}}\mathrm{d}x=\int(x^{-\frac{1}{3}}-2x^{\frac{2}{3}}+x^{\frac{5}{3}})\mathrm{d}x$$

$$= \int x^{-\frac{1}{3}} \mathrm{d}x - 2\int x^{\frac{2}{3}} \mathrm{d}x + \int x^{\frac{5}{3}} \mathrm{d}x$$

$$= \frac{3}{2}x^{\frac{2}{3}} - \frac{6}{5}x^{\frac{5}{3}} + \frac{3}{8}x^{\frac{8}{3}} + C$$

例 4 求 $\int \cos^2 \frac{x}{2} \mathrm{d}x$.

解 根据三角恒等式

$$\cos^2 \frac{x}{2} = \frac{1+\cos x}{2} = \frac{1}{2} + \frac{1}{2}\cos x$$

得到

$$\int \cos^2 \frac{x}{2} \mathrm{d}x = \int \left(\frac{1}{2} + \frac{1}{2}\cos x\right) \mathrm{d}x$$

$$= \frac{1}{2}\int \mathrm{d}x + \frac{1}{2}\int \cos x \mathrm{d}x$$

$$= \frac{1}{2}x + \frac{1}{2}\sin x + C$$

例 5 求 $\int \tan^2 x \mathrm{d}x$.

解 本例也不能直接套用公式积分，也就是说，我们找不到一个函数 $F(x)$，它的导数恰好是 $\tan^2 x$. 但是公式 (8)是求 $\sec^2 x$ 的不定积分的，而 $\tan^2 x$ 与 $\sec^2 x$ 之间有以下的关系：

$$\tan^2 x = \sec^2 x - 1$$

于是利用三角公式变形，可以得到

$$\int \tan^2 x \mathrm{d}x = \int (\sec^2 x - 1) \mathrm{d}x = \int \sec^2 x \mathrm{d}x - \int \mathrm{d}x$$

$$= \tan x - x + C \qquad \text{(套用公式(8)和(2))}$$

以上几个例题中，我们将解题的过程写得比较详细，目的是便于读者掌握这些种方法. 做习题时，可以将步骤写得简单些，如下例.

例 6 求 $\int \frac{1}{\sin^2 x \cos^2 x} \mathrm{d}x$.

解
$$\int \frac{1}{\sin^2 x \cos^2 x} \mathrm{d}x = \int \frac{\sin^2 x + \cos^2 x}{\sin^2 x \cos^2 x} \mathrm{d}x \ (\because \sin^2 x + \cos^2 x = 1)$$

$$= \int \frac{1}{\cos^2 x} \mathrm{d}x + \int \frac{1}{\sin^2 x} \mathrm{d}x$$

$$= \tan x - \cot x + C$$

例 7 已知某产品生产 x 个单位时，总收益 R 的变化率（边际收益）为$R'(x)=200-0.02x$，且知当 $x=0$ 时，$R(0)=0$，求总收益函数.

解 由题意，已知边际收益，求总收益 $R(x)$，就是求边际收益的不定积分.

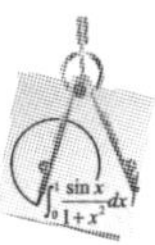

$$
\begin{aligned}
R(x) &= \int(200-0.02x)\mathrm{d}x \\
&= 200\int \mathrm{d}x - 0.02\int x\mathrm{d}x \\
&= 200x - 0.02\cdot\frac{x^2}{2} + C \\
&= 200x - 0.01x^2 + C
\end{aligned}
$$

将 $x=0$ 时，$R(0)=0$ 代入，得 $C=0$，所以总收益函数为

$$R(x)=200x-0.01x^2$$

以上讲的就是直接积分法. 直接积分法是最基本的积分方法，是后面将要讲的换元积分法和分部积分法的基础，所以读者一定要熟练掌握这种方法.

使用直接积分法积分时，首先要熟记基本积分公式和不定积分的性质. 给一个被积函数求不定积分时，如果能直接利用公式和性质求出，那问题就解决了；如果不能直接利用公式和性质求出时，就要用代数的或三角的恒等式将被积函数化简或变形成几个可套用积分公式的函数的代数和，再由公式和性质求出积分.

利用直接积分法，我们只能求出一部分比较简单的函数的不定积分，更多的函数的不定积分用这种方法是无法求出的，因此，下面我们要介绍另外两种积分的方法：换元积分法和分部积分法.

5.4 换元积分法

换元积分法是最常用的一种积分法，一般分为第一类换元积分法和第二类换元积分法.

换元积分法是复合函数求导法则的逆运算，这种方法是通过适当的变量代换把给定的不定积分化为可以套用公式或者比较容易积分的形式.

5.4.1 第一类换元积分法

首先看一个例子.

例 1 求 $\int(2x-3)^2\mathrm{d}x$.

解 本例可以用直接积分法求出.

$$\int(2x-3)^2\mathrm{d}x=\int(4x^2-12x+9)\mathrm{d}x$$

$$= 4\int x^2\,\mathrm{d}x - 12\int x\,\mathrm{d}x + 9\int \mathrm{d}x$$

$$= \frac{4}{3}x^3 - 6x^2 + 9x + C$$

但如果此题中的被积函数不是 $(2x-3)^2$，而是 $(2x-3)^{200}$，则用这个方法计算就非常麻烦了. 因此，我们需要找到简单一些的方法积分.

由于基本积分公式中的自变量 x 可以换成中间变量 u，所以公式 (2) 可以看成

$$\int u^a\,\mathrm{d}u = \frac{1}{a+1}u^{a+1} + C$$

于是我们自然想到引用一个中间变量 u 来代替 $(2x-3)$，并设法将 $\mathrm{d}x$ 变成 $\mathrm{d}u$，然后套用公式 (2) 求积分. 即

令 $u=2x-3$，则 $\mathrm{d}x=\frac{1}{2}\mathrm{d}u$ （两边微分即得）

$$\therefore \quad \int (2x-3)^2\,\mathrm{d}x = \int u^2 \cdot \frac{1}{2}\mathrm{d}u$$

（换元：将 $(2x-3)$ 换成 u，将 $\mathrm{d}x$ 换成 $\frac{1}{2}\mathrm{d}u$）

$$= \frac{1}{2}\int u^2\,\mathrm{d}u = \frac{1}{6}u^3 + C \quad \text{（套用公式积分）}$$

$$= \frac{1}{6}(2x-3)^3 + C \quad \text{（反换元）}$$

可以用求导的方法检验这个结果是正确的，虽然它等于 $\frac{4}{3}x^3-6x^2+9x-\frac{9}{2}+C$，与直接积分算得的结果不完全一样，但这只说明两个结果中的积分常数 C 不同而已. 用这个方法可以很容易地计算 $\int (2x-3)^{200}\,\mathrm{d}x$.

这种积分方法就叫做第一类换元积分法. 在一般情况下，有以下的定理.

定理

设 $f(u)$ 有原函数 $F(u)$，且 $u=\varphi(x)$ 有连续的导数，则 $F[\varphi(x)]$ 是 $f[\varphi(x)]\varphi'(x)$ 的原函数，即有

$$\int f[\varphi(x)]\varphi'(x)\,\mathrm{d}x = F[\varphi(x)] + C$$

这个定理的含义是：如果直接求某个函数 $f[\varphi(x)]\varphi'(x)$ 的不定积分有困难时，就可以引进一个中间变量 u，即令 $u=\varphi(x)$，使 $f[\varphi(x)]$ 变成 $f(u)$，$\mathrm{d}u=\varphi'(x)\mathrm{d}x$；如果又知道 $f(u)$ 的原函数是 $F(u)$ 的话，就可以求出它的不定积分为 $F(u)+C$，然后再把 $u=\varphi(x)$

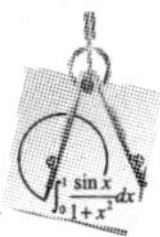

代回就行了，即$F(u)+C=F[\varphi(x)]+C$.

下面举例说明第一类换元积分法的应用.

例 2 求$\int\frac{1}{x-2}\mathrm{d}x$.

解 我们找不到一个基本积分公式来直接求出这个不定积分，但是如果引进中间变量u来代替$x-2$，则可以套用公式

$$\int\frac{1}{u}\mathrm{d}u=\ln|u|+C$$

积分.

令 $u=\varphi(x)=x-2$

则 $\mathrm{d}u=\varphi'(x)\mathrm{d}x=\mathrm{d}x$

代入到所求的积分中，有

$$\int\frac{1}{x-2}\mathrm{d}x=\int\frac{1}{u}\mathrm{d}u=\ln|u|+C \qquad \text{（套用公式(3)）}$$

$$=\ln|x-2|+C \qquad \text{（反换元）}$$

例 3 求$\int\cos 5x\mathrm{d}x$.

解 本例也不能直接套用公式积分. 如果将$\cos 5x$按三角公式展开再求积分，既麻烦也不好计算，但显然可套用公式

$$\int\cos u\mathrm{d}u=\sin u+C$$

所以引进中间变量$u=\varphi(x)=5x$，则

$$\mathrm{d}u=\varphi'(x)\mathrm{d}x=5\mathrm{d}x$$

即 $\mathrm{d}x=\frac{1}{5}\mathrm{d}u$

代入所求的积分中，有

$$\int\cos 5x\mathrm{d}x=\int\cos u\cdot\frac{1}{5}\mathrm{d}u$$

$$=\frac{1}{5}\int\cos u\mathrm{d}u$$

$$=\frac{1}{5}\sin u+C \qquad \text{（套用公式(7)）}$$

$$=\frac{1}{5}\sin 5x+C \qquad \text{（反换元）}$$

以上三个例题所引进的新变量u所代替的函数$\varphi(x)$都是线性函数，即

$$u=\varphi(x)=ax+b$$

这时有 $\mathrm{d}x=\frac{1}{a}\mathrm{d}u$

也就是说：用第一类换元积分法时，如果用 u 代替线性函数 $ax+b$，则被积函数中并不要求有因子 $\varphi'(x)$，因为此时 $\varphi'(x)=a$，总可以将 $\mathrm{d}x$ 变成 $\mathrm{d}u\left(\mathrm{d}x=\frac{1}{a}\mathrm{d}u\right)$.

例 4 求 $\int x\sqrt{1+x^2}\mathrm{d}x$.

解 如果将 $1+x^2$ 看成 $\varphi(x)$，即令 $u=1+x^2$，则 $\mathrm{d}u=2x\mathrm{d}x$. 所以

$$x\mathrm{d}x=\frac{1}{2}\mathrm{d}u \quad (\because 被积函数中有因子\ x)$$

将中间变量 u 代入所求的积分中，于是有

$$\begin{aligned}\int x\sqrt{1+x^2}\mathrm{d}x &= \int u^{\frac{1}{2}}\cdot\frac{1}{2}\mathrm{d}u\\ &=\frac{1}{2}\int u^{\frac{1}{2}}\mathrm{d}u\\ &=\frac{1}{2}\cdot\frac{1}{\frac{1}{2}+1}u^{\frac{1}{2}+1}+C \qquad (套用公式(2))\\ &=\frac{1}{3}u^{\frac{3}{2}}+C\\ &=\frac{1}{3}(1+x^2)^{\frac{3}{2}}+C \qquad (反换元)\end{aligned}$$

例 5 求 $\int\frac{2x-1}{x^2-x+3}\mathrm{d}x$.

解 因为被积函数的分子 $2x-1$ 恰好是分母 x^2-x+3 的导数，即 $(x^2-x+3)'=2x-1$，所以如果将 x^2-x+3 看成 $\varphi(x)$，就能套用公式 $\int\frac{1}{u}\mathrm{d}u=\ln|u|+C$ 了.

令 $u=\varphi(x)=x^2-x+3$，则 $\mathrm{d}u=\varphi'(x)\mathrm{d}x=(2x-1)\mathrm{d}x$，于是有

$$\begin{aligned}\int\frac{2x-1}{x^2-x+3}\mathrm{d}x &= \int\frac{1}{u}\mathrm{d}u\\ &=\ln|u|+C \qquad (套用公式(3))\\ &=\ln|x^2-x+3|+C \qquad (反换元)\end{aligned}$$

以上两个例题是设 $u=\varphi(x)=x^2+ax+b$，如果 $a=0$，则只要被积函数中有因子 x 即可$\left(\because x\mathrm{d}x=\frac{1}{2}\mathrm{d}u\right)$；如果 $a\neq0$，则要求被积函数中有因子 $(2x+a)$ 或因子$\left(x+\frac{a}{2}\right)$，此时$\left(x+\frac{a}{2}\right)\mathrm{d}x$ 一定可以变成 $\mathrm{d}u$.

例 6 求 $\int\tan x\mathrm{d}x$.

解 本例不能直接套用公式积分，因为找不到一个函数 $F(x)$，使得它的导数等于 $\tan x$.

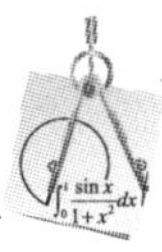

用换元积分法时，若将 $\tan x$ 看成 $\varphi(x)$，则被积函数中又没有因子 $\varphi'(x)=\sec^2 x$，所以也行不通. 但如果将 $\tan x$ 变形成 $\frac{\sin x}{\cos x}=\frac{1}{\cos x}\cdot\sin x$，于是所给积分就变成了

$$\int\tan x\mathrm{d}x=\int\frac{\sin x}{\cos x}\mathrm{d}x=\int\frac{1}{\cos x}\cdot\sin x\mathrm{d}x$$

此时，如果令

$$u=\varphi(x)=\cos x$$

则 $\quad \mathrm{d}u=\varphi'(x)\mathrm{d}x=-\sin x\mathrm{d}x$

即 $\quad \sin x\mathrm{d}x=-\mathrm{d}u$

故 $\quad \int\tan x\mathrm{d}x=\int\frac{1}{u}(-\mathrm{d}u)=-\int\frac{1}{u}\mathrm{d}u$

$$=-\ln|u|+C \qquad \text{(套用公式(3))}$$

$$=-\ln|\cos x|+C$$

例 7 求 $\int\cos x\sqrt{\sin^3 x}\mathrm{d}x$.

解 本例不能套用公式直接积分.

用换元积分法时，如果将 $\cos x$ 看成 $\varphi(x)$，则 $\sqrt{\sin^3 x}$ 不是 $\varphi'(x)$，行不通. 但如果将 $\sin x$ 看成 $\varphi(x)$，则 $\sqrt{\sin^3 x}$ 即为 $[\varphi(x)]^{\frac{3}{2}}$，且 $\varphi'(x)=\cos x$，因此令 $u=\varphi(x)=\sin x$，则 $\mathrm{d}u=\varphi'(x)\mathrm{d}x=\cos x\mathrm{d}x$，代入所给的积分中，有

$$\int\cos x\sqrt{\sin^3 x}\mathrm{d}x=\int u^{\frac{3}{2}}\mathrm{d}u=\frac{1}{\frac{3}{2}+1}u^{\frac{3}{2}+1}+C$$

$$=\frac{2}{5}u^{\frac{5}{2}}+C=\frac{2}{5}\sqrt{\sin^5 x}+C$$

在以上两例中：例 6 是令 $u=\varphi(x)=\cos x$，即将被积函数中的 $\cos x$ 用中间变量 u 来代替，这就要求被积函数中有因子 $\varphi'(x)=-\sin x$ 或 $\sin x$. 例 7 是令 $u=\varphi(x)=\sin x$，即将被积函数中的 $\sin x$ 用中间变量 u 来代替，这就要求被积函数中有因子 $\varphi'(x)=\cos x$.

同理，如果令 $u=\tan x$，则要求被积函数中有因子 $\sec^2 x$. 对其他三角函数的情况，读者可以类推.

例 8 求 $\int\frac{(\arctan x)^2}{1+x^2}\mathrm{d}x$.

解 如果将 $1+x^2$ 看成 $\varphi(x)$，则 $(\arctan x)^2$ 不是 $\varphi'(x)$，行不通.

如果令 $u=\varphi(x)=\arctan x$，则 $\mathrm{d}u=\varphi'(x)\mathrm{d}x=\frac{1}{1+x^2}\mathrm{d}x$，于是有

$$\int\frac{(\arctan x)^2}{1+x^2}\mathrm{d}x=\int u^2\mathrm{d}u=\frac{1}{3}u^3+C \qquad \text{(套用公式(2))}$$

$$=\frac{1}{3}(\arctan x)^3+C$$

以上各例用第一类换元积分法积分时，我们都写出了新变量 u 代替被积函数中的某个函数 $\varphi(x)$ 的过程，当计算熟练之后，也可以不必写出 u，如例 8，可写成

$$\begin{aligned}\int \frac{(\arctan x)^2}{1+x^2}\mathrm{d}x &= \int (\arctan x)^2\mathrm{d}(\arctan x)\\ &= \frac{1}{3}(\arctan x)^3+C\end{aligned}$$

即将 $\arctan x=\varphi(x)$ 看成新变量 u，但不写出来. 这样做书写起来要简单一些，但要求必须牢记基本积分公式并熟悉某些简单的微分. 例如，当看到 $\frac{1}{1+x^2}\mathrm{d}x$ 时就知道可以写成 $\mathrm{d}(\arctan x)$，当看到 $\frac{1}{x^2}\mathrm{d}x$ 时就知道可以写成 $\mathrm{d}\left(-\frac{1}{x}\right)$，显然这就要求能反过来掌握微分公式. 因为第一类换元积分法要求被积表达式中含有能"凑成"中间变量 u 的微分的因子，所以这个方法也叫做凑微分法.

例 9 求 $\int \frac{1}{x\ln^2 x}\mathrm{d}x$.

解 将 $\frac{1}{x}\mathrm{d}x$ 写成 $\mathrm{d}(\ln x)$，有

$$\begin{aligned}\int \frac{1}{x\ln^2 x}\mathrm{d}x &= \int \frac{1}{\ln^2 x}\mathrm{d}(\ln x) = \int (\ln x)^{-2}\mathrm{d}(\ln x)\\ &= -\frac{1}{\ln x}+C\end{aligned}$$

例 10 求 $\int \frac{\mathrm{e}^x}{\mathrm{e}^x+10}\mathrm{d}x$.

解 $\because$ $\mathrm{d}(\mathrm{e}^x+10)=\mathrm{e}^x\mathrm{d}x$

$\therefore$
$$\begin{aligned}\int \frac{\mathrm{e}^x}{\mathrm{e}^x+10}\mathrm{d}x &= \int \frac{1}{\mathrm{e}^x+10}\mathrm{d}(\mathrm{e}^x+10) = \ln|\mathrm{e}^x+10|+C\\ &= \ln(\mathrm{e}^x+10)+C \qquad (\because \mathrm{e}^x+10>10)\end{aligned}$$

例 11 求 $\int \frac{1}{a^2-x^2}\mathrm{d}x \quad (a>0)$.

解 本例中如果分子有一个因子 x，就可以作代换 $u=\varphi(x)=a^2-x^2$ 求积分，现在不行. 但可将被积函数先作代数的恒等变形，然后再用凑微分法求积分：

$$\begin{aligned}\frac{1}{a^2-x^2} &= \frac{1}{(a+x)(a-x)} = \frac{1}{2a}\cdot\frac{(a-x)+(a+x)}{(a+x)(a-x)}\\ &= \frac{1}{2a}\left(\frac{1}{a+x}+\frac{1}{a-x}\right)\end{aligned}$$

于是有

$$\begin{aligned}\int \frac{1}{a^2-x^2}\mathrm{d}x &= \int \frac{1}{2a}\left(\frac{1}{a+x}+\frac{1}{a-x}\right)\mathrm{d}x\\ &= \frac{1}{2a}\left(\int \frac{1}{a+x}\mathrm{d}x+\int \frac{1}{a-x}\mathrm{d}x\right)\end{aligned}$$

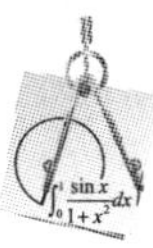

$$=\frac{1}{2a}\left[\int\frac{1}{(a+x)}\mathrm{d}(a+x)-\int\frac{1}{(a-x)}\mathrm{d}(a-x)\right]$$

$$=\frac{1}{2a}(\ln|a+x|-\ln|a-x|)+C$$

$$=\frac{1}{2a}\ln\left|\frac{a+x}{a-x}\right|+C$$

即有

$$\int\frac{1}{a^2-x^2}\mathrm{d}x=\frac{1}{2a}\ln\left|\frac{a+x}{a-x}\right|+C$$

它可以作为一个基本积分公式来应用.

同样

$$\int\frac{1}{x^2-a^2}\mathrm{d}x=\frac{1}{2a}\ln\left|\frac{x-a}{x+a}\right|+C$$

也可以作为一个基本积分公式来使用.

例 12 求$\int\sec x\mathrm{d}x$.

解 方法一 $\int\sec x\mathrm{d}x=\int\frac{1}{\cos x}\mathrm{d}x$ （必然的步骤）

$$=\int\frac{\cos x}{\cos^2 x}\mathrm{d}x$$

$$=\int\frac{\cos x}{1-\sin^2 x}\mathrm{d}x \quad (\because \cos^2 x=1-\sin^2 x)$$

$$=\int\frac{1}{1-\sin^2 x}\mathrm{d}\sin x$$

$$=\frac{1}{2}\ln\left|\frac{1+\sin x}{1-\sin x}\right|+C$$

$$=\frac{1}{2}\ln\left|\frac{(1+\sin x)^2}{1-\sin^2 x}\right|+C$$

$$=\frac{1}{2}\ln\left|\frac{(1+\sin x)^2}{\cos^2 x}\right|+C$$

$$=\ln|\sec x+\tan x|+C$$

即有

$$\int\sec x\mathrm{d}x=\ln|\sec x+\tan x|+C$$

它也可以作为一个基本积分公式来应用.

方法二 $\int\sec x\mathrm{d}x=\int\sec x\cdot\frac{\sec x+\tan x}{\sec x+\tan x}\mathrm{d}x$

$$=\int\frac{\sec^2 x+\sec x\tan x}{\sec x+\tan x}\mathrm{d}x$$

$$=\int\frac{1}{\sec x+\tan x}\mathrm{d}(\sec x+\tan x)$$

$$= \ln|\sec x + \tan x| + C$$

这个解法很简单，但要求对微分公式很熟悉，要用到

$$d(\sec x + \tan x) = (\sec^2 x + \sec x \tan x)dx$$

上面两个例题都是不能直接用凑微分法来计算的，而是要先对被积函数作适当的代数变换或三角变换后，才能用凑微分法求解.

以上所讲的是第一类换元积分法（简称第一类换元法），其中心思想是引进一个新的变量 u，来代替被积函数中的某个 x 的函数 $\varphi(x)$，从而把被积函数化为基本积分表中所列的形式，然后求得积分. 用这个方法积分时，在被积函数中将哪一部分看成 $\varphi(x)$，并以 u 来代替，这要根据情况来确定. 具体地说，当所给的被积函数 $g(x)$ 不能直接套用公式积分时，如果将 $g(x)$ 看成 $f[\varphi(x)]\varphi'(x)$，引进新的变量 u 代替 $\varphi(x)$ 后，便有 $\int g(x)dx = \int f[\varphi(x)]\varphi'(x)dx = \int f(u)du$，又如果此时可以套用公式求出不定积分 $\int f(u)du = F(u) + C$，则有

$$\int g(x)dx = \int f[\varphi(x)]\varphi'(x)dx$$

$$= \int f(u)du \xlongequal{\text{可积分}} F(u) + C \xlongequal{\text{反换元}} F[\varphi(x)] + C$$

用第一类换元积分法时，要注意以下几点：

(1) $\int g(x)dx = \int f[\varphi(x)]\varphi'(x)dx$ 不能直接套用公式积分，而引进新变量$u=\varphi(x)$ 后，积分化为 $\int f(u)du$，要易于求出或可以套用公式积分，最后用$\varphi(x)=u$反换元；

(2) 作变量代换 $u=\varphi(x)$ 时，要选定一个可以套用的积分公式，以便求出 $\int f(u)du$，这一条与上面一条往往要结合起来考虑；

(3) 作变量代换时，要熟记基本积分公式和基本导数公式（或微分公式）以及一些多项式的导数（或微分）.

5.4.2 第二类换元积分法

前面讲的第一类换元积分法是用一个简单的变量 u 来代替被积函数中的某个函数 $\varphi(x)$，使得 $\int f(u)du$ 能够套用公式积分.

第二类换元积分法正好相反，所给的积分 $\int f(x)dx$ 不能直接套用公式积分，要用一个复杂的函数 $\varphi(t)$ 来代替自变量 x，即通过变量代换 $x=\varphi(t)$ 将积分 $\int f(x)dx$ 化为 $\int f[\varphi(t)]\varphi'(t)dt$，从而使得积分容易求出.

下面我们还是先看一个例子.

例 13 求$\int \frac{x}{\sqrt{x+1}}\mathrm{d}x$.

解 本例中如果被积函数没有因子 x，则可用第一类换元法并设 $u=x+1$，但现在行不通. 也就是说，用前面学过的积分法难以积分，其困难在于被积函数中含有根式$\sqrt{x+1}$，因此我们要想办法去掉根号.

如果设 $x=\varphi(t)=t^2-1(t>0)$，于是 $\mathrm{d}x=2t\mathrm{d}t$，则

$$\sqrt{x+1}=\sqrt{t^2-1+1}=t$$

将它们代入所给的积分中，有

$$\begin{aligned}\int \frac{x}{\sqrt{x+1}}\mathrm{d}x &= \int \frac{t^2-1}{t}2t\mathrm{d}t = 2\int(t^2-1)\mathrm{d}t \\ &= 2\int t^2\mathrm{d}t-2\int\mathrm{d}t = \frac{2}{3}t^3-2t+C \\ &= \frac{2}{3}(x+1)^{\frac{3}{2}}-2\sqrt{x+1}+C\end{aligned}$$

（用 $t=\sqrt{x+1}$反换元）

此例是通过适当的变量代换，即用一个复杂的函数 $\varphi(t)=t^2-1$ 来代替积分变量 x，消去了被积函数中的根式，从而求出所给的不定积分.

这种方法叫做第二类换元积分法. 在一般情况下，有以下的定理.

定理

设 $x=\varphi(t)$严格单调并有连续导数，且 $\varphi'(t)\neq 0$，如果$\int f[\varphi(t)]\varphi'(t)\mathrm{d}t=F(t)+C$，则有

$$\int f(x)\mathrm{d}x = F[\varphi^{-1}(x)]+C$$

其中 $t=\varphi^{-1}(x)$ 是 $x=\varphi(t)$ 的反函数.

这个定理的含义是：

如果$\int f(x)\mathrm{d}x$ 不易直接套用公式积分，而将 x 换成$\varphi(t)$ 之后（其中 $x=\varphi(t)$严格单调并有连续导数，且 $\varphi'(t)\neq 0$)，$\int f[\varphi(t)]\varphi'(t)\mathrm{d}t$ 可以套用积分公式得到$F(t)+C$，则有

$$\begin{aligned}\int f(x)\mathrm{d}x &= \int f[\varphi(t)]\varphi'(t)\mathrm{d}t = F(t)+C \\ &= F[\varphi^{-1}(x)]+C\end{aligned}$$

其中 $t=\varphi^{-1}(x)$ 是 $x=\varphi(t)$ 的反函数. 最后一步为反换元过程.

以上过程可以简写成：

$$\int f(x)\mathrm{d}x \xlongequal{\text{设 } x=\varphi(t)} \int f[\varphi(t)]\varphi'(t)\mathrm{d}t$$

$$\xlongequal{\text{可积分}} F(t)+C \xlongequal{\text{反换元}} F[\varphi^{-1}(x)]+C$$

可见它正好与第一类换元法相反，第一类换元法用于 $\int f[\varphi(x)]\varphi'(x)\mathrm{d}x$ 不易套用积分公式而 $\int f(u)\mathrm{d}u$ 易套用积分公式.

定理中的条件 $x=\varphi(t)$ 严格单调，主要是使它的反函数 $t=\varphi^{-1}(x)$ 存在.

下面举例应用第二类换元法求不定积分.

例 14 求 $\int \frac{x^2}{(1-x^2)^{\frac{3}{2}}}\mathrm{d}x$.

解 由于本例被积函数的分子是 x^2，而不是 x，所以不能用第一类换元积分法.

现用第二类换元积分法.

令 $x=\varphi(t)=\sin t$，当 $t\in\left(-\frac{\pi}{2},\frac{\pi}{2}\right)$ 时，它严格单调并有连续导数，且 $\varphi'(t)=\cos t\neq 0$，则 $\mathrm{d}x=\varphi'(t)\mathrm{d}t=\cos t\mathrm{d}t$，且 $(1-x^2)^{\frac{2}{3}}=(1-\sin^2 t)^{\frac{3}{2}}=\cos^3 t$，代入所给的积分中，有

$$\begin{aligned}
\int \frac{x^2}{(1-x^2)^{\frac{3}{2}}}\mathrm{d}x &= \int \frac{\sin^2 t}{\cos^3 t}\cdot\cos t\mathrm{d}t = \int \frac{\sin^2 t}{\cos^2 t}\mathrm{d}t \\
&= \int \tan^2 t\mathrm{d}t = \int(\sec^2 t-1)\mathrm{d}t \\
&= \int \sec^2 t\mathrm{d}t - \int \mathrm{d}t \\
&= \tan t - t + C \\
&= \frac{x}{\sqrt{1-x^2}} - \arcsin x + C
\end{aligned}$$

($\because$ $\tan t=\frac{\sin t}{\cos t}$, $\sin t=x$, $\cos t=\sqrt{1-x^2}$， $\therefore$ $\tan t=\frac{x}{\sqrt{1-x^2}}$；又 $x=\sin t$

$\therefore$ $t=\arcsin x$)

例 15 求 $\int\sqrt{a^2-x^2}\mathrm{d}x \quad (a>0)$.

解 仿照上例，令 $x=\varphi(t)=a\sin t$，当 $t\in\left(-\frac{\pi}{2},\frac{\pi}{2}\right)$ 时，它严格单调并有连续导数，且 $\varphi'(t)=a\cos t\neq 0$，则 $\mathrm{d}x=a\cos t\mathrm{d}t$，且 $\sqrt{a^2-x^2}=a\cos t$，于是有

$$\begin{aligned}
\int\sqrt{a^2-x^2}\mathrm{d}x &= \int a\cos t\cdot a\cos t\mathrm{d}t \\
&= a^2\int\cos^2 t\mathrm{d}t \qquad \text{(可以积分)}
\end{aligned}$$

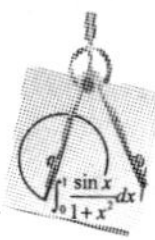

$$= a^2\int \frac{1+\cos 2t}{2}\mathrm{d}t = \frac{a^2}{2}\left(\int \mathrm{d}t + \int \cos 2t\mathrm{d}t\right)$$

$$= \frac{a^2}{2}\left(t + \frac{1}{2}\int \cos 2t\mathrm{d}2t\right)$$

$$= \frac{a^2}{2}\left(t + \frac{1}{2}\sin 2t\right) + C$$

$$= \frac{a^2}{2}(t + \sin t \cdot \cos t) + C$$

$$= \frac{a^2}{2}(t + \sin t\sqrt{1-\sin^2 t}) + C$$

$$= \frac{a^2}{2}\left(\arcsin\frac{x}{a} + \frac{x}{a}\sqrt{1-\frac{x^2}{a^2}}\right) + C$$

$$\left(\because t = \arcsin\frac{x}{a}, \sin t = \frac{x}{a}\right)$$

$$= \frac{a^2}{2}\arcsin\frac{x}{a} + \frac{x}{2}\sqrt{a^2-x^2} + C$$

即有公式

$$\int\sqrt{a^2-x^2}\mathrm{d}x = \frac{a^2}{2}\arcsin\frac{x}{a} + \frac{x}{2}\sqrt{a^2-x^2} + C$$

以上两例做的都是三角代换，例 14 中，令 $x=\sin t$，例 15 中，令 $x=a\sin t$，积分的结果一般是 t 的三角函数式，最后进行反换元时，为了计算简便我们往往采用“三角形法”，即根据所给的变量代换作一直角三角形，然后由直角三角形的边角关系来确定三角函数之间的关系.

由于令　$x=a\sin t$

则　　$\sin t=\dfrac{x}{a}, t=\arcsin\dfrac{x}{a}$

$\cos t=\dfrac{\sqrt{a^2-x^2}}{a}$　（如图 5－2 所示）

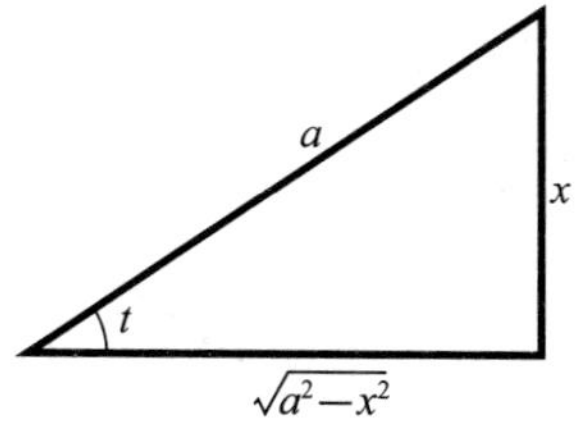

图 5－2

说明：在例 15 中若设 $t^2=a^2-x^2$，则有

$2t\mathrm{d}t=-2x\mathrm{d}x$

$\mathrm{d}x=\dfrac{-t}{x}\mathrm{d}t, x=\sqrt{a^2-t^2}$

于是

$$\int\sqrt{a^2-x^2}\mathrm{d}x=\int\frac{-t^2}{\sqrt{a^2-t^2}}\mathrm{d}t$$

我们可以看到，通过上面的变量代换得到的对新变量 t 的积分，比原积分更复杂，所以这种代换是不成功的. 但若作三角代换，则可以求得结果.

例 16 求 $\int\frac{1}{\sqrt{a^2+x^2}}\mathrm{d}x\quad(a>0)$.

解 前面两例中，被积函数中有 $\sqrt{a^2-x^2}$，为了将根式去掉，作了代换 $x=a\sin t$.

此处被积函数中有 $\sqrt{a^2+x^2}$，显然可以设 $x=a\tan t,t\in\left(-\frac{\pi}{2},\frac{\pi}{2}\right)$，则它严格单调并有连续导数，且 $\varphi'(t)=a\sec^2t\neq0$，这时有 $\mathrm{d}x=a\sec^2t\mathrm{d}t$，$\sqrt{a^2+x^2}=a\sec t$，代入所给的积分中，有

$$\begin{aligned}\int\frac{1}{\sqrt{a^2+x^2}}\mathrm{d}x&=\int\frac{1}{a\sec t}a\sec^2t\mathrm{d}t\\&=\int\sec t\mathrm{d}t\qquad\text{(可以套用公式积分)}\\&=\ln|\sec t+\tan t|+C_1\\&=\ln|\sqrt{1+\tan^2t}+\tan t|+C_1\\&=\ln\left|\sqrt{1+\frac{x^2}{a^2}}+\frac{x}{a}\right|+C_1\qquad\left(\because\tan t=\frac{x}{a}\right)\\&=\ln\left|\frac{1}{a}(\sqrt{a^2+x^2}+x)\right|+C_1\\&=-\ln a+\ln|\sqrt{a^2+x^2}+x|+C_1\\&=\ln|\sqrt{a^2+x^2}+x|+C\text{ (其中 }C=C_1-\ln a)\end{aligned}$$

此例反换元时，也可用“三角形法”：

由于令　$x=a\tan t$

则 $\tan t=\frac{x}{a}$，$t=\arctan\frac{x}{a}$，$\sec t=\frac{\sqrt{a^2+x^2}}{a}$(如图 5－3 所示).

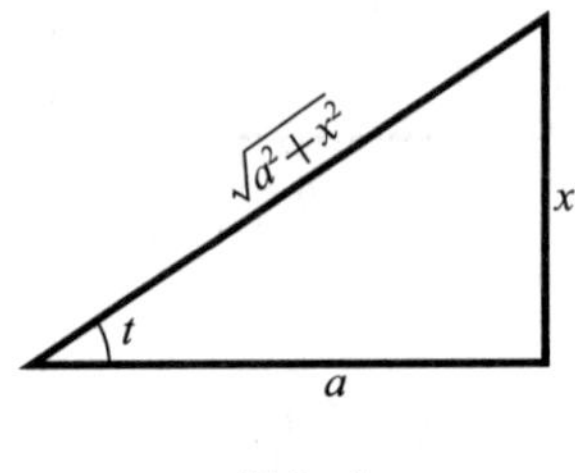

图 5－3

例 17 求$\int\frac{1}{\sqrt{x^2-a^2}}\mathrm{d}x \quad (a>0)$.

解 设$x=\varphi(t)=a\sec t$，$t\in\left(0,\frac{\pi}{2}\right)$，则它严格单调并有连续导数，且$\varphi'(t)=a\sec t\tan t\neq 0$，这时有$\mathrm{d}x=a\sec t\tan t\mathrm{d}t$，$\sqrt{x^2-a^2}=a\tan t$. 所以

$$\begin{aligned}\int\frac{1}{\sqrt{x^2-a^2}}\mathrm{d}x &= \int\frac{a\sec t\tan t}{a\tan t}\mathrm{d}t=\int\sec t\mathrm{d}t\\ &=\ln|\sec t+\tan t|+C_1\\ &=\ln|\sec t+\sqrt{\sec^2 t-1}|+C_1\\ &=\ln\left|\frac{x}{a}+\sqrt{\frac{x^2}{a^2}-1}\right|+C_1\\ &\left(\because \sec t=\frac{x}{a}\right)\\ &=\ln|x+\sqrt{x^2-a^2}|+C\end{aligned}$$

其中$C=C_1-\ln a$.

或用三角形法反换元：

令 $x=a\sec t$

则$\sec t=\frac{x}{a}$，$t=\mathrm{arcsec}\frac{x}{a}=\arccos\frac{a}{x}$，$\cos t=\frac{a}{x}$， $\tan t=\frac{\sqrt{x^2-a^2}}{a}$(如图 5－4 所示).

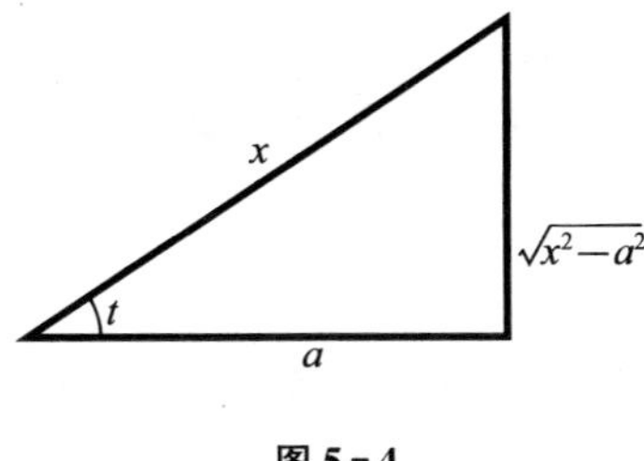

图 5－4

将例 16 和例 17 合并起来可得积分公式

$$\int\frac{1}{\sqrt{x^2\pm a^2}}\mathrm{d}x=\ln|x+\sqrt{x^2\pm a^2}|+C$$

例 18 求$\int\frac{1}{\sqrt{1+\mathrm{e}^x}}\mathrm{d}x$.

解 设$t=\sqrt{1+\mathrm{e}^x}$，则$\mathrm{e}^x=t^2-1$，$x=\ln(t^2-1)$，$\mathrm{d}x=\frac{2t}{t^2-1}\mathrm{d}t$，于是有

$$\begin{aligned}\int\frac{1}{\sqrt{1+\mathrm{e}^x}}\mathrm{d}x &= \int\frac{1}{t}\cdot\frac{2t}{t^2-1}\mathrm{d}t\\ &=2\int\frac{1}{t^2-1}\mathrm{d}t\end{aligned}$$

$$=2\cdot\frac{1}{2}\ln\left|\frac{t-1}{t+1}\right|+C$$

$$=\ln\left|\frac{\sqrt{1+\mathrm{e}^x}-1}{\sqrt{1+\mathrm{e}^x}+1}\right|+C$$

以上讲的是第二类换元积分法，解决含有根式的被积函数的积分问题常用这种方法. 用第二类换元积分法时要掌握以下三个要点：

(1) 选取的代换式 $x=\varphi(t)$ 要使得积分 $\int f[\varphi(t)]\varphi'(t)\mathrm{d}t$ 易于求出.

(2) 为了保证 $x=\varphi(t)$ 的反函数 $t=\varphi^{-1}(x)$存在，并保证不定积分 $\int f[\varphi(t)]\varphi'(t)\mathrm{d}t$ 有意义，要求 $x=\varphi(t)$ 严格单调并有连续导数，且 $\varphi'(t)\neq 0$.

(3) 作变量代换 $x=\varphi(t)$，它比第一类换元法容易掌握，中心思想通常是将根式有理化，一般用以下几种代换：

1) $x=t^n+a$　　(如例 13)；

2) $x=a\sin t$(或 $x=a\cos t$)，当被积函数中有 $\sqrt{a^2-x^2}$时；

3) $x=a\tan t$(或 $x=a\cot t$)，当被积函数中有 $\sqrt{a^2+x^2}$时；

4) $x=a\sec t$(或 $x=a\csc t$)，当被积函数中有 $\sqrt{x^2-a^2}$时.

5.5 分部积分法

这一节讲分部积分法. 它实际上是两个函数乘积的导数公式的逆运算，也是最常用的一种积分方法.

分部积分法就是将所求的积分写成两个部分. 请看以下定理.

定理

设 u, v 都是 x 的函数且有连续导数，则有

$$\int u\mathrm{d}v=uv-\int v\mathrm{d}u$$

上面这个公式叫做分部积分公式，它把所求的积分分成了两部分，一部分是 uv，是已经求出了的，另一部分是 $\int v\mathrm{d}u$，是还要积分的，即求不定积分 $\int u\mathrm{d}v$ 的问题转化成了求不定

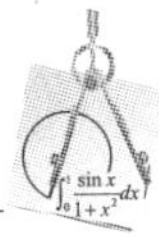

积分$\int v\mathrm{d}u$的问题. 它用于$\int u\mathrm{d}v$不易计算，而$\int v\mathrm{d}u$比较容易计算的情况.

下面举例说明如何用这种方法来积分.

例 1 求$\int x\sin x\mathrm{d}x$.

解 这个不定积分用直接积分法或换元法都求不出来，现用分部积分法来计算. 将被积函数中的x看成u，而将$\sin x\mathrm{d}x$看成$\mathrm{d}v$，即

设$u=x$，$\mathrm{d}v=\sin x\mathrm{d}x$，则可以求出：

$$\mathrm{d}u=\mathrm{d}x,\quad v=-\cos x \qquad \text{（不要积分常数 }C\text{）}$$

套用分部积分公式，有

$$\begin{aligned}\int x\sin x\mathrm{d}x &= -x\cos x+\int \cos x\mathrm{d}x \qquad \text{（显然右边第二项可以积分）}\\ &= -x\cos x+\sin x+C\end{aligned}$$

不难检验这个结果是正确的，因此以上的解题步骤也是正确的.

但如果将被积函数中的$\sin x$看成u，而将$x\mathrm{d}x$看成$\mathrm{d}v$，即设$u=\sin x$，$\mathrm{d}v=x\mathrm{d}x$，则有$\mathrm{d}u=\cos x\mathrm{d}x$，$v=\frac{1}{2}x^2$，于是

$$\int x\sin x\mathrm{d}x = \frac{1}{2}x^2\sin x-\int \frac{1}{2}x^2\cos x\mathrm{d}x$$

这时右边第二项的积分比原积分更复杂，因为被积函数中出现了x^2(原积分中只是x)，所以这样选取u和$\mathrm{d}v$是行不通的.

为什么会出现这种情况呢? 因为当设$\mathrm{d}v=x\mathrm{d}x$时，积分后得到$v=\frac{1}{2}x^2$，x的幂越来越高了. 而在前面的解法中，设$u=x$，求微分后得$\mathrm{d}u=\mathrm{d}x$，x的幂降低了一次. 所以应用分部积分法时，恰当地选择u和$\mathrm{d}v$是很关键的. 对u和$\mathrm{d}v$的选取，应当考虑到:

(1) 由$\mathrm{d}v$容易求得v;

(2) 使$\int v\mathrm{d}u$比原来的积分$\int u\mathrm{d}v$较容易计算.

例 2 求$\int x^2 e^{\frac{x}{2}}\mathrm{d}x$.

解 设$u=x^2$，$\mathrm{d}v=e^{\frac{x}{2}}\mathrm{d}x$，则$\mathrm{d}u=2x\mathrm{d}x$，$v=2e^{\frac{x}{2}}$，所以

$$\int x^2 e^{\frac{x}{2}}\mathrm{d}x = 2x^2 e^{\frac{x}{2}}-4\int x e^{\frac{x}{2}}\mathrm{d}x \tag{1}$$

现在等号右边第二项的积分虽然还是求不出来，但是可以看到它比原来的积分$\int x^2 e^{\frac{x}{2}}\mathrm{d}x$容易计算，因为被积函数中$x$的幂已经降低了一次，显然如果再使用一次分部积分公式，就可以求出结果了.

设$u=x$，$\mathrm{d}v=e^{\frac{x}{2}}\mathrm{d}x$，则$\mathrm{d}u=\mathrm{d}x$，$v=2e^{\frac{x}{2}}$，于是

$$\int xe^{\frac{x}{2}}\mathrm{d}x = 2xe^{\frac{x}{2}} - 2\int e^{\frac{x}{2}}\mathrm{d}x$$
$$= 2xe^{\frac{x}{2}} - 4e^{\frac{x}{2}} + C_1$$

代入(1)式中，得到

$$\int x^2 e^{\frac{x}{2}}\mathrm{d}x = 2x^2 e^{\frac{x}{2}} - 4(2xe^{\frac{x}{2}} - 4e^{\frac{x}{2}} + C_1)$$
$$= 2e^{\frac{x}{2}}(x^2 - 4x + 8) + C$$

例 3 求$\int e^x \cos x\mathrm{d}x$.

解 设$u=\cos x$，$\mathrm{d}v=e^x\mathrm{d}x$，则$\mathrm{d}u=-\sin x\mathrm{d}x$，$v=e^x$，于是

$$\int e^x\cos x\mathrm{d}x = e^x\cos x + \int e^x\sin x\mathrm{d}x \tag{1}$$

现在等式右边第二项的积分不知能否积出，我们再试用一次分部积分法，于是设$u=\sin x$，$\mathrm{d}v=e^x\mathrm{d}x$，则$\mathrm{d}u=\cos x\mathrm{d}x$，$v=e^x$，所以

$$\int e^x\sin x\mathrm{d}x = e^x\sin x - \int e^x\cos x\mathrm{d}x$$

代入(1)式中，得到

$$\int e^x\cos x\mathrm{d}x = e^x\cos x + e^x\sin x - \int e^x\cos x\mathrm{d}x$$

现在右边又出现了所求积分$\int e^x\cos x\mathrm{d}x$，但这没有关系，可以把它移到等号左边去，于是有

$$2\int e^x\cos x\mathrm{d}x = e^x\cos x + e^x\sin x + C_1$$

(此时因为右边没有不定积分了，所以要加上积分常数.)

$$\therefore \quad \int e^x\cos x\mathrm{d}x = \frac{1}{2}e^x(\cos x + \sin x) + C$$

其中$C=\frac{1}{2}C_1$.

注意 在上面的例子中，第二次用分部积分法时，如果设$u=e^x$，$\mathrm{d}v=\sin x\mathrm{d}x$，就将会还原成原来的积分了. 所以，第二次使用分部积分法时，应与第一次使用分部积分法时类似地设$u=\sin x$，$\mathrm{d}v=e^x\mathrm{d}x$.

以上例题应用分部积分法时，我们都写出了设u和$\mathrm{d}v$以及求$\mathrm{d}u$和v这些步骤，在熟练地掌握了这一方法后，就可以把这些步骤省去，以简化书写过程.

试看下面的例题.

例 4 求$\int \ln x\mathrm{d}x$.

解 本例的被积函数就是单独一项$\ln x$，需用分部积分法求解. 只能将$\ln x$看成u，将$\mathrm{d}x$看成$\mathrm{d}v$，于是

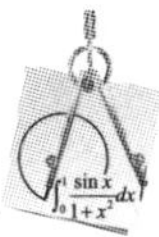

$$\int \ln x dx = x\ln x - \int x d\ln x$$
$$= x\ln x - \int x \cdot \frac{1}{x} dx$$
$$= x\ln x - \int dx = x\ln x - x + C$$

例 5 求$\int x\arctan x dx$.

解 $$\int x\arctan x dx = \int \arctan x d\left(\frac{x^2}{2}\right)$$
$$= \frac{x^2}{2}\arctan x - \int \frac{x^2}{2} \cdot \frac{1}{1+x^2} dx$$
$$= \frac{x^2}{2}\arctan x - \frac{1}{2}\int \frac{x^2+1-1}{1+x^2} dx$$
$$= \frac{x^2}{2}\arctan x - \frac{1}{2}\left(\int 1 dx - \int \frac{1}{1+x^2} dx\right)$$
$$= \frac{x^2}{2}\arctan x - \frac{x}{2} + \frac{1}{2}\arctan x + C$$
$$= -\frac{x}{2} + \frac{1}{2}(1+x^2)\arctan x + C$$

例 6 求$\int \sin^2 x dx$.

解 本例可以用直接积分法结合第一类换元积分法求出，但也可以用分部积分法计算：

$$\int \sin^2 x dx = \int \sin x \cdot \sin x dx = \int \sin x d(-\cos x)$$
$$= -\sin x \cdot \cos x + \int \cos x \cos x dx$$
$$= -\sin x \cos x + \int (1 - \sin^2 x) dx$$
$$= -\sin x \cos x + \int 1 dx - \int \sin^2 x dx$$
$$= -\sin x \cos x + x - \int \sin^2 x dx$$

故

$$\int \sin^2 x dx = \frac{1}{2}(x - \sin x \cos x) + C$$

以上是关于分部积分法的一些例题. 分部积分法用于$\int u dv$积不出来，而$\int v du$可以积出时. 使用这个方法时要注意以下几点：

(1) 分部积分法一般适用于对下列被积函数积分：

1) $x^n\sin ax, x^n\cos ax, x^n e^{ax}$，其中 n 为正整数．总是设 $u=x^n$，其余部分为 dv.

2) $e^{ax}\sin bx, e^{ax}\cos bx$. 一般设 $u=\sin bx, dv=e^{ax}dx$ 较好（便于积分），但也可设 $u=e^{ax}$，$dv=\sin bx dx$.

3) $x^n\ln x(n\neq -1)$. 设 $u=\ln x, dv=x^n dx$.

4) $x^n\arctan x$. 设 $u=\arctan x$，$dv=x^n dx$.

5) $\sin^n x, \cos^n x$. 设 $u=\sin^{n-1}x, dv=\sin x dx$.

(2) 连续两次用分部积分法时（如例 2 和例 3），第一次与第二次应设同一类函数为 u，否则将会还原.

(3) 如果被积函数中只有一个因子（例如 $\ln x, \arcsin x$ 等），而又不能用别的方法求出积分时，不妨用分部积分法试试，此时只能设被积函数为 u，$dv=dx$.

到现在为止，我们一共讲述了三种积分方法：直接积分法、换元积分法和分部积分法．这几种方法，哪一种都不是万能的，每种方法都是对某些积分适用，而对另一些积分就不适用．但实际解题时，有时一道题要采用几种积分法综合计算．这就要求对以上这些方法会灵活运用．为了更好地掌握它们，试看以下例题.

例 7 求$\int e^{\sqrt{x}}dx$.

解 先用第二类换元积分法

设 $x=t^2$，则 $dx=2tdt$. 于是

$$\int e^{\sqrt{x}}dx=\int e^t 2tdt=2\int te^t dt$$

再用分部积分法

设 $u=t, dv=e^t dt$，则 $du=dt, v=e^t$. 于是

$$\begin{aligned}2\int te^t dt&=2\left(te^t-\int e^t dt\right)\\&=2(te^t-e^t)+C\\&=2e^t(t-1)+C\end{aligned}$$

最后反换元，将 t 用$\sqrt{x}$代换，得

$$\int e^{\sqrt{x}}dx=2e^{\sqrt{x}}(\sqrt{x}-1)+C$$

例 8 求$\int \frac{x^3}{\sqrt{1+x^2}}dx$.

解 方法一 用分部积分法

由于$(\sqrt{1+x^2})'=\frac{x}{\sqrt{1+x^2}}$，所以有

$$\int \frac{x^3}{\sqrt{1+x^2}}dx=\int x^2 d(\sqrt{1+x^2})$$

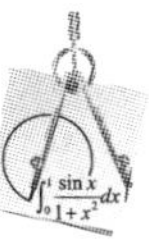

$$= x^2\sqrt{1+x^2} - \int \sqrt{1+x^2}\,\mathrm{d}(x^2)$$

$$= x^2\sqrt{1+x^2} - \int (1+x^2)^{\frac{1}{2}}\,\mathrm{d}(1+x^2) \qquad \text{（凑微分法）}$$

$$= x^2\sqrt{1+x^2} - \frac{2}{3}(1+x^2)^{\frac{3}{2}} + C$$

$$= x^2\sqrt{1+x^2} - \frac{2}{3}(1+x^2)\sqrt{1+x^2} + C$$

方法二　用第二类换元积分法

设 $x=\tan t$，则 $\mathrm{d}x=\sec^2 t\mathrm{d}t$，$\sqrt{1+x^2}=\sec t$. 于是

$$\int \frac{x^3}{\sqrt{1+x^2}}\mathrm{d}x = \int \frac{\tan^3 t}{\sec t}\cdot \sec^2 t\mathrm{d}t = \int \tan^3 t\sec t\mathrm{d}t$$

$$= \int \tan^2 t\sec t\tan t\mathrm{d}t$$

$$= \int (\sec^2 t - 1)\mathrm{d}\sec t$$

$$= \int \sec^2 t\mathrm{d}\sec t - \int \mathrm{d}\sec t$$

$$= \frac{1}{3}\sec^3 t - \sec t + C$$

$$= \frac{1}{3}\sqrt{(1+x^2)^3} - \sqrt{1+x^2} + C$$

$$= \frac{1}{3}(1+x^2)\sqrt{1+x^2} - \sqrt{1+x^2} + C$$

我们可看到，此例用换元法较繁，而用分部积分法则简便多了，并且用两种不同的积分方法求出的结果不相同. 由此说明：

(1) 求同一个函数的不定积分往往可以采用几种不同的方法计算，并且其难易程度也不一样. 因此，要灵活掌握求不定积分的方法，学会选择最简便的方法求解.

(2) 由于解法不同，会引起结果形式的不同，但是它们之间的差别仅是一个常数，该常数可以归并在积分常数 C 内，所以积分的结果实质上是无差别的.

到现在为止，总共讲述了 3 种基本的积分方法. 我们看到了：求函数的不定积分，不像求函数的导数那样，有一些基本的公式可套，而且对任何初等函数，一定可以求出它的导数，且其导数仍为初等函数. 求一个函数的不定积分，显然困难得多. 虽然在前面曾经指出过：一个函数只要在某区间内连续，就一定存在原函数（即存在不定积分），但是存在原函数是一回事，如何求出它的原函数，以及是否存在初等函数形式的原函数又是另一回事.

当对给定的函数求不定积分时，我们只能按照前面讲的基本积分方法去求，并要能够灵活地运用这些方法. 此外还有一些积分方法，我们没有介绍. 总之，如何求一个函数的不定积分的问题，没有一个一般的方法可以照套，必须通过多学习、多练习、积累经验才能掌握其要领.

不仅如此，还有一些函数，虽然其原函数是存在的，但这些原函数却不能用初等函数来表示. 如果初等函数 $f(x)$ 的原函数不是初等函数，我们就说 $\int f(x)\mathrm{d}x$ 不能表示为有限形式（或称积不出来）. 例如：

$$\int \mathrm{e}^{-x^2}\mathrm{d}x, \quad \int \frac{1}{\ln x}\mathrm{d}x, \quad \int \cos x^2\mathrm{d}x, \quad \int \sqrt{\sin x}\mathrm{d}x$$

这些积分看起来很简单，但都不能表示为有限形式，也就是说，都积不出来. 尤其令人遗憾的是，甚至没有一个方法去判断什么样的积分积不出来. 所以关于求不定积分的问题，其难度比求导数要大得多. 不过学习不定积分并不要求对所有的函数都会求积分，只要求会用上面几种基本积分方法就可以了.

在实际工作中，还可以利用现成的积分表直接查出不定积分.

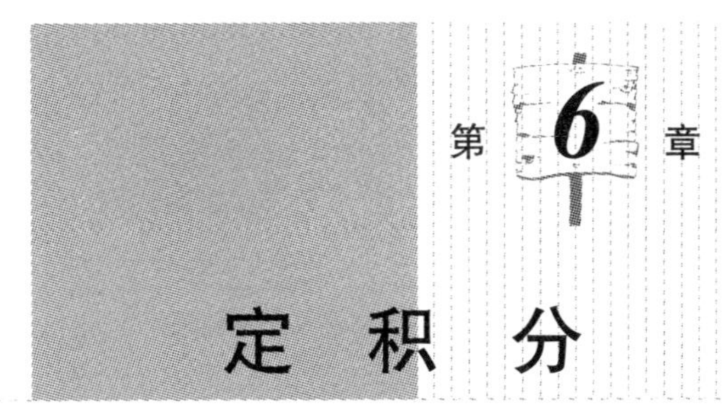

第6章 定积分

定积分是积分学的又一个重要的概念，它是从计算面积与体积等实际问题中抽象出来的，在科学技术和经济领域中，定积分都有广泛的应用. 本章主要介绍定积分的概念、性质、计算方法及应用.

6.1 定积分的概念

定积分的概念最初也是牛顿、莱布尼兹在研究力学和几何学的问题中提出来的. 在讲述定积分的概念之前，先介绍引出定积分概念的几个例子.

6.1.1. 引例

1. 曲边梯形的面积

在初等数学中，我们已经学会计算多边形和圆形的面积，但是不能计算由任意曲线所围成的平面图形的面积. 而在实际问题中，有时要计算由一条任意曲线所围成的平面图形的面积. 这种图形中最基本的是曲边梯形.

曲边梯形就是左、右、底三边都是直线，而顶部是曲线边所围成的图形. 为确定起见，取左、右两直线边为 $x=a$，$x=b$，取底为 x 轴，顶部曲线的方程为 $y=f(x)$（如图 6－1 所示）.

显然，由任意封闭曲线所围成的图形的面积（如图 6－2 中的阴影部分），可以化为曲线 $y_2=f_2(x)$ 下的曲边梯形面积与曲线 $y_1=f_1(x)$ 下的曲边梯形面积之差来计算.

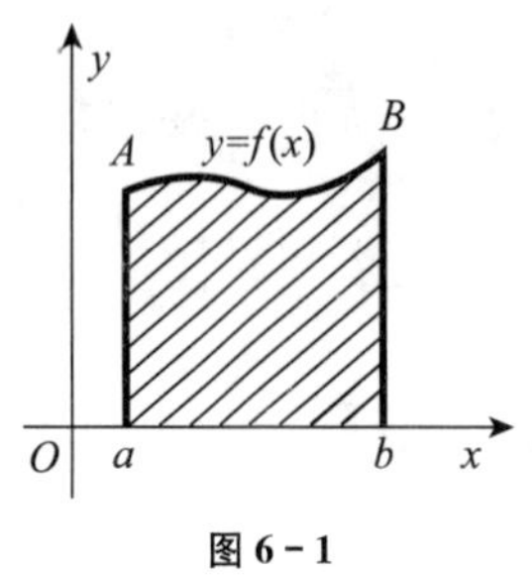

图 6-1

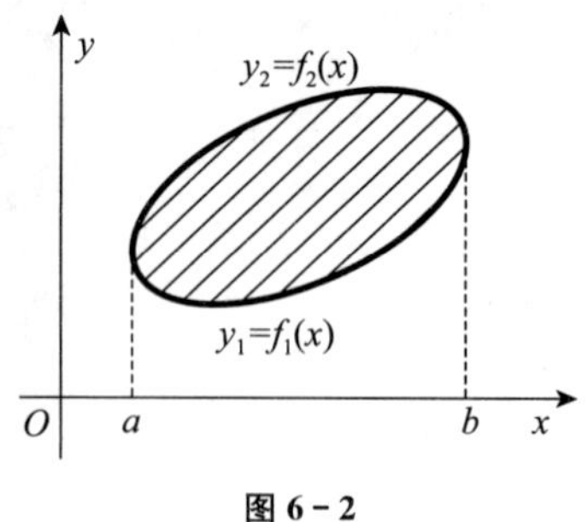

图 6-2

下面我们介绍如何计算曲边梯形的面积.

计算曲边梯形面积的主要困难在于它的顶部曲线的高度是随 x 而变的，假如它的顶部是一条水平直线，其高度是不变的，那么面积就好计算了：矩形面积＝高×底.

虽然曲边梯形的高是随 x 而变化的，从整个区间 $[a, b]$ 来看，其高度的变化范围可能很大，但只要曲线 $y=f(x)$ 是连续的，那么在 x 的变化范围不大时，高度的变化就不会大. 因此就想到将底边的长度分成很多份，也就是将所给的曲边梯形分成很多个小的曲边梯形，对每个小曲边梯形来讲，其高度变化是很小的. 于是可以用一个小矩形面积来近似地代替小曲边梯形的面积，并用这许多小矩形面积的和近似地代替所给曲边梯形的面积. 当所分的份数越来越多时，这种代替的精确性就会越来越高. 最后求极限就可以得出曲边梯形的面积. 具体地说，有以下四步.

第一步：分割底边(化整为零).

把曲边梯形的底边所在的区间 $[a, b]$ 用分点 $x_0=a$, x_1, x_2, $\cdots$, $x_n=b$ 分成 n 个小区间：

$$[x_0, x_1], [x_1, x_2], \cdots, [x_{n-1}, x_n]$$

在各分点作 x 轴的垂线，这就把所给的曲边梯形分成了 n 个小曲边梯形（如图 6-3 所示）. 每个小区间的长分别为

$$\Delta x_1 = x_1 - x_0, \Delta x_2 = x_2 - x_1, \cdots, \Delta x_n = x_n - x_{n-1}$$

第二步：以“直”代“曲”(近似代替).

在每一个小区间 $[x_{i-1}, x_i]$$(i=1, 2, \cdots, n)$ 上任取一点 $\xi_i$$(x_{i-1}\leqslant\xi_i\leqslant x_i)$，过点 ξ_i 作 x 轴的垂线与曲线 $y=f(x)$ 相交于 p_i 点，此点的高度就是 $f(\xi_i)$. 以 Δx_i 为底，$f(\xi_i)$ 为高作小矩形，其面积 $f(\xi_i)\Delta x_i$ 就是第 i 个小曲边梯形面积的近似值（如图 6-3 中的阴影部分).

第三步：积零为整.

于是 n 个小矩形面积的和

$$\begin{aligned} S_n &= f(\xi_1)\Delta x_1 + f(\xi_2)\Delta x_2 + \cdots + f(\xi_n)\Delta x_n \\ &= \sum_{i=1}^{n} f(\xi_i)\Delta x_i \end{aligned}$$

就是曲边梯形面积 S 的近似值.

第四步：计算极限.

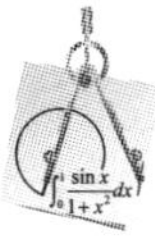

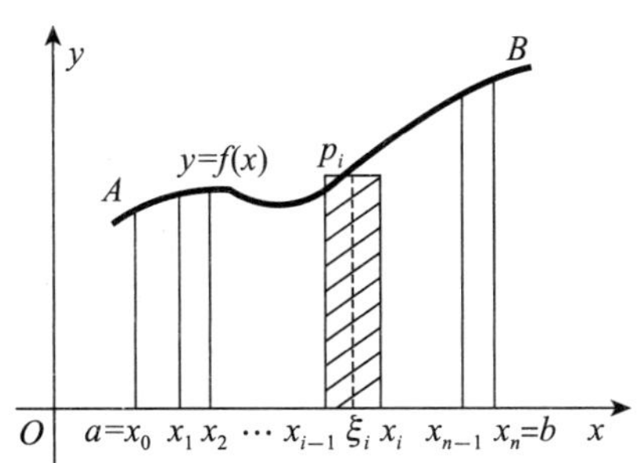

图 6-3

当分点数无限增多，即 n 趋于无穷大，且所有小区间中长度最大者 Δx（$\Delta x=\max\{\Delta x_i\}$）趋于 0 时，上述和的极限就是所求的曲边梯形的面积 S，即

$$S=\lim_{\substack{n\to\infty\\(\Delta x\to 0)}}\sum_{i=1}^{n}f(\xi_i)\Delta x_i$$

下面我们看一个具体例题.

例 计算由曲线 $y=\dfrac{1}{2}x^2$，直线 $x=1$ 和 x 轴所围成的平面图形的面积（如图 6-4 所示）.

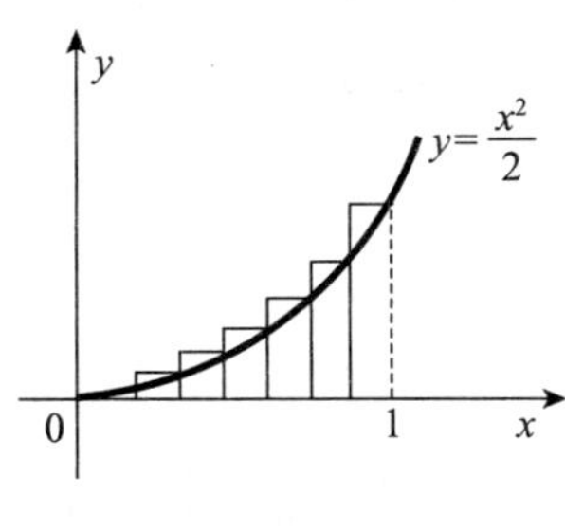

图 6-4

解 函数 $y=\dfrac{1}{2}x^2$ 在区间 $[0,1]$ 上连续.

用分点 $x_0=0$，$x_1=\dfrac{1}{n}$，$x_2=\dfrac{2}{n}$，…，$x_{i-1}=\dfrac{i-1}{n}$，$x_i=\dfrac{i}{n}$，…，$x_n=1$ 将区间$[0,1]$分成 n 等份,每个小区间的长度为

$$\Delta x_i=x_i-x_{i-1}=\frac{i}{n}-\frac{i-1}{n}=\frac{1}{n}$$

取小区间的右端点为 ξ_i，即取 $\xi_i=x_i=\dfrac{i}{n}$，则 n 个小矩形面积之和为

$$S_n=\sum_{i=1}^{n}f(\xi_i)\Delta x_i=\sum_{i=1}^{n}\frac{1}{2}\left(\frac{i}{n}\right)^2\cdot\frac{1}{n}$$

$$= \frac{1}{2n^3}(1^2 + 2^2 + \cdots + n^2)$$

$$= \frac{1}{2n^3} \cdot \frac{n(n+1)(2n+1)}{6}$$

$$= \frac{1}{6}\left(1 + \frac{1}{n}\right)\left(1 + \frac{1}{2n}\right)$$

它就是所求平面图形面积的近似值，n 越大，计算的结果越精确. 现让 $n \to \infty$ 求极限，有

$$\lim_{n\to\infty} S_n = \lim_{n\to\infty}\frac{1}{6}\left(1+\frac{1}{n}\right)\left(1+\frac{1}{2n}\right) = \frac{1}{6}$$

即所求的面积为 $\frac{1}{6}$（平方单位）.

如果取小区间的左端点为 ξ_i，也会得到相同的结果，即极限值与 ξ_i 的取法无关.

在上面的计算中，我们将区间 $[0, 1]$ 分成了 n 等份，如果不用等分，例如，取分割区间的点成为一个几何数列，也会得到相同的结果. 即极限值与将区间分成 n 份的分法无关.

2. 变速直线运动的路程

当物体作匀速直线运动时，其路程等于速度乘时间，这比较好计算.

现设物体运动的速度 v 随时间 t 而变化，即

$$v = v(t)$$

如何求它从 $t=a$ 到 $t=b$ 这段时间内的路程 s 呢?

这也可以按上面求曲边梯形面积的办法来解决.

用分点 $a=t_0, t_1, t_2, \cdots, t_n=b$ 将时间区间 $[a, b]$ 分成 n 个小区间：

$$[t_0, t_1], [t_1, t_2], \cdots, [t_{n-1}, t_n]$$

每个小区间的长分别为

$$\Delta t_1 = t_1 - t_0, \Delta t_2 = t_2 - t_1, \cdots, \Delta t_n = t_n - t_{n-1}$$

在每个小区间 $[t_{i-1}, t_i]$$(i=1, 2, \cdots, n)$ 上任取一时刻 $\tau_i (t_{i-1} \leqslant \tau_i \leqslant t_i)$，作乘积 $v(\tau_i) \cdot \Delta t_i$，它就是物体在时间区间 $[t_{i-1}, t_i]$ 上所经过的路程的近似值. 于是

$$s_n = v(\tau_1)\Delta t_1 + v(\tau_2)\Delta t_2 + \cdots + v(\tau_n)\Delta t_n$$

$$= \sum_{i=1}^{n} v(\tau_i)\Delta t_i$$

就是物体从 $t=a$ 到 $t=b$ 这段时间内所经过的路程 s 的近似值.

当 $n \to \infty$，且各时间区间中最大者的长度 Δt 趋于 0 时，上述总和的极限值就是所求的路程 s，即

$$s = \lim_{\substack{n\to\infty \\ (\Delta t \to 0)}} \sum_{i=1}^{n} v(\tau_i)\Delta t_i$$

以上是两个引出定积分概念的实例. 它们的共同特点是求两个量的乘积，其中有一个量是变化的，例如面积等于高乘以底，高是变化的；路程等于速度乘以时间，速度是变化的.

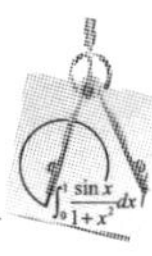

类似的实例很多. 例如在经济问题中求总产量，它等于总产量的变化率乘以时间. 如果总产量的变化率不变，这个问题很好解决；如果总产量的变化率随时间而变，这就变成了类似于求曲边梯形面积的问题了.

从这些实例中抽象出共同点，于是引出了定积分的概念.

6.1.2 定积分的定义

从以上的实例我们看到，如果要计算两个量的乘积，其中有一个量是变化的，那么可以将它变成求乘积之和的极限. 这样在微积分中就引进了一个新概念：定积分. 它的定义如下：

定义

设函数 $y=f(x)$ 在区间 $[a,b]$ 上连续，用分点

$$a=x_0<x_1<x_2<\cdots<x_n=b$$

将区间 $[a,b]$ 分成 n 个小区间 $[x_{i-1},x_i]$，其长度分别为

$$\Delta x_i=x_i-x_{i-1} \qquad (i=1,\ 2,\ \cdots,\ n)$$

在每个小区间 $[x_{i-1},x_i]$ 上任取一点 $\xi_i(x_{i-1}\leqslant\xi_i\leqslant x_i)$，作乘积 $f(\xi_i)\Delta x_i$，并求和

$$f(\xi_1)\Delta x_1+f(\xi_2)\Delta x_2+\cdots+f(\xi_n)\Delta x_n=\sum_{i=1}^{n}f(\xi_i)\Delta x_i$$

如果当 $n\to\infty$，Δx_i 中最大者 $\Delta x\to 0(\Delta x=\max\{\Delta x_i\})$ 时，上述和的极限存在，且与对 $[a,b]$ 的分法及 ξ_i 的取法无关，则称此极限值为函数 $f(x)$ 在区间 $[a,\ b]$ 上的定积分，又称为黎曼(Riemann)积分，记作：$\int_a^b f(x)\mathrm{d}x$. 即

$$\int_a^b f(x)\mathrm{d}x=\lim_{\substack{n\to\infty\\(\Delta x\to 0)}}\sum_{i=1}^{n}f(\xi_i)\Delta x_i$$

并称 $f(x)$ 在区间 $[a,b]$ 上可积(黎曼可积). 其中 $f(x)$ 称为被积函数，$f(x)\mathrm{d}x$ 称为被积表达式，x 称为积分变量，$[a,\ b]$ 称为积分区间，a 称为积分下限，b 称为积分上限.

定积分的这个定义很长，读者不必一字不漏地将它背下来. 但是其中的几个要点应当掌握住，那就是：

分割底边，以“直”代“曲”，积零为整，计算极限，而且极限的存在要求与对 $[a,\ b]$ 的分法及 ξ_i 的取法无关.

根据定积分的定义，前节所讨论的问题可以说成：

(1) 曲边梯形的面积是曲线边的方程 $y=f(x)$ 在区间 $[a, b]$ 上的定积分，即

$$S=\int_a^b f(x)\mathrm{d}x \qquad (f(x)\geqslant 0)$$

(2) 物体作变速直线运动时所经的路程是速度函数 $v=v(t)$ 在时间区间 $[a, b]$ 上的定积分，即

$$s=\int_a^b v(t)\mathrm{d}t$$

下面介绍定积分的几何意义

当函数 $f(x)$ 为正时，我们已经知道定积分的几何意义是以函数的曲线为顶的曲边梯形的面积.

当 $f(x)$ 在 $[a, b]$ 上有正有负时，则对于曲线在 x 轴下边的部分，定积分的值是负的(因为 $f(\xi_i)\Delta x_i$ 为负的). 于是对于一般的情况，定积分 $\int_a^b f(x)\mathrm{d}x$ 的几何意义为：它是介于 x 轴，曲线 $y=f(x)$，直线 $x=a$，$x=b$ 之间各部分面积的代数和；在 x 轴上方的面积取正号，在 x 轴下方的面积取负号 (如图 6－5 所示).

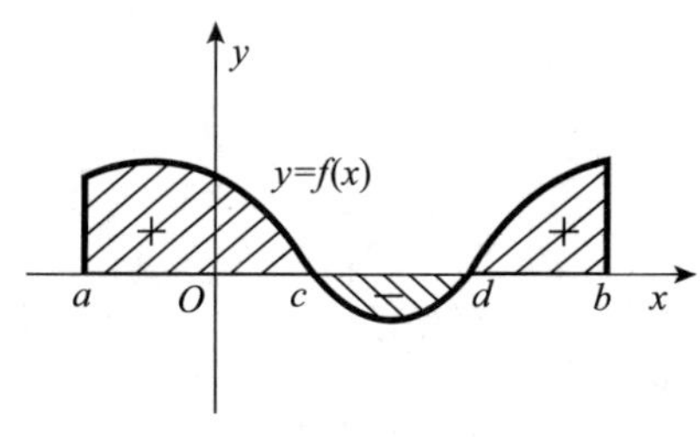

图 6－5

但是如果问题是求上述三块面积的值，则它不是 $\int_a^b f(x)\mathrm{d}x$，而是

$$\begin{aligned} S&=\int_a^c f(x)\mathrm{d}x-\int_c^d f(x)\mathrm{d}x+\int_d^b f(x)\mathrm{d}x \\ &=\left|\int_a^c f(x)\mathrm{d}x\right|+\left|\int_c^d f(x)\mathrm{d}x\right|+\left|\int_d^b f(x)\mathrm{d}x\right| \end{aligned}$$

这一点必须区分清楚！另外，我们还应当明确以下几点：

(1) 定积分的值是一个确定的常数，它只与被积函数 $f(x)$ 及积分区间 $[a, b]$ 有关，而与积分变量的符号无关，即应有

$$\int_a^b f(x)\mathrm{d}x=\int_a^b f(t)\mathrm{d}t$$

(2) 被积函数 $f(x)$ 在什么样的条件下是可积 (黎曼可积) 的？这个问题可由定积分的存在定理回答.

定理

定义在区间 $[a, b]$ 上的函数 $f(x)$，如果满足下列三个条件之一：

(1)在 $[a, b]$ 上连续，

(2)在 $[a, b]$ 上只有有限个有限间断点，

(3)在 $[a, b]$ 上单调有界，

则 $f(x)$ 在这个区间上是黎曼可积的（即存在定积分）.

这个定理很容易从定积分的几何意义来理解，但证明超出了本书的范围，就不证明了.

6.2 定积分的性质

为了讲述和计算方便起见，我们介绍定积分的几个重要性质.

定积分有以下 8 个重要的性质，其中总是假设函数 $f(x)$，$g(x)$ 在区间 $[a, b]$ 上是连续的.

(1) 交换定积分的上、下限时，定积分变号，即有

$$\int_a^b f(x)\mathrm{d}x = -\int_b^a f(x)\mathrm{d}x$$

特别地：当 $a=b$ 时，有

$$\int_a^a f(x)\mathrm{d}x = 0$$

(2) 常数因子可以提到积分号之外，即若 k 为常数，则有

$$\int_a^b kf(x)\mathrm{d}x = k\int_a^b f(x)\mathrm{d}x$$

(3) 两函数代数和的定积分等于它们的定积分的代数和，即有

$$\int_a^b [f(x)\pm g(x)]\mathrm{d}x = \int_a^b f(x)\mathrm{d}x \pm \int_a^b g(x)\mathrm{d}x$$

这个性质可以推广到多个函数的代数和的情况.

(4)（定积分的可加性）如果积分区间 $[a, b]$ 被点 c 分成两个小区间 $[a, c]$ 与 $[c, b]$，则有

$$\int_a^b f(x)\mathrm{d}x = \int_a^c f(x)\mathrm{d}x + \int_c^b f(x)\mathrm{d}x$$

它的几何意义是极为明显的：底边长度为 $b-a$ 的曲边梯形的面积，等于底边长为 $c-a$ 的曲边梯形面积与底边长为 $b-c$ 的曲边梯形面积之和（如图6-6所示）.

当 c 在 $[a, b]$ 之外，例如，$a<b<c$ 时，公式仍然成立，只要 $f(x)$ 在 $[a, c]$ 上可积. 由于 b 在 $[a, c]$ 之内，故有

$$\int_a^c f(x)\mathrm{d}x = \int_a^b f(x)\mathrm{d}x + \int_b^c f(x)\mathrm{d}x$$

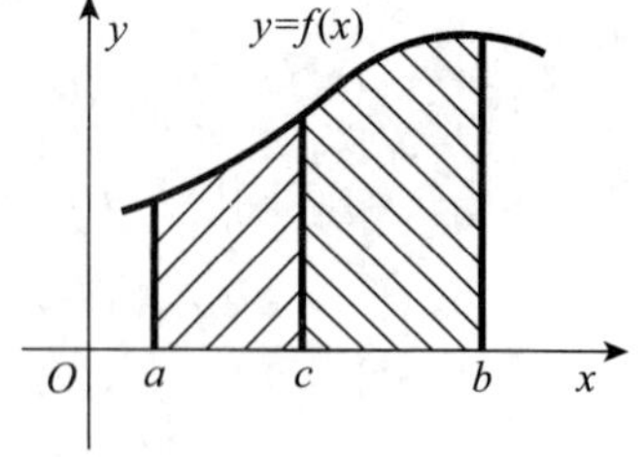

图 6-6

移项即得

$$\int_a^b f(x)\mathrm{d}x = \int_a^c f(x)\mathrm{d}x - \int_b^c f(x)\mathrm{d}x$$

$$= \int_a^c f(x)\mathrm{d}x + \int_c^b f(x)\mathrm{d}x$$

同样可证当 $c<a<b$ 时，公式成立.

(5) 如果在区间 $[a, b]$ 上，总有 $f(x) \leqslant g(x)$，则

$$\int_a^b f(x)\mathrm{d}x \leqslant \int_a^b g(x)\mathrm{d}x$$

这个性质的几何意义是很清楚的：如果在区间 $[a, b]$ 上，曲线 $f(x)$ 总不超过曲线 $g(x)$，则以 $f(x)$ 为顶的曲边梯形的面积不超过以 $g(x)$ 为顶的曲边梯形的面积（如图 6-7 所示）.

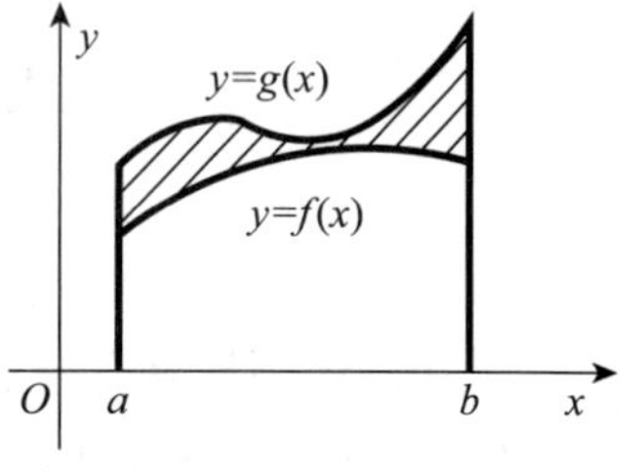

图 6-7

由图还可以看出：不等式中的等号仅当在区间 $[a, b]$ 上，$f(x)=g(x)$ 时成立.

(6) 如果在区间 $[a, b]$ 上，$f(x)=1$，则

$$\int_a^b \mathrm{d}x = b-a$$

其几何意义是：高度为 1 的矩形面积的值，等于其底边长度的值.

(7) 设 M 和 m 分别是函数 $f(x)$ 在区间 $[a, b]$ 上的最大值和最小值，则有

$$m(b-a) \leqslant \int_a^b f(x)\mathrm{d}x \leqslant M(b-a)$$

其几何意义是：以 $f(x)$ 为顶的曲边梯形的面积，不小于以 m 为顶的矩形面积，不大于以 M 为顶的矩形面积.

(8)（积分中值定理）如果函数 $f(x)$ 在闭区间 $[a, b]$ 上连续，则在 $[a, b]$ 上至少存在一点 ξ，使得下式成立：

$$\int_a^b f(x)\mathrm{d}x = f(\xi)(b-a)$$

其几何意义是：以 $f(x)$ 为顶，底边长为 $b-a$ 的曲边梯形的面积，可以用相同底边但高为 $f(\xi)$ 的矩形面积来代替，其中 ξ 是 $[a, b]$ 上的一点（如图 6-8 所示）.

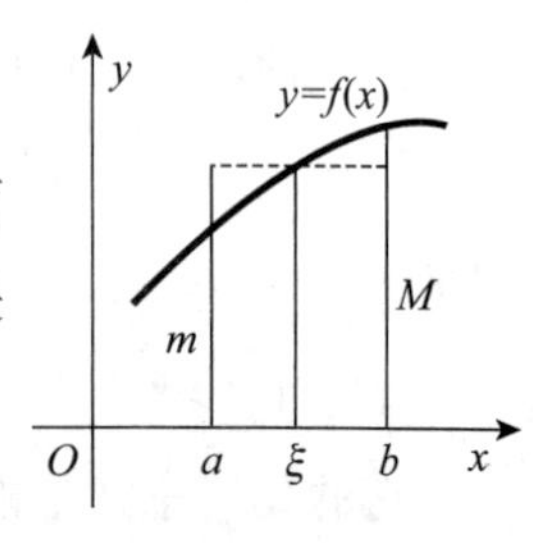

图 6-8

6.3 牛顿-莱布尼兹（Newton-Leibniz）公式

前面几节，我们讲了定积分的定义和性质，知道定积分表示乘积之和的极限. 如果对于一个定积分，只能按照定义去计算，由于计算起来很麻烦，那么定积分也就没有什么应用的价值了.

实际上通常并不需要按定义去计算定积分. 牛顿和莱布尼兹两人推出了一个公式，找到了定积分与不定积分的关系：如果被积函数 $f(x)$ 存在初等函数形式的原函数 $F(x)$，则定积分 $\int_a^b f(x)\mathrm{d}x$ 的值就等于 $F(b)-F(a)$.

这一节我们就介绍牛顿-莱布尼兹公式.

在讲这个公式之前，先要引进**变上限积分**的概念.

设函数 $f(x)$ 在区间 $[a, b]$ 上连续，并设 x 为区间上的一个点，则 $f(x)$ 在区间 $[a, x]$ 上也连续，所以定积分

$$\int_a^x f(x)\mathrm{d}x=\int_a^x f(t)\mathrm{d}t \qquad \text{（定积分与变量符号无关）}$$

存在. 由于积分上限 x 为变数，所以这个定积分叫变上限积分.

令上限 x 在区间 $[a, b]$ 上任意变动，对于 x 的每一个数值，变上限积分都有一个确定的数值与之对应，所以它是 x 的一个函数，将它记为 $\Phi(x)$，于是

$$\Phi(x)=\int_a^x f(t)\mathrm{d}t \qquad (a\leqslant x\leqslant b)$$

关于这个函数，有一个重要的结论：$\Phi(x)$是 x 的连续函数，并且在 x 点可导. 于是有下面的定理.

定理 1

如果函数 $f(x)$ 在区间 $[a,b]$ 上连续，则函数

$$\Phi(x)=\int_a^x f(t)\mathrm{d}t \qquad (a\leqslant x\leqslant b)$$

对积分上限 x 的导数等于 $f(x)$，即

$$\Phi'(x)=\left(\int_a^x f(t)\mathrm{d}t\right)'=f(x)$$

这个定理反过来可以说成:$\Phi(x)$ 是连续函数 $f(x)$ 的一个原函数. 于是得到了下面的定理.

定理 2

(原函数存在定理) 如果函数 $f(x)$ 在区间 $[a,b]$ 上连续, 则

$$\Phi(x)=\int_a^x f(t)\mathrm{d}t$$

就是函数 $f(x)$ 在该区间上的一个原函数.

这个定理回答了在第 5 章中遗留下来的一个问题: 只要 $f(x)$在$[a,\ b]$上连续, 则它的原函数必定存在.

下面举几个例题, 说明定理 1 的用处.

例 1 求 $\dfrac{\mathrm{d}}{\mathrm{d}x}\left(\int_0^x \sqrt{1+t^3}\,\mathrm{d}t\right)$.

解 本例中: $f(t)=\sqrt{1+t^3}$.

$$\frac{\mathrm{d}}{\mathrm{d}x}\left(\int_0^x \sqrt{1+t^3}\,\mathrm{d}t\right)=f(x)=\sqrt{1+x^3}$$

例 2 证明: $\dfrac{\mathrm{d}}{\mathrm{d}x}\left[\int_{a(x)}^{b(x)} f(t)\mathrm{d}t\right]=f[b(x)]b'(x)-f[a(x)]a'(x)$.

证 $$\int_{a(x)}^{b(x)} f(t)\mathrm{d}t=\int_{a(x)}^{c} f(t)\mathrm{d}t+\int_c^{b(x)} f(t)\mathrm{d}t \quad \text{(由性质(4))}$$
$$=\int_c^{b(x)} f(t)\mathrm{d}t-\int_c^{a(x)} f(t)\mathrm{d}t$$

记 $\int_c^{b(x)} f(t)\mathrm{d}t=F(x)$, 令 $u=b(x)$, 则 $F(x)=\int_c^u f(t)\mathrm{d}t$ 通过中间变量 u 是 x 的复合函数, 利用复合函数求导数的公式, 有

$$\frac{\mathrm{d}F(x)}{\mathrm{d}x}=\frac{\mathrm{d}F(x)}{\mathrm{d}u}\frac{\mathrm{d}u}{\mathrm{d}x}$$
$$=f(u)\frac{\mathrm{d}u}{\mathrm{d}x} \quad \text{(由定理 1)}$$
$$=f[b(x)]b'(x)$$

$$\therefore\quad \frac{\mathrm{d}}{\mathrm{d}x}\left[\int_c^{b(x)} f(t)\mathrm{d}t\right]=f[b(x)]b'(x)$$

同理有 $$\frac{\mathrm{d}}{\mathrm{d}x}\left[\int_c^{a(x)} f(t)\mathrm{d}t\right]=f[a(x)]a'(x)$$

于是得到

$$\frac{\mathrm{d}}{\mathrm{d}x}\left[\int_{a(x)}^{b(x)} f(t)\mathrm{d}t\right]=\frac{\mathrm{d}}{\mathrm{d}x}\left[\int_{a(x)}^{c} f(t)\mathrm{d}t+\int_c^{b(x)} f(t)\mathrm{d}t\right]$$

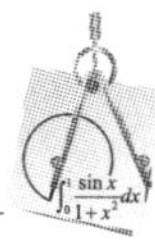

$$= \frac{\mathrm{d}}{\mathrm{d}x}\left[\int_{c}^{b(x)} f(t)\mathrm{d}t - \int_{c}^{a(x)} f(t)\mathrm{d}t\right]$$

$$= f[b(x)]b'(x) - f[a(x)]a'(x)$$

这个公式是定理1的推广. 当 $a(x)=a$, $b(x)=x$ 时，就是定理1中的公式. 它的应用范围也比定理1更加广泛.

例 3 计算$\frac{\mathrm{d}}{\mathrm{d}x}\left(\int_{3x}^{x^2}\cos t\mathrm{d}t\right)$.

解 用上例的结果，此处

$$b(x)=x^2, a(x)=3x, f(t)=\cos t$$

$$b'(x)=2x, a'(x)=3$$

$$\therefore \quad \frac{\mathrm{d}}{\mathrm{d}x}\left(\int_{3x}^{x^2}\cos t\mathrm{d}t\right)=(\cos x^2)2x-3\cos 3x=2x\cos x^2-3\cos 3x$$

现在可以找到定积分与不定积分的关系了. 请看下面的定理.

定理 3

（牛顿-莱布尼兹公式）如果 $F(x)$ 是连续函数 $f(x)$ 在区间 $[a,b]$ 上的任意一个原函数，则有

$$\int_a^b f(x)\mathrm{d}x = F(b) - F(a)$$

牛顿-莱布尼兹公式的重要价值在于将计算定积分的问题变成了主要是求一个原函数 $F(x)$ 的问题. 因此，只要被积函数 $f(x)$ 存在初等函数形式的原函数，那么计算它在 $[a, b]$ 上的定积分都可以应用这个公式.

由于 $F(x)$ 是 $f(x)$ 的任意一个原函数，为了简单起见，总是用第5章中那个不带任意常数 C 的原函数来计算定积分，并且引进记号：

$$F(x)\Big|_a^b = F(b) - F(a)$$

则

$$\int_a^b f(x)\mathrm{d}x = F(x)\Big|_a^b = F(b) - F(a)$$

例 4 计算$\int_0^1 \frac{1}{2}x^2\mathrm{d}x$.

解 $\int_0^1 \frac{1}{2}x^2\mathrm{d}x = \frac{1}{2}\int_0^1 x^2\mathrm{d}x$ （由性质(2)）

$$=\frac{1}{2}\cdot\frac{1}{3}x^3\Big|_0^1 \quad \left(因\frac{1}{3}x^3 是 x^2 的一个原函数\right)$$

$$=\frac{1}{6}(1-0)=\frac{1}{6}$$

例 5 计算$\int_4^9(\sqrt{x}+x)\mathrm{d}x$.

解 $\int_4^9(\sqrt{x}+x)\mathrm{d}x=\int_4^9(x^{\frac{1}{2}}+x)\mathrm{d}x$

$$=\left(\frac{1}{\frac{1}{2}+1}x^{\frac{3}{2}}+\frac{1}{2}x^2\right)\Big|_4^9$$

$$=\left(\frac{2}{3}x^{\frac{3}{2}}+\frac{1}{2}x^2\right)\Big|_4^9$$

$$=\left(\frac{2}{3}\cdot 3^3+\frac{1}{2}\cdot 9^2\right)-\left(\frac{2}{3}\cdot 2^3+\frac{1}{2}\cdot 4^2\right)$$

$$=\left(18+\frac{81}{2}\right)-\left(\frac{16}{3}+8\right)$$

$$=\frac{271}{6}=45\frac{1}{6}$$

例 6 计算$\int_0^2 2x\sqrt{1+x^2}\mathrm{d}x$.

解 $\int_0^2 2x\sqrt{1+x^2}\mathrm{d}x=\int_0^2(1+x^2)^{\frac{1}{2}}\mathrm{d}(1+x^2)$ (凑微分)

$$=\frac{1}{\frac{1}{2}+1}(1+x^2)^{\frac{3}{2}}\Big|_0^2$$

$$=\frac{2}{3}(1+x^2)^{\frac{3}{2}}\Big|_0^2$$

$$=\frac{2}{3}(5^{\frac{3}{2}}-1^{\frac{3}{2}})$$

$$=\frac{2}{3}(5\sqrt{5}-1)$$

例 7 计算$\int_{-1}^2|1-x|\mathrm{d}x$.

解 本例中,被积函数

$$f(x)=|1-x|=\begin{cases}1-x, & x\leqslant 1\\ x-1, & x>1\end{cases}$$

是分段函数,不便于直接套用牛顿-莱布尼兹公式计算,而应当根据分界点和积分区间,用性质(4)分别对不同的被积函数式来积分. 由图6-9易见:

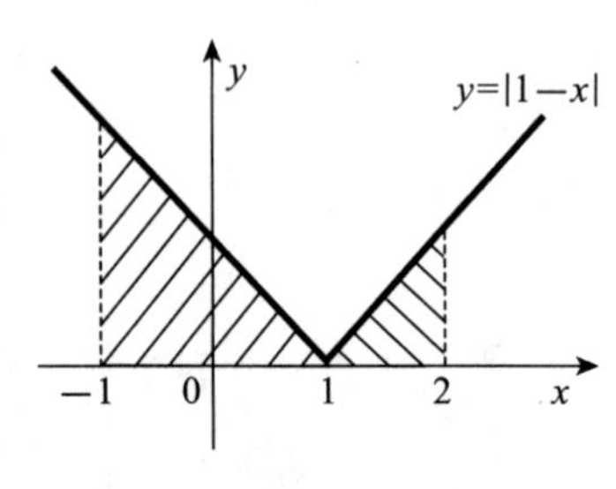

图6-9

$$\int_{-1}^2|1-x|\mathrm{d}x=\int_{-1}^1(1-x)\mathrm{d}x+\int_1^2(x-1)\mathrm{d}x$$

$$=\left(x-\frac{x^2}{2}\right)\Big|_{-1}^1+\left(\frac{x^2}{2}-x\right)\Big|_1^2$$

$$= 2 + \frac{1}{2} = 2\frac{1}{2}$$

例 8 计算$\int_{-2}^{2} \frac{1}{x^2} \mathrm{d}x$.

解 如果直接套用牛顿-莱布尼兹公式计算，有

$$\int_{-2}^{2} \frac{1}{x^2} \mathrm{d}x = \int_{-2}^{2} x^{-2} \mathrm{d}x = -\frac{1}{x}\bigg|_{-2}^{2} = \frac{1}{x}\bigg|_{2}^{-2}$$

$$= -\frac{1}{2} - \frac{1}{2} = -1$$

其实，这个结果是不对的，原因就在于$f(x)=\frac{1}{x^2}$在$[-2, 2]$上有无穷间断点$x=0$，不符合使用定理3的条件，所以不能用牛顿-莱布尼兹公式计算.

因此应用牛顿-莱布尼兹公式时，必须注意被积函数在区间$[a, b]$上的连续性条件.

6.4 定积分的换元积分法和分部积分法

有了牛顿-莱布尼兹公式之后，原则上讲，计算定积分的问题已经基本解决了. 因为可以按照第5章中所讲的积分方法，求出$f(x)$的一个原函数$F(x)$，然后求出$F(b)-F(a)$即可.

但是求不定积分时，有时要用到换元积分法. 特别是用第二类换元积分法时，最后一步要将新变量t作反换元换成x，这个工作比较费事，因此希望省去这一步，而用新变量t的上、下限β和α代入公式来计算定积分. 这就是我们在这一节中要讲的定积分的换元积分法.

6.4.1 定积分的换元积分法

定理

设函数$f(x)$在区间$[a,b]$上连续，作代换$x=\varphi(t)$，如果

(1) 函数$\varphi(t)$在闭区间$[\alpha,\beta]$上有连续导数$\varphi(t)$，

(2) 当t从α变到β时，$x=\varphi(t)$严格单调地从a变到b，有$\varphi(\alpha)=a$，$\varphi(\beta)=b$，则有

$$\int_{a}^{b} f(x)\mathrm{d}x = \int_{\alpha}^{\beta} f[\varphi(t)]\varphi'(t)\mathrm{d}t$$

用定积分的换元积分法时，在换元的同时，也将x的变化范围a到b换成t的变化范

围 α 到 β，其中

$$\alpha=\varphi^{-1}(a),\quad \beta=\varphi^{-1}(b)$$

而 $t=\varphi^{-1}(x)$ 是 $x=\varphi(t)$ 的反函数. 为了保证存在反函数，就要求 $x=\varphi(t)$ 在区间 $[\alpha, \beta]$ 上严格单调. 这点在用该定理计算时必须特别注意.

下面我们举例用该定理计算定积分.

例 1 计算 $\int_0^5 \frac{1}{\sqrt{1+3x}}\mathrm{d}x$.

解 令 $\sqrt{1+3x}=t$，即 $x=\frac{t^2-1}{3}$，则 $\mathrm{d}x=\frac{2}{3}t\mathrm{d}t$，且当 x 从 0 变到 5 时，t 严格单调地从 1 变到 4(因为 $t=\sqrt{1+3x}$).

$$\therefore\quad \int_0^5 \frac{1}{\sqrt{1+3x}}\mathrm{d}x=\int_1^4 \frac{1}{t}\cdot\frac{2}{3}t\mathrm{d}t=\frac{2}{3}\int_1^4 \mathrm{d}t=2$$

注意 本例也可用第一类换元积分法计算. 此时，设 $u=1+3x$，则 $\mathrm{d}u=3\mathrm{d}x$，即 $\mathrm{d}x=\frac{1}{3}\mathrm{d}u$，采用凑微分的形式，有

$$\begin{aligned}\int_0^5 \frac{1}{\sqrt{1+3x}}\mathrm{d}x&=\int_0^5 \frac{1}{3}(1+3x)^{-\frac{1}{2}}\mathrm{d}(1+3x)\\&=\frac{1}{3}\cdot\frac{1}{-\frac{1}{2}+1}(1+3x)^{\frac{1}{2}}\Big|_0^5\\&=\frac{2}{3}\sqrt{1+3x}\Big|_0^5=2\end{aligned}$$

但是不能写成：

$$\int_0^5 \frac{1}{\sqrt{1+3x}}\mathrm{d}x=\int_0^5 \frac{1}{3}u^{-\frac{1}{2}}\mathrm{d}u$$

因为等号右边的式子中变量是 u，而积分上、下限 5 和 0 是变量 x 的变化范围，所以不相等. 请记住，**换元就要换限.**

由于 $u=1+3x$，当 x 从 0 变到 5 时，u 严格单调地从 1 变到 16，所以可写成

$$\begin{aligned}\int_0^5 \frac{1}{\sqrt{1+3x}}\mathrm{d}x&=\int_1^{16} \frac{1}{3}u^{-\frac{1}{2}}\mathrm{d}u=\frac{1}{3}\cdot\frac{1}{-\frac{1}{2}+1}u^{\frac{1}{2}}\Big|_1^{16}\\&=\frac{2}{3}(\sqrt{16}-1)=2\end{aligned}$$

不过用第一类换元法积分时，总可以写成凑微分的形式，因此定积分的换元积分法是在第二类换元积分法的情况下使用的.

例 2 计算 $\int_0^a \sqrt{a^2-x^2}\mathrm{d}x\quad(a>0)$.

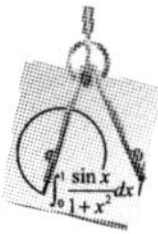

解 第5章中讲过这个积分要用第二类换元积分法计算.

令 $x=a\sin t$，则 $dx=a\cos tdt$，$\sqrt{a^2-x^2}=a\cos t$，且当 t 从0变到 $\frac{\pi}{2}$ 时，$x=\varphi(t)$ 严格单调地从0变到 a $\left(\text{因为 } x=a\sin t \text{ 在区间 } \left[0,\frac{\pi}{2}\right] \text{ 上是严格单调增加的，其反函数为 } t=\arcsin\frac{x}{a}\text{，当 } x=0 \text{ 时，}\alpha=\arcsin0=0\text{，当 } x=a \text{ 时，}\beta=\arcsin1=\frac{\pi}{2}\right)$，所以

$$\begin{aligned}\int_0^a\sqrt{a^2-x^2}dx&=\int_0^{\frac{\pi}{2}}a\cos t\cdot a\cos tdt\\&=a^2\int_0^{\frac{\pi}{2}}\cos^2tdt\\&=\frac{a^2}{2}\int_0^{\frac{\pi}{2}}(1+\cos2t)dt\\&=\frac{a^2}{2}\left(t+\frac{\sin2t}{2}\right)\bigg|_0^{\frac{\pi}{2}}\\&=\frac{1}{4}\pi a^2\end{aligned}$$

由于被积函数 $\sqrt{a^2-x^2}$ 的图形是圆心在原点、半径为 a 的上半个圆，这个定积分是该圆面积的1/4，因此圆面积应等于 πa^2. 这个结果虽然我们早就知道了，但这里是用定积分计算出来的.

例3 设 $f(x)$ 为偶函数，试证明：

$$\int_{-a}^a f(x)dx=2\int_0^a f(x)dx$$

证 由定积分的性质(4)，有

$$\int_{-a}^a f(x)dx=\int_{-a}^0 f(x)dx+\int_0^a f(x)dx \tag{1}$$

对于等号右端第一个积分，令 $x=-t$，则 $dx=-dt$，列表6-1：

表6-1

x	$-a$	0
t	a	0

故

$$\begin{aligned}\int_{-a}^0 f(x)dx&=\int_a^0 f(-t)(-dt)=-\int_a^0 f(-t)dt\\&=-\int_a^0 f(t)dt\quad(\text{因 } f(t) \text{ 为偶函数})\\&=\int_0^a f(t)dt\end{aligned}$$

$$= \int_0^a f(x)\mathrm{d}x \quad \text{（定积分的值与变量的符号无关）}$$

代入到(1)式中，得到

$$\int_{-a}^a f(x)\mathrm{d}x = \int_0^a f(x)\mathrm{d}x + \int_0^a f(x)\mathrm{d}x$$

$$= 2\int_0^a f(x)\mathrm{d}x$$

它的几何意义是很明显的：如果 $y=f(x)$ 的图形关于 y 轴对称，则以区间$[-a, a]$为底的曲边梯形的面积，等于以区间$[0, a]$为底的曲边梯形面积的 2 倍（见图 6－10）.

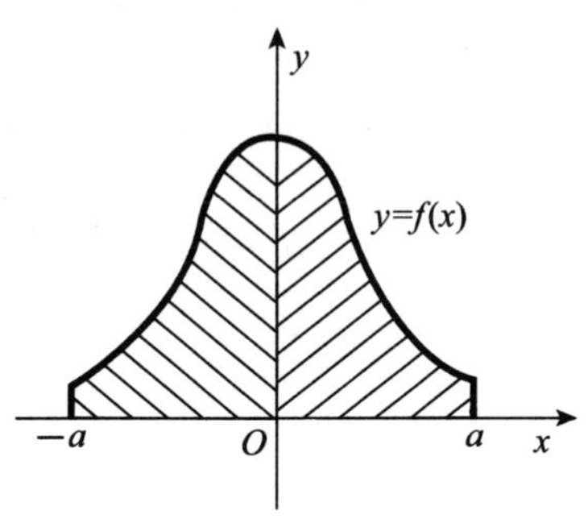

图 6－10

同理可以证明：

如果 $f(x)$ 为奇函数，则

$$\int_{-a}^a f(x)\mathrm{d}x = 0$$

例 4 计算 $\int_{-1}^1 (2x^2+3x+1-x^{101}\cos x)\mathrm{d}x$.

解 $\int_{-1}^1 (2x^2+3x+1-x^{101}\cos x)\mathrm{d}x$

$$= \int_{-1}^1 (2x^2+1)\mathrm{d}x + \int_{-1}^1 (3x-x^{101}\cos x)\mathrm{d}x \quad \text{（由性质(3)）}$$

$$= 2\int_0^1 (2x^2+1)\mathrm{d}x + 0 \quad \text{（因为 } 2x^2+1 \text{ 为偶函数，} 3x-x^{101}\cos x \text{ 为奇函数）}$$

$$= \left(\frac{4}{3}x^3+2x\right)\Bigg|_0^1 = \frac{4}{3}+2 = \frac{10}{3}$$

例 5 不计算积分值，证明：

$$\int_0^{\frac{\pi}{2}} \cos^n x\mathrm{d}x = \int_0^{\frac{\pi}{2}} \sin^n x\mathrm{d}x$$

证 令 $x=\frac{\pi}{2}-t$，则 $\mathrm{d}x=-\mathrm{d}t$，列表 6－2：

表 6－2

x	0	$\frac{\pi}{2}$
t	$\frac{\pi}{2}$	0

$$\therefore \quad \int_0^{\frac{\pi}{2}} \cos^n x\mathrm{d}x = \int_{\frac{\pi}{2}}^0 \cos^n\left(\frac{\pi}{2}-t\right)(-\mathrm{d}t)$$

$$= -\int_{\frac{\pi}{2}}^0 \sin^n t\mathrm{d}t = \int_0^{\frac{\pi}{2}} \sin^n t\mathrm{d}t$$

$$= \int_0^{\frac{\pi}{2}} \sin^n x\mathrm{d}x \quad \text{（定积分的值与变量符号无关）}$$

以上就是定积分的换元积分法，它不仅可以使计算简便一些（如例1、例2），而且还可以很方便地证明一些定积分的等式（如例3、例5）.

最后再说明一点：定积分的换元积分法的公式主要用于第二类换元积分法，如果反过来使用，即从右边到左边，也可以用于第一类换元积分法. 不过第一类换元积分通常可写成凑微分的形式，而不必写出新的变量 u，这时就不必换上、下限了.

6.4.2 定积分的分部积分法

和定积分的换元积分法一样，定积分的分部积分法也是在计算中可使书写过程简化的一种方法.

定积分的分部积分法，就是下面的公式：

$$\int_a^b uv'\mathrm{d}x = uv\Big|_a^b - \int_a^b vu'\mathrm{d}x$$

这个公式的含义是：计算定积分 $\int_a^b uv'\mathrm{d}x$ 时，如果要采用分部积分法求原函数，则在用分部积分的公式时把上、下限也带上去.

例 6 求 $\int_0^1 x\mathrm{e}^{-x}\mathrm{d}x$.

解 设 $u=x$，$\mathrm{d}v=\mathrm{e}^{-x}\mathrm{d}x$ 则 $\mathrm{d}u=\mathrm{d}x$，$v=-\mathrm{e}^{-x}$.

$$\begin{aligned}\therefore \int_0^1 x\mathrm{e}^{-x}\mathrm{d}x &= -x\mathrm{e}^{-x}\Big|_0^1 + \int_0^1 \mathrm{e}^{-x}\mathrm{d}x \\ &= x\mathrm{e}^{-x}\Big|_1^0 - \int_0^1 \mathrm{e}^{-x}\mathrm{d}(-x) \\ &= (0-\mathrm{e}^{-1}) - \mathrm{e}^{-x}\Big|_0^1 = -\mathrm{e}^{-1} + \mathrm{e}^{-x}\Big|_1^0 \\ &= -\mathrm{e}^{-1} + (1-\mathrm{e}^{-1}) = 1-\frac{2}{\mathrm{e}}\end{aligned}$$

说明：在用分部积分法计算时，如果不写出 u，$\mathrm{d}v$，$\mathrm{d}u$ 和 v，而写成凑微分的形式，则书写过程将会更加简单. 本例可写成：

$$\begin{aligned}\int_0^1 x\mathrm{e}^{-x}\mathrm{d}x &= \int_0^1 -x\mathrm{d}\mathrm{e}^{-x} = (-x\mathrm{e}^{-x})\Big|_0^1 + \int_0^1 \mathrm{e}^{-x}\mathrm{d}x \\ &= -\mathrm{e}^{-1} - \mathrm{e}^{-x}\Big|_0^1 = -\frac{1}{\mathrm{e}} + \mathrm{e}^{-x}\Big|_1^0 \\ &= 1-\frac{2}{\mathrm{e}}\end{aligned}$$

例 7 求 $\int_0^{\pi} x\sin x\mathrm{d}x$.

解 设 $u=x$，$\mathrm{d}v=\sin x\mathrm{d}x$，则 $\mathrm{d}u=\mathrm{d}x$，$v=-\cos x$.

$$\therefore \quad \int_0^{\pi} x\sin x\mathrm{d}x = -x\cos x\Big|_0^{\pi} + \int_0^{\pi}\cos x\mathrm{d}x$$

$$= x\cos x\Big|_{\pi}^{0} + \sin x\Big|_{0}^{\pi}$$
$$= (0+\pi)+(0-0)=\pi$$

6.5 定积分的应用

定积分在科学技术、经济等领域中有着广泛的应用. 下面我们介绍其中的一部分.

6.5.1 计算平面图形的面积

由于定积分的概念最初就是从计算曲边梯形的面积引出来的，所以自然可用它来计算平面图形的面积.

为了更好地掌握用定积分计算平面图形面积的方法,我们先看以下几个情况：

(1) 当 $f(x)$ 在区间 $[a, b]$ 上为非负值时，由曲线边 $y=f(x)$，直线 $x=a$，$x=b$ 和 x 轴所围成的平面图形（曲边梯形）的面积为（如图 6-11 所示）：

$$S=\int_a^b f(x)\mathrm{d}x$$

(2) 如果在 $[a, b]$ 上，$f(x)\leqslant 0$，则面积为（如图 6-12 所示）：

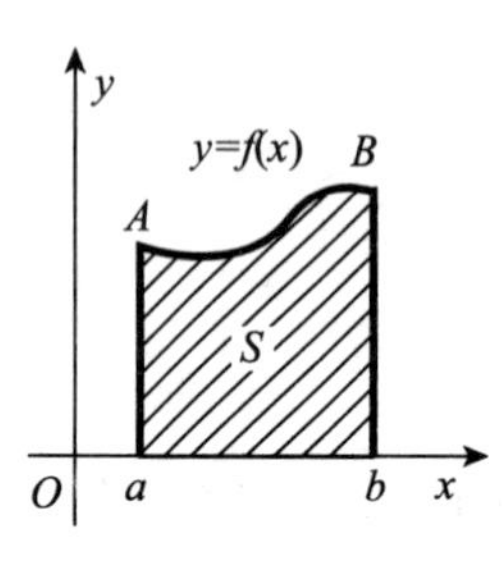

图 6-11

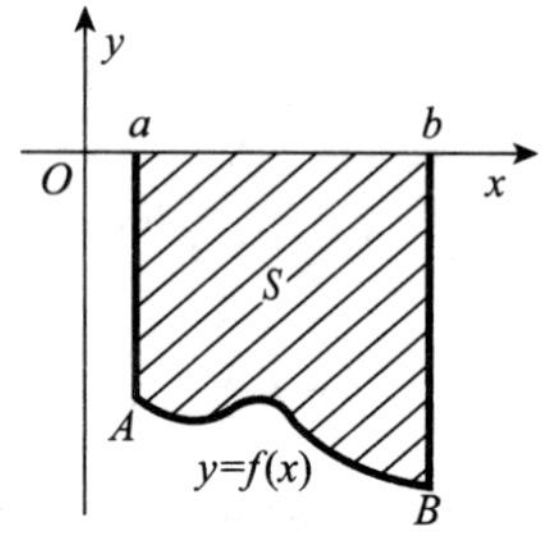

图 6-12

$$S=-\int_a^b f(x)\mathrm{d}x=\left|\int_a^b f(x)\mathrm{d}x\right|$$

(3) 如果在 $[a, b]$ 上 $f(x)$ 有正有负，则曲线 $y=f(x)$，直线 $x=a$，$x=b$ 和 x 轴间围成的图形的面积为（如图 6-13 所示）：

$$S=\int_a^{c_1} f(x)\mathrm{d}x-\int_{c_1}^{c_2} f(x)\mathrm{d}x+\int_{c_2}^{b} f(x)\mathrm{d}x$$

其中，在 $[a, c_1]$ 上，$f(x)\geqslant 0$；在 $[c_1, c_2]$ 上，$f(x)\leqslant 0$；在 $[c_2, b]$ 上，$f(x)\geqslant 0$.

所以求此面积时，必须找出 $y=f(x)$ 与 x 轴的交点的横坐标 c_1 和 c_2，并判定在哪个区间内 $f(x)\geqslant 0$，在哪个区间内 $f(x)\leqslant 0$.

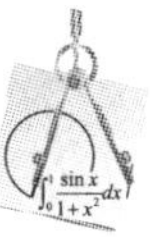

(4) 如果在 $[a, b]$ 上，总有

$$f(x) \geqslant g(x) \geqslant 0$$

则曲线 $y=f(x)$，$y=g(x)$ 与直线 $x=a$，$x=b$ 所围成的图形的面积为（如图 6－14 所示）：

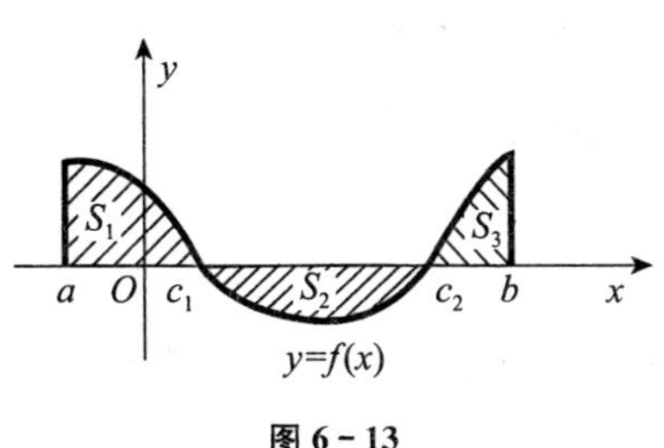

图 6－13

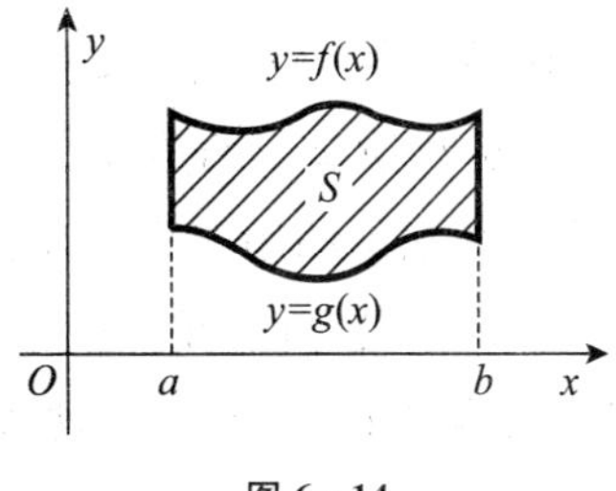

图 6－14

$$S=\int_a^b [f(x)-g(x)]\mathrm{d}x$$

实际上，这个公式不仅可用于 $f(x) \geqslant g(x) \geqslant 0$ 的情况，而且只要有

$$f(x) \geqslant g(x)$$

不管 $f(x)$ 和 $g(x)$ 都为负或有正有负，这个公式都成立. 因为总可以将 x 轴向下移动一段距离 C，使 $f(x)+C \geqslant g(x)+C \geqslant 0$，此时图形的面积为

$$\begin{aligned} S &= \int_a^b [(f(x)+C)-(g(x)+C)]\mathrm{d}x \\ &= \int_a^b [f(x)-g(x)]\mathrm{d}x \end{aligned}$$

(5) 如果在 $[a, b]$ 上，$f(x)-g(x)$ 有正有负时，则曲线 $y=f(x)$，$y=g(x)$ 与直线 $x=a$，$x=b$ 所围成的图形的面积为（如图 6－15 所示）：

$$S=\int_a^c [f(x)-g(x)]\mathrm{d}x+\int_c^b [g(x)-f(x)]\mathrm{d}x$$

其中在 $[a, c]$ 上，$f(x)-g(x) \geqslant 0$；在 $[c, b]$ 上，$g(x)-f(x) \geqslant 0$. 求这种图形的面积时，必须找到 $y=f(x)$ 与 $y=g(x)$ 的交点的横坐标 $x=c$.

(6) 如果在 $[c, d]$ 上总有

$$\psi(y) \geqslant \varphi(y)$$

则曲线 $x=\varphi(y)$，$x=\psi(y)$ 与直线 $y=c$，$y=d$ 所围成的图形的面积为（如图 6－16 所示）：

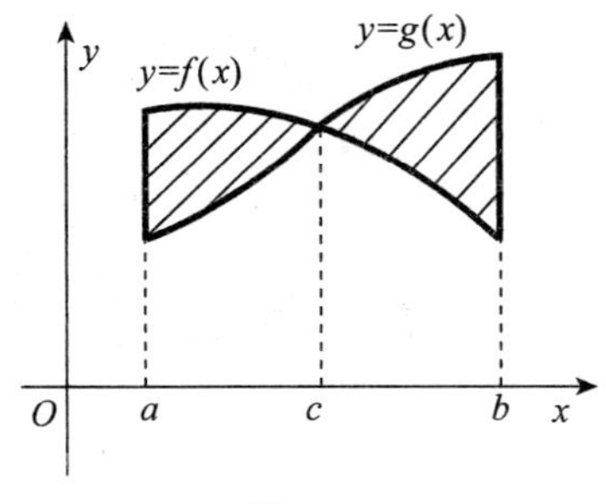

图 6－15

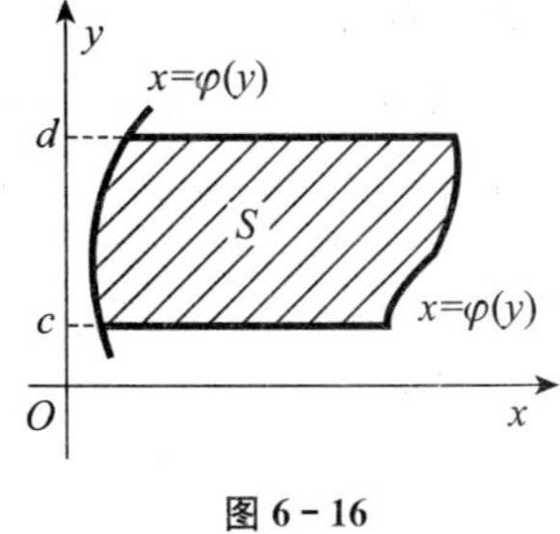

图 6－16

$$S=\int_c^d[\psi(y)-\varphi(y)]\mathrm{d}y$$

用定积分计算平面图形面积的基本步骤是：

第一步：由题意画出所给的曲线的图形（这就要求读者会画出一些常见的曲线的图形，如直线、幂函数、圆、椭圆、对数函数、指数函数、正弦函数、余弦函数等）；

第二步：分析所画出的曲线所围成的平面图形属于上述所讲的哪一种情况，然后根据不同的情况将所求面积用定积分来表示；

第三步：计算出定积分的值.

在以上的步骤中，难点在前两步，第三步一般是比较容易的. 现举例计算如下.

例 1 求曲线 $y=x^2+\frac{1}{2}$ 与直线 $x=1$，x 轴及 y 轴所围成的图形的面积.

解 画出曲线 $y=x^2+\frac{1}{2}$ 和直线 $x=1$ 的图形（见图 6－17）. 该图形属于上述第(1)种情况，因此面积为

$$S=\int_0^1\left(x^2+\frac{1}{2}\right)\mathrm{d}x=\left(\frac{x^3}{3}+\frac{x}{2}\right)\Big|_0^1$$

$$=\left(\frac{1}{3}+\frac{1}{2}\right)-0=\frac{5}{6}\text{(平方单位)}$$

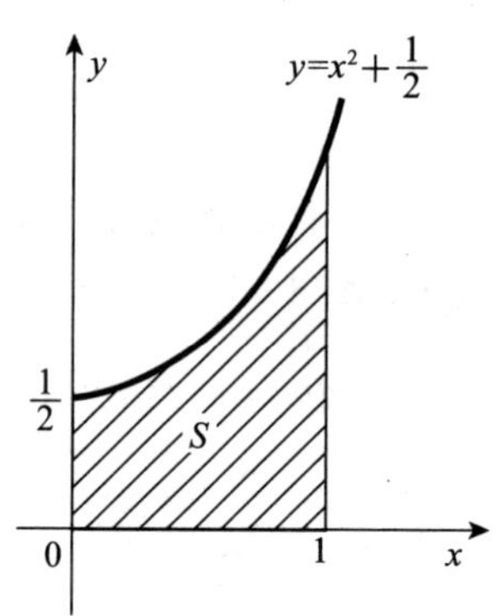

图 6－17

例 2 求曲线 $y=x^2$ 与 $y=2-x^2$ 所围成的图形的面积.

解 画出曲线 $y=x^2$ 与 $y=2-x^2$ 的图形（如图 6－18 所示），两曲线的交点为 $(-1, 1)$ 和 $(1, 1)$，所围成的图形如图中的阴影部分所示，按上述第(4)种情况，其面积为：

$$S=\int_{-1}^1[(2-x^2)-x^2]\mathrm{d}x$$

$$=2\int_0^1(2-2x^2)\mathrm{d}x$$

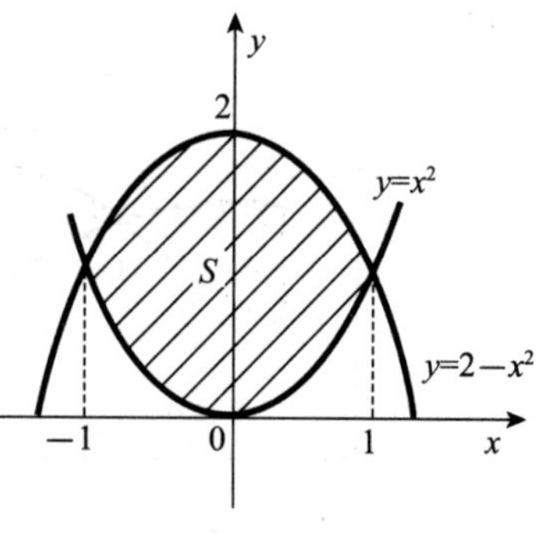

图 6－18

$$= 4\int_0^1 (1-x^2)\mathrm{d}x$$

$$= 4\left(x-\frac{x^3}{3}\right)\bigg|_0^1$$

$$= \frac{8}{3}\text{(平方单位)}$$

例 3 求曲线 $y=x^3$ 与 y 轴及直线 $y=1$ 所围成的图形的面积.

解 画出曲线 $y=x^3$ 及直线 $y=1$ 的图形，则它们与 y 轴围成的图形如图 6－19 中的阴影部分.

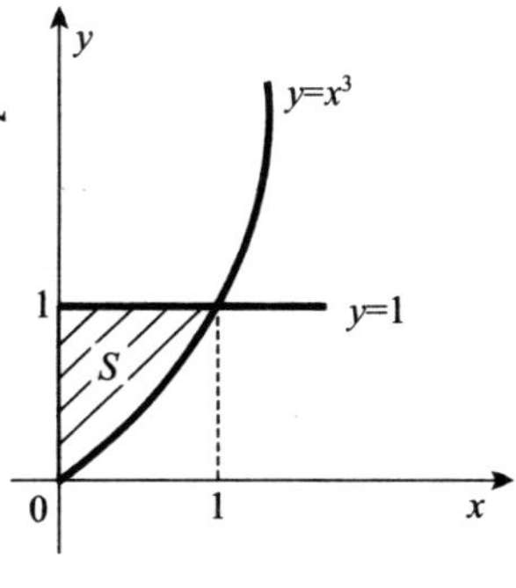

图 6－19

若按上述第(4)种情况，则面积为

$$S = \int_0^1 (1-x^3)\mathrm{d}x$$

$$= \left(x-\frac{1}{4}x^4\right)\bigg|_0^1$$

$$= \frac{3}{4}\text{(平方单位)}$$

也可按上述第(6)种情况对 y 积分. 因 $y=x^3$ 的反函数为 $x=y^{\frac{1}{3}}$，即右边的曲线 $x=\psi(y)=y^{\frac{1}{3}}$；而左边的曲线是 y 轴，其方程为 $x=\varphi(y)=0$；y 的变化范围为$c=0$至$d=1$，故所围成的面积为

$$S = \int_0^1 (y^{\frac{1}{3}}-0)\mathrm{d}y = \frac{1}{\frac{1}{3}+1}y^{\frac{4}{3}}\bigg|_0^1$$

$$= \frac{3}{4}y^{\frac{4}{3}}\bigg|_0^1$$

$$= \frac{3}{4}\text{(平方单位)}$$

例 4 求曲线 $y=x^2$ 与直线 $y=2-x$，$x=0$，$x=2$ 在第一象限中所围成的图形的面积.

解 画出所给曲线和直线的图形（如图 6－20 所示），可见它们在第一象限中所围成的图形为图中的阴影部分（可按第（5）种情况计算）.

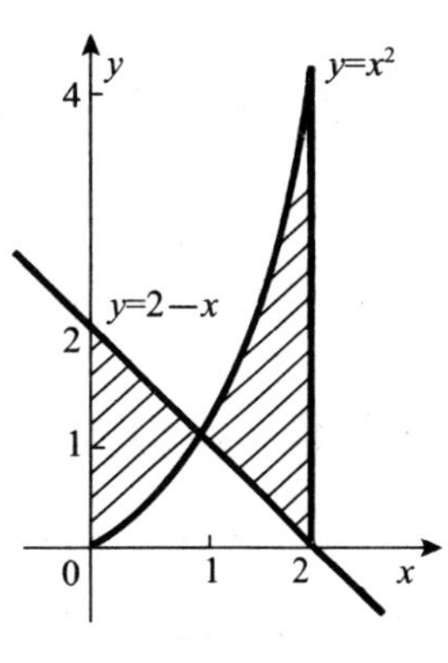

图 6－20

再求曲线 $y=x^2$ 与直线 $y=2-x$ 的交点的横坐标：

解方程组 $\begin{cases} y=2-x \\ y=x^2 \end{cases}$

得 $x_1=-2$(舍去)，$x_2=1$. 故所求的面积为：

$$S = \int_0^1 [(2-x)-x^2]\mathrm{d}x + \int_1^2 [x^2-(2-x)]\mathrm{d}x$$

$$= \left(2x-\frac{x^2}{2}-\frac{x^3}{3}\right)\bigg|_0^1 + \left(\frac{x^3}{3}-2x+\frac{x^2}{2}\right)\bigg|_1^2$$

$$= \left(2-\frac{1}{2}-\frac{1}{3}\right)+\left[\left(\frac{8}{3}-4+2\right)-\left(\frac{1}{3}-2+\frac{1}{2}\right)\right]$$
$$= 2-\frac{1}{2}-\frac{1}{3}+\left(\frac{8}{3}-2\right)-\frac{1}{3}+2-\frac{1}{2}$$
$$= 3(\text{平方单位})$$

6.5.2 计算体积

定积分不仅可以用于计算面积，还可以用于计算立体的体积. 下面分两种情况介绍.

1. 平行截面面积为已知的立体的体积

设所考虑的立体被垂直于 x 轴的平面所截的面积 $S(x)$ 是 x 的连续函数，且此立体在$x=a$与 $x=b$ 之间 ($a<b$)，现在的问题是如何求此立体（如图 6－21 所示）的体积 V.

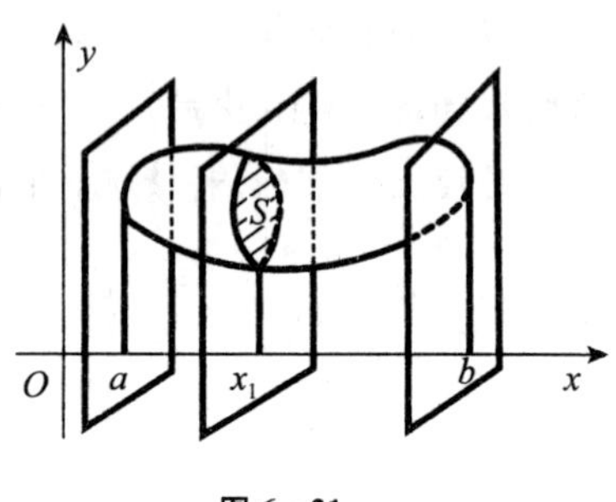

图 6－21

可以推导出计算此类立体体积的公式为

$$V=\int_a^b S(x)\mathrm{d}x$$

公式的推导很容易. 和计算面积的方法一样，我们将区间 $[a, b]$ 任意分成 n 个小区间：$[x_0, x_1]$，$[x_1, x_2]$，…，$[x_{i-1}, x_i]$，…，$[x_{n-1}, x_n]$，其中 $x_0=a$，$x_n=b$；然后通过各分点作垂直于 x 轴的平面，这些平面就将立体分成了 n 个薄片，每个薄片的体积都可以近似地用截面面积乘以厚度求得（之所以说近似，是因为薄片两面的面积是不一样的），例如第 i 个薄片的体积可近似地写为 $S(\xi_i)(x_i-x_{i-1})=S(\xi_i)\Delta x_i$，其中 ξ_i 是 $[x_{i-1}, x_i]$ 中的任意一点. 于是立体的体积 V 的近似值为

$$V\approx\sum_{i=1}^{n}S(\xi_i)\Delta x_i$$

当分点数 n 越多，且每个小区间的长度 Δx_i 越小时，计算便越精确，当 $n\to\infty$，且每个小区间的长度均趋于 0 时（记其中最长的为 Δx），上述和的极限就是所求立体体积的精确值，按定积分的定义，它就是被积函数 $S(x)$ 在区间 $[a, b]$ 上的定积分，所以

$$V=\lim_{\substack{n\to\infty\\(\Delta x\to 0)}}\sum_{i=1}^{n}S(x_i)\Delta x_i=\int_a^b S(x)\mathrm{d}x$$

可见，只要截面面积 $S(x)$ 是已知的，而且是 x 的连续函数，就可按上式计算立体的体积.

例 5 试求底面积为 a^2，高为 h 的正四棱锥体的体积.

解 将锥体的顶点置于坐标系的原点处，让底面垂直于 x 轴（如图 6－22 所示）.

为了求此锥体的体积，在 x 处作垂直于 x 轴的平面，得截面面积 $S(x)=l^2$. 显然它是 x 的函数，当 $x=0$ 时，$S(0)=0$；当 $x=h$ 时，$S(h)=a^2$. 当 x 的值不同时，此面积的值不

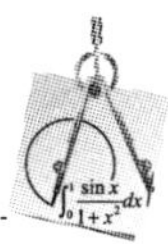

同. 利用相似三角形对应边成比例的原理，可得关系：

$$\frac{l}{a}=\frac{x}{h}$$

$$\therefore\quad l=\frac{a}{h}x$$

即 $$S(x)=\left(\frac{a}{h}x\right)^2=\frac{a^2}{h^2}x^2$$

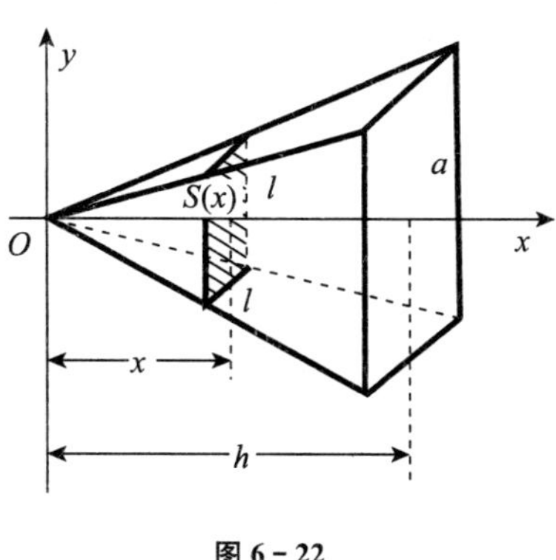

图 6－22

代入求体积的积分公式中，得到

$$V=\int_0^h S(x)\mathrm{d}x=\int_0^h \frac{a^2}{h^2}x^2\mathrm{d}x=\frac{a^2}{3h^2}x^3\Big|_0^h$$

$$=\frac{1}{3}a^2h\text{（立方单位）}$$

所以正四棱锥体的体积等于三分之一的底面积乘以高.

例 6 求以圆为底（半径为 a），以平行且等于该圆直径的线段为顶，高为 h 的正劈锥体的体积.

解 方法一 将圆心置于坐标系的原点，将圆置于 xOy 平面上，让顶平行于 x 轴（如图 6－23 所示），在 x 处（即图中 N 点）作垂直于 x 轴的平面，与劈锥体相截得等腰三角形 PQR，其面积为

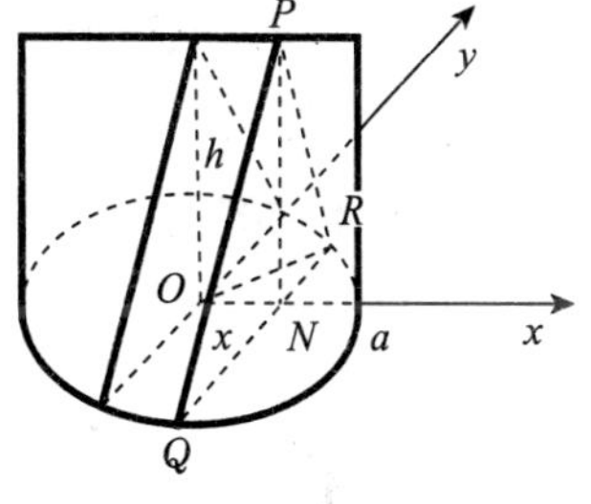

图 6－23

$$S(x)=\frac{1}{2}\overline{QR}\cdot h=\overline{NR}\cdot h$$

$$=\sqrt{a^2-x^2}\cdot h\quad\text{（由图及圆的方程）}$$

于是所求立体的体积为

$$V=\int_{-a}^{a}S(x)\mathrm{d}x=\int_{-a}^{a}h\sqrt{a^2-x^2}\mathrm{d}x$$

$$=2h\int_0^a\sqrt{a^2-x^2}\mathrm{d}x\qquad(\because \sqrt{a^2-x^2}\text{ 为偶函数})$$

$$=2h\cdot\frac{1}{4}\pi a^2\qquad\text{（由 6.4 节例 2 的结果）}$$

$$=\frac{1}{2}\pi a^2h\text{（立方单位）}$$

方法二 置正劈锥体的底圆垂直于 y 轴，让顶平行于 x 轴，在 y 处（$y=y$ 处）作垂直于 y 轴的平面与正劈锥体相截，得一椭圆，其长半轴为 a，短半轴为 b（如图 6－24 所示）.

由相似三角形对应边成比例的原理，得

$$\frac{b}{a}=\frac{h-y}{h}$$

$$\therefore\quad b=\frac{h-y}{h}a$$

(当 $y=0$ 时，$b=a$；当 $y=h$ 时，$b=0$，说明上式是正确的)

于是截面面积为

$$S(y)=\pi ab=\pi\frac{h-y}{h}a^2$$

$$=\frac{\pi a^2}{h}(h-y)$$

(上式中 y 是自变量)

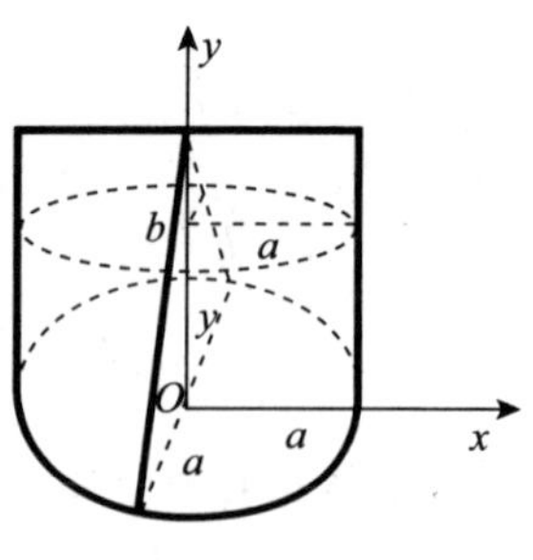

图 6-24

所以立体体积为

$$V=\int_0^h S(y)\mathrm{d}y=\int_0^h\frac{\pi a^2}{h}(h-y)\mathrm{d}y$$

$$=\frac{\pi a^2}{h}\left(hy-\frac{1}{2}y^2\right)\Big|_0^h=\frac{\pi a^2}{h}\left(h^2-\frac{h^2}{2}\right)$$

$$=\frac{\pi}{2}a^2h\text{(立方单位)}$$

所以，正劈锥体的体积等于二分之一的底圆面积乘以高.

用定积分计算截面面积为已知的立体的体积时，首先要将立体放在坐标系中，然后在 x 处作截面，找出截面的图形和面积 $S(x)$，这是问题的关键，最后代入求体积的积分公式中求定积分即可.

2. 旋转体的体积

旋转体是指由一平面图形绕某坐标轴旋转而成的立体.

如一连续曲线 $y=f(x)(f(x)\geqslant 0)$ 的弧 AB 与直线 $x=a$，$x=b$ 及 x 轴所围成的平面图形绕 x 轴旋转一周，就得到一个旋转体(如图 6-25 所示). 由于在 x 处截面面积为

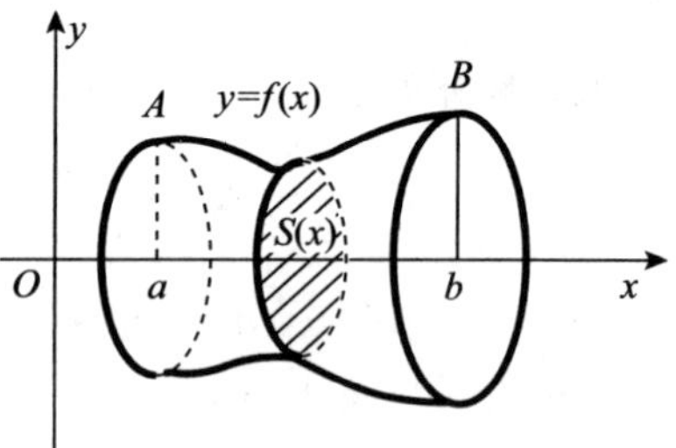

图 6-25

$$S(x)=\pi y^2=\pi[f(x)]^2=\pi f^2(x)$$

于是由平行截面面积已知的立体体积公式即得此旋转体的体积为

$$V_x=\int_a^b\pi f^2(x)\mathrm{d}x \tag{1}$$

如果在 $[a,b]$ 上，总有 $f(x)\geqslant g(x)$，则曲线 $y=f(x)$，$y=g(x)$ 与直线 $x=a$，$x=b$ 所围成的平面图形(如图 6-14 所示)绕 x 轴旋转一周所得旋转体体积为

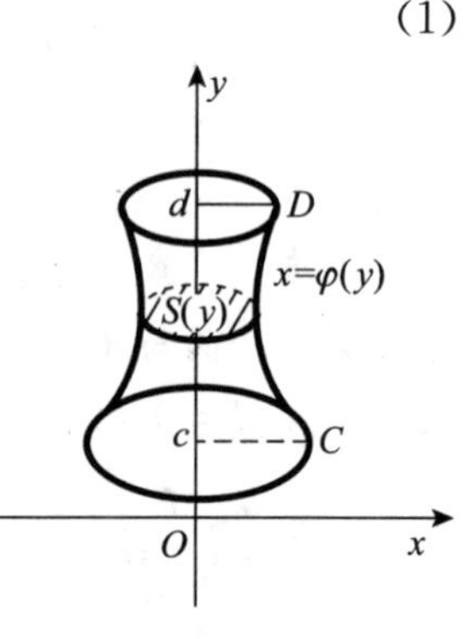

图 6-26

$$V_x=\int_a^b\pi f^2(x)\mathrm{d}x-\int_a^b\pi g^2(x)\mathrm{d}x$$

$$=\pi\int_a^b[f^2(x)-g^2(x)]\mathrm{d}x \tag{2}$$

同理，由曲线 $x=\varphi(y)$ 的弧 CD 与直线 $y=c$，$y=d$ 及 y 轴所围成的平面图形绕 y 轴旋转一周，就得到一旋转体(如图 6-26

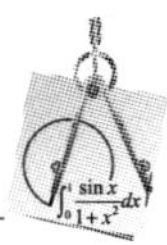

所示)，它的体积为

$$V_y=\int_c^d \pi\varphi^2(y)\mathrm{d}y \tag{3}$$

如果在 $[c, d]$ 上总有 $\psi(y)\geqslant\varphi(y)$，则曲线$x=\varphi(y)$，$x=\psi(y)$与直线 $y=c$，$y=d$ 所围成的平面图形（见图 6－16）绕 y 轴旋转一周所得旋转体体积为

$$\begin{aligned}V_y&=\int_c^d \pi\psi^2(y)\mathrm{d}y-\int_c^d \pi\varphi^2(y)\mathrm{d}y\\&=\pi\int_c^d[\psi^2(y)-\varphi^2(y)]\mathrm{d}y\end{aligned} \tag{4}$$

例 7 求由直线 $y=\frac{b}{a}x(a,b$ 为正数)，x 轴与直线 $x=a$ 所围成的平面图形绕 x 轴旋转所成旋转体的体积 V_x，并求同一图形绕 y 轴旋转所成旋转体的体积 V_y.

解 先画出直线 $y=\frac{b}{a}x$，它与 x 轴，直线 $x=a$ 所围成的图形为一个三角形（见图 6－27中$\triangle Oac$ 部分). 于是它绕 x 轴旋转一周所成旋转体体积为

$$\begin{aligned}V_x&=\int_0^a \pi\left(\frac{b}{a}x\right)^2\mathrm{d}x\\&=\frac{a\pi}{b}\int_0^a\left(\frac{b}{a}x\right)^2\mathrm{d}\left(\frac{b}{a}x\right)\\&=\frac{a\pi}{b}\cdot\frac{1}{3}\left(\frac{b}{a}x\right)^3\Big|_0^a\\&=\frac{a\pi}{3b}(b^3-0)=\frac{\pi}{3}ab^2(\text{立方单位})\end{aligned}$$

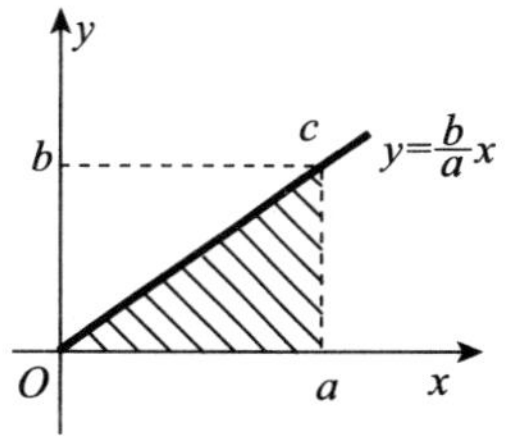

图 6－27

由于直线 $y=\frac{b}{a}x$ 的反函数为 $x=\frac{a}{b}y$，所以该平面图形绕 y 轴旋转所成旋转体的体积 V_y 为矩形 $Oacb$ 绕 y 轴旋转所成之圆柱体体积与三角形 Ocb 绕 y 轴旋转所成之旋转体(圆锥体)体积之差，由公式(4)有

$$\begin{aligned}V_y&=\int_0^b \pi a^2\mathrm{d}y-\int_0^b \pi\left(\frac{a}{b}y\right)^2\mathrm{d}y\\&=\pi a^2y\Big|_0^b-\frac{b\pi}{a}\int_0^b\left(\frac{a}{b}y\right)^2\mathrm{d}\left(\frac{a}{b}y\right)\\&=\pi a^2b-\frac{b\pi}{a}\cdot\frac{1}{3}\left(\frac{a}{b}y\right)^3\Big|_0^b\\&=\pi a^2b-\frac{\pi b}{3a}(a^3-0)=\pi a^2b-\frac{\pi b}{3}a^2\\&=\frac{2}{3}\pi a^2b(\text{立方单位})\end{aligned}$$

由本例可见：(1) 圆锥体的体积等于三分之一的底面积乘以高；(2) 同一图形绕 x 轴与绕 y 轴旋转所成之旋转体的体积一般不相等.

例 8 求由曲线 $y=x^2$ 与直线 $x=1$ 及 x 轴所围成的平面图形分别绕 x 轴和 y 轴旋转

所成之旋转体的体积 V_x 和 V_y.

解 画出所给的曲线，则所围成的图形如图 6-28 中的阴影部分. 于是它绕 x 轴旋转所成旋转体的体积为

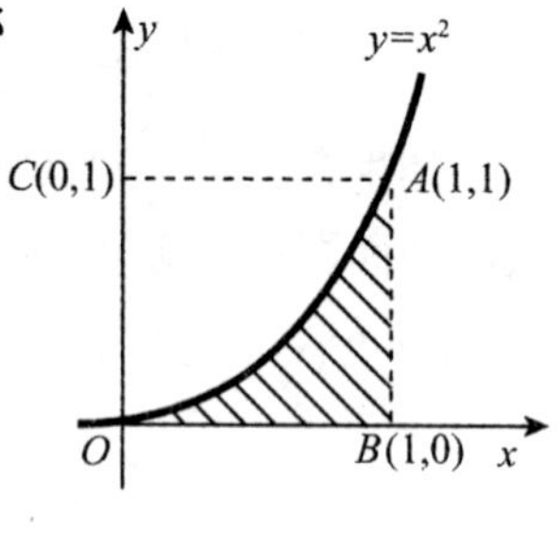

图 6-28

$$
\begin{aligned}
V_x &= \int_0^1 \pi (x^2)^2 \mathrm{d}x \\
&= \pi \int_0^1 x^4 \mathrm{d}x \\
&= \frac{\pi}{5} x^5 \Big|_0^1 = \frac{\pi}{5} (\text{立方单位})
\end{aligned}
$$

函数 $y=x^2$ 的反函数为 $x=\sqrt{y}$，由(4)式有

$$
\begin{aligned}
V_y &= \pi \int_0^1 [1^2 - (\sqrt{y})^2] \mathrm{d}y = \pi \int_0^1 (1-y) \mathrm{d}y \\
&= \pi \left(y - \frac{1}{2} y^2 \right) \Big|_0^1 = \frac{\pi}{2} (\text{立方单位})
\end{aligned}
$$

用定积分计算某平面图形绕 x 轴或 y 轴旋转所成旋转体的体积时，首先要画出平面图形，再找到相应公式求解.